Overview of Scientific Research and
Academic Systems in Major Countries of the World

世界主要国家
科研与学术体系概览

李志民 编著

清华大学出版社
北京

图书在版编目（CIP）数据

世界主要国家科研与学术体系概览/李志民编著.—北京：清华大学出版社，2020.8
（2021.12重印）
ISBN 978-7-302-56018-0

Ⅰ.①世…　Ⅱ.①李…　Ⅲ.①科学研究组织机构－概况－世界　Ⅳ.①G321.2

中国版本图书馆 CIP 数据核字（2020）第 127750 号

责任编辑：王　倩
封面设计：常雪影
责任校对：赵丽敏
责任印制：宋　林

出版发行：清华大学出版社
　　　　　网　　址：http://www.tup.com.cn，http://www.wqbook.com
　　　　　地　　址：北京清华大学学研大厦 A 座　　　邮　　编：100084
　　　　　社 总 机：010-62770175　　　　　　　　邮　　购：010-62786544
　　　　　投稿与读者服务：010-62776969，c-service@tup.tsinghua.edu.cn
　　　　　质量反馈：010-62772015，zhiliang@tup.tsinghua.edu.cn
印 装 者：大厂回族自治县彩虹印刷有限公司
经　　销：全国新华书店
开　　本：170mm×240mm　　印　张：18.75　　　字　　数：288 千字
版　　次：2020 年 10 月第 1 版　　　　　　　印　　次：2021 年 12 月第 2 次印刷
定　　价：78.00 元

产品编号：087495-01

前言

科学研究是人类对真理和真相永无止境的追求，通过持续不断地探索，去发现事物的本质规律。大学承担人类文明传承与发展的重任，是知识和智慧的源泉，并担负着培养人才的责任等。

中华民族有着辉煌的历史，曾经作为其他民族借鉴和模仿的对象。中国由盛转衰与西方崛起的相交点发生在何时？西方现代科技文明高速发展和变强的秘密何在？在中华民族走向伟大复兴的过程中，中国如何借鉴海外的先进经验更快地驶向科教强国的彼岸？这对于厘清和探索我们在科教兴国过程中的一些疑惑或者问题无疑从根本上是大有助益的。这也成为本书写作的重要推动力，换言之，这本书并非要给出一个答案，而是展示求索的过程以及客观的风貌，相信每个人读完后都会有自己的结论。

在借鉴西方教育、科技发展的成功经验方面，多年的研究和实践告诉我，简单地模仿不一定有效，政策上的小修小补或是某个领域的跟随可能都解决不了根本问题，清末洋务运动的失败就是最鲜明的例证。西方教育、科技的强盛所驱动的文明繁荣并非枝节的局部优势，而是整体和系统的结果，我们必须研究事物发展的本质规律，结合国情谋求民族复兴之道。想要探究这个话题，必须回溯欧洲科研和学术系统的起点。

因此，有必要从一个特殊的历史年份说起。

（一）

公元 1088 年正值中国的北宋元祐年间，三年之前宣告失败的"王安石变法"并未解决这个守内虚外王朝的危机，依然延续着经济雄踞全球之首，但却只能依靠向辽、金进贡"岁币"维持脆弱和平的吊诡现象。这一年苏颂等人为皇帝编制立法建成了集计时报时、天文观测和星象显示功能于一体的水运仪象台，被誉为"世界时钟之祖"，但它的命运与火药相仿，都被归类为奇技淫巧而迅速湮没于之后朝代的更迭中。那时节，官员忙着党争，读书人忙着科考，农民忙着种地，商人忙着赚钱，很少有人留意这个世界正在发生的改变，这个东方经济大国开始沉沦的丧钟已经响起。

在公元1088年的西半球，则发生了一件记载明确却往往被史学家忽视的标志性事件。这一年，秉承古罗马文明衣钵的意大利建立了世界上第一所大学——博洛尼亚大学，它被公认为是欧洲"大学之母"，但丁、彼得拉克、丢勒、伊拉斯谟、哥尔多尼、伽利略、哥白尼等这些在文艺复兴前后如雷贯耳的旗手们都曾在这里学习或执教，大学作为人才蓄水池及推动社会发展和变革的强大生命力已初露端倪。

更值得注意的是另外两件事情：一件是这所大学开创了当时被称为"自然魔法"的教学，即我们今天所说的实验科学，这是整个人类现代自然科学的开端。对学术发展影响深远的另一件事则是大学成立70年后的1158年，罗马皇帝为该校颁布法令，规定了"大学不受任何权力的影响，作为研究场所享有独立性。"然而具有讽刺意义的是，这个法令在很长一段时间并没有在博洛尼亚大学得到很好的贯彻，随着大学形态和功能的演变，反而变成了后世西方各国大学的"基准待遇"，但正是这则"无心插柳"让大学的教育、科研真正摆脱了政治和神学的控制，学术自由的氛围奠定了西方科技腾飞的基础。

为体现这所大学的成立对人类发展的独特意义，1988年9月18日，全球430余位大学校长齐聚博洛尼亚大学，共同签署了欧洲《大学宪章》，正式宣布博洛尼亚大学为欧洲"大学之母（拉丁文：Alma Mater Studiorum）"，以此庆贺该校900周年校庆。

（二）

中世纪的大学与宗教紧密联系，办大学的宗旨主要是培养牧师和僧侣，神学是大学教育的核心科目。随着博洛尼亚大学"自然魔法"教学思想的提出及"大学不受任何权力的影响，作为研究场所享有独立性"法令的颁布，大学逐步走向社会并带来文化和思想的解放，大学培养的人也不再以宗教人士为主，而是培养改变社会风气的有知识、有教养的绅士。自博洛尼亚大学之后，欧洲各地如雨后春笋般相继出现了英国的牛津大学、剑桥大学，法国的巴黎大学，意大利的萨里诺大学，德国的科隆大学、海德堡大学等高等教育机构。这些大学与其他行业互动，通过竞争、交流实现个体的自我演化和发展，推动社会进步，在之后的几个世纪引发了整个欧洲的学术兴盛，最终演化为席卷全球的科技飓风。

1130年，博洛尼亚大学首次授予一位研究古罗马法的学者以博士学位，不久又出现了硕士的称号。学位如同军队里的军阶军衔一样，与职称一起赋予了学生与教师体现其学术水平和能力的称号，实现了大学内部运行的体系化发展。同时，大学又与科研机构、学术组织及学术出版形成了外部的循环体系，就像太阳系各行其是的行星位置一样，西方现代科技文明赖以存活和发展的科研与学术运行体系逐步形成了。

在自然界和人类社会中，任何系统的功能如果不大于要素功能之和，系统就没有存在的必要和可能。同时，系统本身有强烈的自适应性，可以对不符合机理要求的要素进行优胜劣汰。在长期的市场经济运行中，大学基本上是承担对知识的责任，以生产和传授知识为主，学校课堂讲授的知识内容是前人对知识规律性的总结、推导归纳、系统分析、约定认知等，课堂教学效率高，效益好。大学得以传承和发展，主要是遵循了这样的规律，任何社会机构和组织都应该在遵循法律框架下，以诚信和公平为基础的效率和效益优先原则。大学作为传承和发展人类文明的社会机构，理应是以效率和效益优先为原则。

科研与学术机构是推动人类文明进步的重要力量，属于大文化范畴。文化的生命力来源于民族自身的传承，文化的发展力取决于不同民族之间的借鉴，文化的创新力依靠科技的发展。从系统论的角度看，科研机构、学术组织、大学及其内部的学位、职称体系等都是构成科技文明的要素，想要探究西方科技强大的原因，需要在逐个要素之间进行分析。不同国家由于历史发展阶段、文化传统、政治经济情况的不同也都发展出适应本国的科研与学术体系，也必然在未来的发展中遇到不同的机遇和难题，以其对照该国当前的发展，当有更深刻的解读和认识，相互借鉴，共同推动人类文明发展。

（三）

公元1088年之后，在人特别是知识分子思想这个层面，中国与西方朝着完全相反的方向发展，各自传承了不同的学术思想、创建了不同的学术范式，发展了不同的理论体系。以医学为例，中国人理解的医学分为来自西方的微观医学和传统的中医学两大体系。中医和西医各自传承了不同的医学思想，创建了不同的医学范式，发展了不同的医学理论体系，各自走向了两条完全不同的发展道路。西医治病是战争的思维方式，通过消灭病灶达到救人的目的；中医治病则是平衡的思维方式，通过平衡阴阳达到消除病痛的效果。西方医学的科学性在于应用基础医学理论的不断完善和实践验证，治疗疾病与促进健康。中医的有效性在于其把人作为整体，以系统思维和反复试验提炼，预防疾病和养生。中医和西医产生于不同的宗教信仰、社会背景、思维方式和哲学意识，导致中医和西医在理论与方法上有很大的不同，研究人体健康与外界联系及病理机制的宏观和微观顺序不同，但目的都是治病救人。

两宋期间，打着"存天理灭人欲"旗号的程朱理学最终成型，这或许是中国哲学的飞跃。但照进现实的强化版"三纲五常"却着实禁锢了人们的思想，特别是由朱熹提出并批注的"四书五经"成了明清科举考试的唯一内容，八股文也成了唯一文体，中国开始批量产出只会之乎者也、毫无经世济民学问的读书人，及至官场，其管理能力之低下可想而知。再加上清朝的闭关锁国，完全错过了第一次工业革命的机遇，举国真正达到了"两耳不闻国外事，一心只读圣贤书"的"境界"。至今，"学而优则仕"的传统观念仍大行其道。

自"自然魔法"教学思想和"大学享有独立性"之后，欧洲则真正开始了"破万卷书，行万里路"的发展历程。"破万卷书"指的是破而后立的文艺复兴运动，这个时期大师辈出，伟大的哲学、绘画艺术、文学成果层出不穷。文艺复兴的本质是人文主义，宣扬以"人"为中心，要求个性解放，重视现世生活，崇尚理性和知识，甚至提出"知识就是力量"的说法，很好地衔接了自然科学大发展。值得注意的是，"文艺复兴之父"——彼得拉克、写作《神曲》的但丁等人都在意大利博洛尼亚大学执教或者学习过，可见大学对社会变革的重大作用和意义。"行万里路"指的则是文艺复兴之后紧接着的大航海时代和地理大发现，视野的开阔与从殖民地掠夺的资源的充裕反过来刺激了科技与教育的昌明和发展，激发了之后的第一次工业革命，使得西方科技文明一跃千里。

在中西方发展的历史进程中，巨大的教育及学术思想反差所引起的思索绝不应仅仅停留在强弱的表现上。1840 年的鸦片战争，与其说是两国之间的战争，毋宁说是两个时代、两种文明之间的较量，面对坚船利炮，我们比西班牙登陆时的印加帝国强不到哪里去。更重要的启示在于：我们应如何在科研和学术制度层面上解放思想，匡正方向，让创新真正成为国家和社会发展的第一动力，建设创新型国家。

（四）

鸦片战争的失败和一系列不平等条约的签订使各国列强接踵而来索取特权。面对强权对中国的掠夺，清政府开展了洋务运动，提出"师夷长技以自强"，其目的就是要放眼看世界，学习西方先进的科学技术。但是，仅靠简单的模仿、跟踪学习，难以真正形成制度和体系。

新中国成立后，中央政府从国家建设全局出发，重视科研机构和学术体系的改造重建与新建。自 20 世纪 80 年代初，国家提出科教兴国战略以来，经过 30 多年的发展，我国的科技创新能力突飞猛进，人才资源供给能力大幅提升。科教兴国与人才强国战略深入人心。"科技是第一生产力"成了时代的标志性口号，我们奉行改革开放和科教兴国战略，在学习其他国家先进经验的同时实现自我创新，希冀完成从跟跑到并跑，再到领跑的转变。

纵观工业革命以来的世界历史，每一次科学技术的大飞跃都推动了经济和社会的大发展。在中国近代史上，与科技革命失之交臂而导致落后挨打的悲惨命运也同样历历在目。今天，我们再次迎来了一个历史性交汇期，科学技术从来没有像今天这样深刻影响着国家前途命运，从来没有像今天这样深刻影响着人民生活福祉，我们也比历史上任何时期都更接近中华民族伟大复兴的目标。

发展科学技术必须具有全球视野，自主创新是开放环境下的创新，绝不能关起门来搞，而是要"聚四海之气、借八方之力"。实际上，无论是"聚气"还是"借力"，都需要我们更加认真地审视世界主要国家的科研与学术体系，研究其运行机制，不但要知其然，还要知其所以然。只有这样，我们才能在借鉴学习的基础上，结合国家发展情况，制定我们的科技政策，逐步健全相应的管理体制和机制，形成更加先进、更接地气的具有中国特色的科研与学术体系。

从个体角度来说，对于广大科研人员，熟知世界上主要国家的科研与学术体系不仅对自己的科研探索、参与国际科技合作有利，也便于查找国际同行机构研究项目，更有效地参与国际学术交流；对于从事科技管理的工作者，无论是寻找国际科技合作机构，还是科技评估、职称提升，甚至科技成果转化等遇到的问题，都可以从本书的相应章节中找到国外类似的参考方案。此外，对于有意出国留学的年轻人，根据教育部公布的数据，2018 年我国出国留学人员总数达到 66.21 万人，比 2017 年增长 8.83%，这个数字还会持续增长，出国留学是近距离观察和学习先进国家科技与教育的好机会，立志出国的同学更应该了解和熟悉世界主要国家的科研与学术体系，以选择更加适合自己的国家去留学。

（五）

本书并非历史著作，而是立足当代业已形成的科研与学术体系，并加入了部分沿革。本书共分为三大部分十五个章节，基本上涵盖了世界主要国家的科研与学术体系的诸个要素，并且相互关联。

第一部分是大学篇，包括世界六大洲大学概况、世界六国学位制度、世界六国大学职称体系、世界五国大学校长如何产生、世界主要大学组织联合会、世界大学排行榜六个章节。

如前所述，大学作为一个国家的重要社会组织机构，最早从意大利、德国和英国等国家发展起来，经历上千年的发展历史，已从最初单纯传授已有知识的场所发展成为教学与研究统一的高等学府，而经过这么多年的演化，各国大学都形成了相似却不相同的内部学术体系，具有不同的功能、特点和模式，因此这一篇里涉及了各大洲大学的概况，内部学位制度、职称，校长如何产生等内容。

第二部分是机构篇，包括世界主要国家科研机构介绍、世界六国院士制度、世界主要国际学术组织三个章节。

国家科研机构是国家的战略科技力量，在国家创新体系中发挥着骨干与引领作用。目前，所有发达国家、新兴国家和发展中国家都有自己的国家级科研机构，与研究型大学、企业研发组织共同构成国家创新体系的研发主体。本篇将介绍主要国家的科研机构、处于科研机构最顶尖的院士制度及国际上一些主要的学术组织情况。

第三部分是评价篇,包括世界顶级科学奖项、科技成果转化、世界知名学术出版机构、世界一流大学建设简介、世界主要国家的科技评估和世界主要国家的高等教育质量保障体系六个章节。

为了褒奖科研领域最优秀的个人或者团队,诞生了很多特定的奖项,国际大奖获奖者的成果基本上代表了人类科学研究的最新成就和最高水平。近年来,世界各类科学奖数量也成为反映全球大学和科研机构水平最具说服力的指标,其蕴含的意义早已超出奖项本身,成为一个国家科研综合实力和科技能力的体现。

如果要获奖,一般途径是通过学术世界的通行货币——论文,那么世界知名学术出版机构就是我们不得不说的部分。论文本身不是生产力,科技成果只有转化后才能成为生产力。促进科技成果转化、加速科技成果产业化,已经成为世界各国科技政策的新趋势。科技成果转化是全球关注的热点,也是建设科技强绕不过去的话题,因此我们专门辟出一章向大家介绍。

中华民族的伟大复兴依靠的是人才和科技创新,而希望就寄托在当下及未来的科研、教育工作者身上,也希望本书能为此略尽绵薄之力。

国家民族复兴之际,大鹏之动,非一羽之轻也;骐骥之速,非一足之力也。匆匆写下这些文字,谨与大家共勉。

李志民

2020 年 5 月 20 日

目录

第一篇　大学篇

第二篇　机　构　篇

第三篇　评 价 篇

第一篇　大学篇

第一章

世界六大洲大学概况

大学作为一个国家的重要社会组织机构，最早从意大利、德国和英国等国家发展起来，经历上千年的历史，已从最初单纯传授已有知识的场所发展成为教学与研究统一的高等学府。大学的分布及质量与科技发展水平具有非常紧密的联系，高等教育水平越高，科技实力越强，社会越发达；社会越发达，越重视教育，教育发展水平也随之不断升高。这些在各类世界大学排行中可得以充分体现。由于世界各国对大学功能的认知差异，要准确统计全世界的大学数量不是易事，据估算全世界约有 17 000 所大学，本章对一些重要国家的相关数据进行初步整理，介绍北美洲、欧洲、亚洲、拉丁美洲、非洲、大洋洲世界六大洲的大学分布及各国高等教育的特点。

第一节　北美洲大学概况

作为世界上经济最发达的两个大洲之一，北美洲的大学数量也最可观，北美地区高等教育机构总共约 7000 个，其中大学近 4000 所（不包括墨西哥的大学，其数量计入拉丁美洲地区）。

一、美国

美国作为全世界领先的科技中心，不仅大学数量众多，而且是世界上优秀大学的集中地。根据美国国家教育统计中心的数据，截至 2017—

2018 学年，美国共有 5762 个高等教育机构，称为大学的有 3600 多所，其中有 2400 多所四年制大学，约有 1700 所公立院校。根据 2019 年 QS 世界大学排名（下文涉及排名统计时，均采用此排名），前四名均由美国大学包揽，Top 20 中，美国大学有 11 所，Top 200 中，有 48 所大学来自美国。根据联合国教科文组织统计数据，截至 2017 年，美国高等教育毛入学率高达 88％，处于高等教育普及阶段。但是，自 2010 年至 2017 年，美国高等教育入学率呈现连年下跌的趋势，职业价值取向、信息技术普及带来的知识获取便利、高昂的学费及经济环境带来的求学观念的改变等都对高等教育有一定程度的影响。

美国高等教育采用学分制。美国大学本科的学制一般为 4 年，每年的入学和毕业时间主要分为春、秋两期：9—12 月为秋学期，1—5 月为春学期。学生每年常规可以修 24～30 个学分，规定总学分修满、达到要求即可毕业。学生也可以修暑期课程学分，修完所有学分、达到毕业要求可提早毕业。

美国大学分为 3 类。

（1）综合大学（university）

综合大学分为公立大学和私立大学。公立大学优先面向本州居民，私立大学招生则比较灵活。这一类大学本科课程和研究生课程并重，按学院招生，学生规模多在一万至几万人。讲授一般知识的阶梯教室可容纳 100～300 名学生。

（2）文理学院（liberal arts college）

文理学院的本科教育内容有三大块：自然科学、社会科学和人文艺术类学科。以本科教育为主，通常不设专业。学校从多方面对学生进行教育，使学生成为具有广泛的文化背景，高度的教养、道德、文化水平和判断能力的人。

（3）社区大学（community college）

社区大学是美国教育体系的重要组成部分，不仅提供职业课程，同时也提供转学分课程。转学分课程是专门为想继续申请四年制大学的学生设计的，学生可以在社区大学上大学前两年（大一、大二）的基础课程，所修的学分被四年制大学所承认。社区大学因其灵活的开学、低廉的费用、小班授课及进入理想综合性大学的高升学率越来越受到很多学生及家长的青睐。

美国硕士课程同样也采取学分制，只要学分修满、达到毕业要求即可毕业。不同学校不同专业对于学分的要求都不一样。一般来说，很多学校要求完成 30 个学分左右，因此完成硕士课程学习的常规时间是 1.5～2 年。

二、加拿大

加拿大开展研究和创新活动的大学一共有 90 多所，此外还有 150 多所理工学院和社区大学，其中有 7 所大学进入 Top 200。与很多国家不同的是，加拿大联邦政府没有设立教育部，教育由各省独立负责。联邦层次的高等教育协调组织是加拿大大学及学院联合会（The Association of Universities and Colleges of Canada，AUCC）。自然环境上的地域辽阔导致各省经济发展水平差别较大，各省分别建立了适合当地发展、相对独立的教育体制。大学是公立的，社区学院和职业技术学院则分公立和私立两种，联邦政府和省政府都非常鼓励学生接受高等教育，其高等教育毛入学率约为 50%[1]。加拿大的高等教育体系以严谨著称，专业设置灵活，学生自主选择余地很大，且注重能力的培养，为学生提供很多学以致用的机会。

加拿大大学每学年分为两个学期，分别是 9 月和 1 月开学。英语、法语都是加拿大的官方语言。加拿大 90 多所大学中，大部分使用英语授课，小部分使用法语，个别的英语、法语兼用，用法语授课的大学主要分布在魁北克省。

加拿大大学分为 3 类。

（1）基础类大学——以本科教育为主

基础类大学采取小班授课模式，导师关注度高，学费低廉，注重教学的实用性，往往会在课程之外增加 co-op 的选项以获得实习的机会。代表大学有阿卡迪亚大学、温尼伯格大学、劳伦森大学等。

（2）综合类大学——本科课程和研究生课程并重

综合类大学的本科和研究生专业也相当广泛，但是并不设医学院[2]。某些综合类大学的声望和专业排名都超过了医博类大学。相比医博类大学教授要承担很多科研任务，综合类大学教授的更多精力则放在教学上。代表大学有在北美地区非常著名的西蒙菲莎大学、滑铁卢大学、约克大学、温莎大学、康考迪亚大学等。

（3）医博类大学——设置广泛博士研究课程和医学院

这一类大学规模都比较大，学校经费及仪器设备等实验条件也有保证。最突出的特点是都附有医学院，除学士学位外，可授硕士和博士学位。医博类大学重点在于科研，因此要求学生自主学习能力必须很强。代表大学有多伦多大学、阿尔伯塔大学、不列颠-哥伦比亚大学、蒙特利尔大学。

加拿大硕士学制为 12 个月、16 个月、18 个月、2 年不等，加拿大大学重视学生的研究和交流能力，并把这种能力视为硕士的录取前提之一。由于加拿大大学数量较少，开设的硕士课程也少，因此相对于其他国家，加拿大硕士申请难度较高。

第二节　欧洲大学概况

两次工业革命之后，欧洲一直都是世界经济、科技和文化中心，第二次世界大战之后，则与北美并称为世界中心。欧洲又是现代高等教育的起源地，拥有很多古老且实力雄厚的高校。欧洲地区共有大学近 2500 所，在 2018 年 QS 世界大学排名中，总共有 369 所来自欧洲的大学跻身世界一流大学之列，粗略估计在所有进入排名的大学中占了 38% 的比例。其中，英国是欧洲进入该排名的大学数量最多的国家，总共有 76 所大学，紧随其后的是德国和法国，分别有 45 所大学和 39 所大学进入排名。此外，瑞士是除英国之外有大学进入全球排名前 10 位的另一个国家，是有着顶尖高等教育系统的小型欧洲国家的典型代表。

一、英国

作为一个有着悠久教育传统的国家，目前英国约有大学 90 所，此外还有高等学院 123 所，高等教育学院 50 所。这其中有 29 所大学进入了排行的 Top 200，可见其大学发展水平之高。英国大学除白金汉大学为私立外，其余均为公立。大学可自主设置不同课程，并根据开设课程授予各级学位；高等学院和高等教育学院大部分为私立机构，可提供不同水平、不同专业的各类课程，除本科课程外，还设置了很多专业性课程或为有一定工作经验的学生设计了特殊课程。独特的高等教育办学体制，得益于英国十分重视高等教育的质量评估，议会、政府、专业机构和高校分工协作，使得优质教育资源体系顺利运行，逐步形成了多元化、多层面的高等教育保障体系[3]。

整个欧洲，除俄罗斯和西班牙外，英国的高等教育机构所占比例最大。英国大学的学位分 4 个等级：学士、硕士、哲学博士和高级博士。英国大学在组织与行政管理上均属自治，在拟定教学目标、颁发证书和授予学位方面完全由大学自己决定。但英国大学基建费的 90％ 和办学经费的 75％ 都由政府出资。英国大学主要分 4 类：①古典大学。主要是牛津大学、剑桥大学，在英国大学中占据最高地位。招收公学、文法中学毕业生中能力最强的学生，采取单独的入学考试，是英国上层统治人物的培养场所。两所大学本科学制为 3 年，实行学院制与导师制。②近代大学。19 世纪末建立起来的传统大学，如伦敦大学。目前也属于英国重点大学，不仅对校内学生授予学位，还对国外、校外考试合格的学生授予校外学位。③新大学。第二次世界大战后建立起来的大学。一是为解决 20 世纪60 年代中学毕业生众多的问题；二是为革新大学教育[4]，体现许多新特点如有权决定本校的课程设置、教学方法与考试方法，课程设置与教学体制方面注意克服过早和过分专门化问题，实行导师制，设置多学科教学的学院体制，开设新的跨学科课程等。④开放大学。大学入学条件要求申请者的普通教育证书要通过 5 门科目的考试，包括两门高级水平、3 门普通水平或 3 门高级水平、两门普通水平。此外，英国公立高等学校还设有多科技术学院、继续教育学院和教育学院。多科技术学院是 1966 年由政府宣布建立的，目的是使高等学校能够同地方工商界密切合作[5]，一般包括艺术系、技术系和商业系；继续教育学院由地方教育当局负责实施，为超出义务教育年龄的人提供各种正式与非正式课程活动的教育。

二、德国

德国有 400 多个高等教育机构，其中综合性大学 102 所，高等专科学校 200 多所，艺术、音乐院校 51 所，有 12 所大学进入排行的 Top 200。学生择校时，更看重专业排名，德国大学比较偏重理工科，真正意义上的综合类大学并不多。德国大学执行"宽进严出"制度，其高校学历含金量之高也是世界公认的，但由于德国拥有成功的双元制职业教育，上大学并非是唯一出路，因此其入学率在工业国家中并不突出。

三、荷兰

荷兰有 57 所大学，其中有 9 所大学进入 QS 世界大学排行的 Top 200。作为一个高度发达的资本主义国家，荷兰虽然国土面积小，但拥有不少顶尖学府。荷兰大学分为 H 类（应用技术类）和 U 类（综合类）两种类型，H 类采用理论结合实践式教学，U 类则以培养学生的学术能力和研究能力为主。

四、瑞士

瑞士有 12 所大学，其中 7 所大学进入 QS 世界大学排行的 Top 200。就人口比例讲，其教育和科研在世界上处于顶尖地位，高等教育毛入学率超过 80%，大专院校数目不多，但教育水平普遍较高。瑞士的大学都是由国家创办，同样秉承"宽进严出"的标准，学制灵活，学生可根据自己的兴趣，在合适的时间选择合适的专业。

五、法国

法国约有 3000 所高等教育机构，公立和私立高等院校并存，其中包括创建于 12 和 13 世纪的世界古老大学，如巴黎大学、图卢兹大学、蒙彼利埃大学等。高校中建有许多著名的科研中心，拥有庞大的科研团队，教育质量享誉世界。

法国的高等教育分为综合性大学、高等专业学院、高等技术学校和承担教学任务的科研教育机构 4 类，共有 87 所公立综合性大学，5 所进入 2020 年 QS 世界大学排行的 Top 200。根据联合国教科文组织统计数据，截至 2017 年，法国高等教育毛入学率为 65.6%。法国高等教育中最负盛名的是通称"大学校"的高等专业学院，实行独特的"2+3"学制，与普通大学完全不同，属于精英教育基地，具有规模小、师资力量特别强大、招录标准严苛、注重企业内实习、毕业生出路好等特点，居于法国高等教育体系的顶端。

六、俄罗斯

俄罗斯拥有 1507 所大学，其中 500 多所为国立大学，截至 2017 年，俄罗斯高等教育毛入学率为 81.9%。俄罗斯的高等教育具有良好的传统和很高的国际声誉，绝大部分大学设立了教学和科研机构，联邦大学比其他大学更国际化，专精于各领域的基础研究与应用研究，居于科学界及教育界较高地位。

总体来说，欧洲提供的主要高等教育资格如下。

（1）学士学位：大多数全日制学士学位课程的学习年限为 3 年或 4 年，要获得学士学位，通常首先需要一些学校的资格证书。攻读学士学位是获得重要技能和知识的途径，有助于事业发展。学习项目包括讲座和课程，通过论文、考试和课程作业进行评估。

（2）硕士学位：大多数全日制硕士课程的学习年限为 1 年或 2 年，通常需要学士学位或其他本科资格。学习项目包括讲座和课程，通过论文、考试和课程作业进行评估。许多项目还涉及在行业或与行业相关的项目中工作。学生还可以选择一个专注于独立研究的硕士学位，在导师的指导下，仔细研究一门学科，写出一篇论文。

（3）博士学位：大多数全日制博士学位的研学年限为 3 年或 4 年，要攻读博士学位，需要学士学位和硕士学位。通常涉及许多独立的研究，针对一个特定的研究主题，学生在导师的指导下进行独立研究。其目的是要开辟新的领域——产生新的信息和想法，或进行原创研究，以帮助推进学科发展。

第三节　亚洲大学概况

亚洲是世界上很大的一个洲，人口数量最多，高等教育规模也很大。亚洲地区共有高等教育机构 8000 多家，大学近 5000 所，但亚洲的高等教育现状有明显的区域性。少数亚洲国家和地区可以算是"富裕亚洲"，比如日本、新加坡、中国香港、中国台湾、韩国等，它们的高等教育较为普及，学术体系也比较发达。有些国家可称为"亚洲巨人"，比如中国和印度，人口基数大，经济发展快，高等教育进步也很快。有些国家是"中产阶级"，中等发展水平的国家，如印度尼西亚和马来西亚，受到历史上曾为殖民地的影响，这些国家学术体系健全。还有一类是"贫穷的亚洲"，在世界前五百的大学榜单上几乎无法看到这些国家。

一、中国内地

根据教育部发布的《2017 年全国教育事业发展统计公报》，全国（不含港澳台）共有普通高等学校 2631 所（含独立学院 265 所），其中本科以上大学 1243 所。全国各类高等教育在学总规模达到 3779 万人，高等教育毛入学率为 45.7%。我国有 6 所高校进入 Top 100，部分学科已达到或接近世界一流水平。排名最高的清华大学由世界第 25 位升至第 17 位。作为世界上人口第一大国，我国的高等教育面临着更多的机遇和挑战。

二、日本

根据日本文部科学省 2019 年最新统计数据，2018 年日本共有大学 782 所，包括 86 所国立大学、93 所公立大学、603 所私立大学。有 9 所高校进入 Top 200，排名最高的东京大学位列第 23 位。根据日本文部科学省 2018 年统计结果，2017 年日本高等教育毛入学率为 80.6%，其中应届毕业生普通高等教育入学率为 54.7%，高等职业技术教育入学率为 21.5%，应届高中毕业生的直接就业率为 17.8%，基本实现了所有考生都能入大学的"全入时代"[6]，但名牌大学竞争依然十分激烈，选拔形式也多元化。

三、韩国

韩国共有 220 所大学，其中国立大学 41 所，公立大学 2 所，私立大学 177 所。有 7 所高校进入 Top 200，其中首尔大学排名最高，位列第 36 位。韩国高校分为专科大学（专门大学）、教育大学、综合大学（大学校）、大学和研究生院。韩国高校对学生实行考勤、考绩和学分相结合的学籍管理方法，毛入学率近100%。韩国的高等教育入学率已经超越日本成为亚洲主要国家中高等教育入学率最高的国家，因此，韩国经济持续高速发展所依赖的高素质人才可以得到充分的保障。

四、新加坡

新加坡由于国土面积和人口原因，拥有6所大学、5所理工学院、2所艺术学院，其中新加坡国立大学、南洋理工大学分别位列QS世界大学排名的第11位和第12位，是亚洲高校中排名最高的两所大学。新加坡的高等教育既有世界水准的公立大学，也有大专水平的政府理工学院，还有与国外名校联办的私立大学，毛入学率近50%。由于新加坡属英联邦国家，整体上，其高等教育在教育体制与课程设置上与英国相近，并在不断调整、创新，逐步建立起具有新加坡特色的精英制教育体制。

五、印度

印度的高等教育机构数量难以统计，这是因为印度大学推行非常独特的"附属制"。据印度人力资源开发部统计，截至2019年，印度共有大学993所，其中中央大学46所，联邦附属制大学298所，其他类型高等教育机构649所。附属制大学是指一所大学接纳本地区规模较小的高等教育机构作为自己的附属学院，并制定附属学院的教学计划与教学大纲、指定教科书并组织考试、颁发学位的制度[7]。印度的298所联邦附属制大学级机构有39931所学院附属于这些大学。这些附属学院位于印度各地，使边远山区的学生也能方便入学，节省了求学费用。附属学院招收大量学生，满足了民众接受高等教育的需求，使印度成为世界高等教育大国。高等教育的发展给印度的经济、科技带来了巨大的变化。印度除了小学教育的入学率达到世界平均水平外，其他的入学率都低于世界平均水平，截至2019年，高等教育的毛入学率为26.3%。

亚洲不同国家和地区的高等教育制度具有很大的差异性。新加坡、中国香港地区和马来西亚等地受英国教育制度影响较大，其高等教育体系建立在二元制度的基础上，大学的数量较少，相对质量比较均衡。香港高等教育在 20 世纪 80 年代为精英型，到 90 年代成为大众化高等教育，在 21 世纪成为普及型高等教育。香港高等教育正由过往侧重公共财政资源和切合本地需求的高等教育转向切合全球需求和市场导向的高等教育。日本和韩国吸收了德国的经验，这两个国家都有得到政府重点扶持的国立大学，分别是东京大学和首尔国立大学。在日本，至少还有两所公立大学——京都大学和大阪大学，它们的名气仅次于东京大学，而远远高于其他所有院校。韩国早期因国家财政困难，故引进美国以私校为主的高等教育运作模式，迄今已发展成为一种以私立大学为主的高等教育系统。在韩国四年制大学与二年制学院中，有 86.3％为私立大学与学院，由于这种高比例的私校规模，韩国高等教育学费居高不下。

从近几年的 QS 排名可以看出，在进入世界排名前 200 强的亚洲大学中，某一具体指标进入亚洲前 10 的国家有中国、新加坡、日本、韩国、马来西亚、印度、沙特阿拉伯和以色列，而这些国家都是经济不错的国家。在经济发展势态较好的中国、日本和韩国，其高等教育呈现出多层分化的状态，既有以世界一流大学为建设目标的大学，也有面向大众的普通大学。近年来，沙特阿拉伯持续进行教育改革，政府为高等教育提供了大力支持，沙特阿拉伯在国际教师与国际学生方面的表现较好，其中世界有名的土豪大学阿普杜拉国王科技大学就是对沙特阿拉伯一路高歌猛进最好的注脚。

从学科分布上看，亚洲地区有 28 个学科进入 QS 最好大学学科排名前 200 名。其中，材料科学、计算机科学、化学工程、电气电子工程、数学、化学、土木与结构工程 7 个学科具有较大优势，形成了优势学科群。但在地理学、法学、药学、心理学、哲学、历史学、社会学、教育学等学科上的实力仍旧较弱。

第四节　拉丁美洲大学概况

拉丁美洲大约有 15 000 个高等教育机构，其中大学约 4500 所。整个拉美地区在校生 2000 多万，高等教育毛入学率达到 37％，贫困家庭的学生占高等教育招生总数的 25％。由于经济发展不均衡，拉美地区的高等教育发展也不均衡，在阿根廷、智利、古巴、乌拉圭和委内瑞拉，适龄青年的毛入学率已超过 50％。超过一半的拉丁美洲高等教育在校生就读于私立院校，国家和私立中介机构的联合促成了拉丁美洲高等教育的大众化。

经过 20 世纪 70 年代至 90 年代高等教育领域的市场化、国际化和大众化改革，拉美国家的高等教育已经从政府主导的公共教育发展模式转变为产业化的新自由主义教育发展模式。伴随全球化浪潮，各国开始寻求教育国际化的新模式，将最新的技术手段应用于教学，在教学的基础上，更加注重传播和创造新知识。在这种模式下，私立高等教育快速发展，拉美地区成为世界上私立高等院校数量最多的地区之一。许多国家在传统教育部的基础上，另外成立了专门负责高等教育的机构来制定和实施高等教育政策。为保障教育质量，大部分拉美国家建立了第三方评估机构，定期对高等院校办学质量进行考核评估，政府依据评估结果划拨教育经费。大学之间还联席建立了"校长联合会"，就大学发展问题协商达成协议，然后与政府协商谈判，在教育政策制定过程中发挥了很大的作用[8]。

根据 2019 年 QS 世界大学排行榜，拉丁美洲地区排名前十的大学在世界大学中的排名分别为 73，113，118，132，178，204，208，272，275 和 361。其中，阿根廷的布宜诺斯艾利斯大学（Univerisidad de Buenos Aires，UBA）荣登拉美第一高等学府，紧接着是墨西哥国立自治大学（Universidad Nacional Autónoma de México，UNAM）和巴西的圣保罗大学（Universidade de São Paulo，USP），智利天主教大学（Pontificia University Católica de Chile）位居第四，第五是墨西哥的蒙特雷科技大学（Tecnológico de Monterrey），巴西的坎皮纳斯州立大学（Universidade Estadual de Campinas）位居第六，智利大学（Universidad de Chile）位居第七，哥伦比亚的安第斯大学（Universidadde los Andes Colombia）和哥伦比亚国立大学（Universidad Nacional de Colombia）分别排第八和第九，第十是里约热内卢联邦大学（Universidade Federal do Rio de Janeiro）。

阿根廷拥有约 1700 所大学，其中布宜诺斯艾利斯大学（UBA）成立于 1821 年，是阿根廷历史上第二所大学，是一所规模巨大的公立研究型综合性大学，也是阿根廷最大的综合性大学，由 13 个大学学院、预科学院、布宜诺斯艾利斯国家学校、贝勒格里尼高等商学院、初等教育自由学院、两个远程教育课程中心、61 个研究所、8 所大学分校中心、里卡多·罗哈斯文化中心、大学出版社、10 座博物馆、13 所图书馆、学生咨询中心、五个医疗单位、学生健康中心及运动场构成。学校现开设农学系、建筑设计与城市规划系、经济学系、自然科学系、社会科学系、兽医学系、法学系、药学与生物化学系、哲学与文学系、工程学系、医学系、牙医学系、心理学系 13 个系。学校历史上共有 5 位诺贝尔奖获得者，其中两位获得诺贝尔和平奖，两位获得诺贝尔生理学或医学奖，一位获得诺贝尔化学奖。

墨西哥拥有约 1300 所大学，其高等教育分为大学教育和研究所教育，特点是规模大。墨西哥国立自治大学（UNAM）创建于 1551 年，是墨西哥和拉丁美洲地区历史最悠久、规模最大的综合性大学，共有在校学生约 350 000 名，教师约 40 000 名。学校现有 15 个院系、5 个交叉学科部、8 个国立预科学校、函授部、自然科学研究协调委员会、人文科学研究协调理事会、文化传播协调委员会、167 个图书馆及出版社，另有 34 个研究所、14 个研究中心和 10 个大学项目。艺术与设计、人类学、发展研究、法律、教育和培训、哲学、现代语言、考古学、矿产和采矿工程等专业曾名列世界前 50 强。UNAM 是世界上规模最大的高等学府之一，拥有1500 余栋建筑，其中的校长楼、中心图书馆和大学奥运馆更是拉丁美洲现代建筑的扛鼎之作。2007 年，联合国教科文组织将 UNAM 大学城列入《世界遗产名录》。特别值得注意的是，我国的高中层次教育在墨西哥称为大学预科（preparatorio），大学预科毕业后，必须通过大学入学考试，才能就读大学。大学生除了修习规定的学分外，还必须撰写论文，论文口试通过后才准予毕业，获得学士学位（licenciatura）。在墨西哥，bachillerato 仅是中学学历，不等于美制的 bachelor。

截至 2019 年，巴西共有高等教育机构 2199 所，包括 252 所公立大学和 1947 所私立大学，在校生共计 640.8 万。圣保罗大学（USP）是圣保罗州政府资助维持的三所公立大学之一，于 1934 年创办，是巴西第一所同时也是现今规模最大的现代综合性高等学校。总共设立 12 个校区，拥有自己的出版社、2 座附属医院、4 座博物馆、大型运动场、46 座大型图书馆。现有教师 5000 多人，学生 3 万余名，由 33 个学院、科研所组成。2018 年 QS 世界大学学科排名中，圣保罗大学共有 10 个学科进入全球前 50，分别是牙科、体育活动与体育科学、建筑学、艺术与设计、采矿工程学、农业与林业、现代语言学、人类学、兽医学和法学。作为巴西最大的公立大学和最重要的研究中心，巴西 1/4 的科研成果出自圣保罗大学。

第五节　非洲大学概况

非洲面积大约为 3020 万平方千米，占全球陆地总面积的 20.4%，是世界第二大洲，拥有富饶的物产和丰富的动植物资源，同时也是人口第二大洲（约 12 亿）。由于种族冲突、殖民主义遗留、极大的贫富差距、各地发展不均衡等长期存在的各种问题，非洲成为世界经济发展水平最低的一个洲，也是世界上高等教育最不发达的地区。非洲大陆共有 54 个国家，共有高等教育机构近 1500 所，但能称得上大学的教育机构不超过 500 所。

非洲的高等教育在法律和政策制度层面上也存在阻碍，限制了高等教育的快速发展。非洲各国的法律环境各有不同，许多国家甚至根本没有高等教育方面的法律。对非洲国家来说，教育发展的自身规律使得该地区的初等教育得到了较快的发展，有较高的收益率，也吸引了更多国际上的捐赠，而高等教育却被忽视。2000 年，非洲高等教育的毛入学率只有 2.5%，远低于世界平均水平 22.9%，而大多数非洲国家的入学率更低。教育公平问题也十分突出，高等教育的质量仍然堪忧，研究生教育仍然不发达，其对科研和创新的贡献也非常有限。非洲大陆对全球知识的贡献率仅约 1%。

近期，世界银行发布的《次撒哈拉非洲高等教育》报告显示，该地区高等教育的需求和供给不断提升，但贫富群体在教育程度方面的差距仍然很大。第一，1970—2013 年，该地区高等教育入学率增幅为每年 4.3%，高于全球平均水平 2.8%，但即便如此仍为全球最低，由于中小学教育普及、青年人口增长、就业从农业向制造业和服务业转移等因素，这一增速难以满足不断增长的需求。第二，私营教育机构蓬勃发展，1990—2014 年，该地区公立高等教育机构数量从 100 增长到 500，私立高等教育机构则从 30 所增加到 1000 多所。

　　非洲高等教育面临的挑战有入学率、研究生教育、不断攀升的高等教育成本、与经济社会和工业发展相关的科研与创新。扩大高等教育规模，需要建设更多的现代化基础设施，并且借助信息通信技术和在线课程提供创新性的培训。同时，教师和培训人员老龄化问题日益突出，一大批经验丰富、训练有素的教师到了退休年龄。师生的学习和生活环境也急需改善，以吸引更多的人从教和就学。非洲大陆应与私立机构合作来提高入学率，提升教育质量。

　　薄弱的基础同时也意味着巨大的发展空间。近十年来，非洲一些国家被认为是具有发展潜力的国家，这些国家也逐步意识到高等教育的重要性，并努力提高教学质量和影响力。高等教育成为国家发展议程中心，越来越受到非盟国家的重视。《非洲科学技术创新战略》强调了高等学校作为非洲最重要科研中心的角色。高等教育不仅能为科技创新进步、充分发挥非洲潜力以支持可持续增长和社会经济发展创造有益的环境，而且还有助于在全球科研创新和创业方面提高非洲的竞争力。

　　众所周知，高等教育在国家经济发展、创新和提高民众文化素养方面有着举足轻重的作用，社会发展与高等教育建设密切相关，投资教育的国家将变得繁荣昌盛，非洲各国看到了高等教育的重要性，正在加大投入。以埃塞俄比亚为例，20 世纪 90 年代该国仅有两所大学，目前该国已有 44 所大学。联合国教科文组织数据显示，埃塞俄比亚 27% 的政府预算用于教育。

　　21 世纪以来，非洲不仅内部的合作日益增多，与发展中国家的交流与合作也日渐频繁，巴西、印度、中国等新兴经济体与非洲大学之间有大量的合作项目。除了双方自主的合作以外，还有由国际组织推动或支持的南南、南北合作等。如联合国教科文组织对"中非大学 20＋20 合作计划"的支持，又如 2013 年世界银行发起和资助的"应用科学、工程技术领域的技能伙伴关系"项目，打破了固有的南北、南南合作模式，把非洲政府、非洲民营部门和巴西、中国、印度、韩国等新兴的部分发达国家和发展中国家汇聚在一起，以鼓励大学和研究中心创造新知，推动非洲的人力资本建设和应对非洲发展带来的挑战[9]。

根据 www.4icu.org 网站的世界高校最新排名，非洲排名前 15 的高校中，南非一国拥有 10 所，其余 5 所为埃及 2 所、肯尼亚 1 所、安哥拉 1 所、尼日利亚 1 所，具体如下：

（1）世界排名 156：夸祖鲁·纳塔尔大学（University of KwaZulu Natal）是南非一所卓越的公立研究型综合大学，于 2004 年 1 月 1 日由纳塔尔大学和德班威斯特维尔大学合并而成，在夸祖鲁·纳塔尔省共有五个校区。接受了来自 70 多个国家的 2000 多名国际学生，学校拥有很好的国际文化氛围，便于用国际语言进行交流。

（2）世界排名 177：比勒陀利亚大学（University of Pretoria）的前身是威斯特大学，创建于 1908 年，该校是南非最大的面向黑人学生的公立大学，并在南非各地不同城市拥有 7 个校园。具有良好英语基础的学生，无需雅思、托福成绩，可直接读专业课程。

（3）世界排名 264：威特沃特斯兰德大学（University of Witwatersrand），又称金山大学，是南非一所多校区的公立研究型大学，成立于 1896 年，在校生约 28 000 名，前身为南非矿业学校。1959 年，南非大学教育法扩大了对黑人学生的种族隔离，但仍然有几个著名的黑人领袖从大学毕业，其中南非第一位黑人总统曼德拉，就曾在此就读并获得法学学士学位。

（4）世界排名 272：开普敦大学（The University of Cape Town），位于西开普省的开普敦市，是南非最古老的大学，成立于 1829 年，是非洲大陆的学术研究中心之一，为世界大学联盟成员。开普敦大学有 2 万余名学生，其中 1/3 是研究生，每年授予的本科学位超过 3000 个。1979 年诺贝尔生理学或医学奖获得者阿兰·麦克莱德·科马克、1982 年诺贝尔化学奖获得者阿龙·克卢格和 2003 年诺贝尔文学奖获得者约翰·马克斯韦尔·库切均毕业于此大学。

（5）世界排名 320：约翰内斯堡大学（University of Johannesburg）位于南非约翰内斯堡市，成立于 2005 年 12 月 1 日，学校由原兰德阿非利加大学、金山理工学院和维斯特大学的东兰德校区合并而成。

（6）世界排名 338：西北大学（North West University-South Africa）是位于南非西北省的一所大学，成立于 2004 年 1 月 1 日。它包括位于波切斯卓姆市的原波切斯卓姆大学、位于姆马巴托的原西北省大学、位于范德拜尔帕克市的原波切斯卓姆大学瓦尔河校区和位于西博肯镇的维斯特大学。

（7）世界排名 516：斯泰伦博斯大学（Stellenbosch University）是南非的一所公立研究型大学，位于斯泰伦博斯，其历史可追溯至创办于 1866 年的斯泰伦博斯体育馆（Stellenbosch Gymnasium），学校拥有约 28 000 名学生，位于南非西开普省。

（8）世界排名 825：内罗毕大学（University of Nairobi）是肯尼亚国内最大的一所大学，位于首都内罗毕，前身是东非大学，始建于 1956 年，为世界大学联盟成员。2014 年，内罗毕大学有在校生约 22 000 名。

（9）世界排名 859：西开普大学（University of the Western Cape）成立于 1960 年，最初是为"有色人种"设立的，进行基本技能培训。在经历了约 60 年的发展后，西开普大学已经成为一流的公立大学，具有高成长性，能够提供优秀的教学方法、学习环境，从事高水平的科学研究，培养出了大批高质量的学生。

（10）世界排名 1137：开罗大学（Cairo University）是埃及和整个阿拉伯世界最古老的高等教育机构之一，始建于 1908 年，位于埃及首都开罗，前身为 1825 年建立的埃及大学。开罗大学现在拥有 3 个分校、近万名教师及约 15 万名在校学生。

（11）世界排名 1200：罗得斯大学（Rhodes University），主校位于格雷厄姆斯敦，是位于东开普的一座历史悠久的小城。学校拥有良好的学术氛围，2001 年诺贝尔物理学奖得主也在罗得斯大学做过演讲，国际交流活跃，学生参与国际会议的机会也很多。

（12）世界排名 1252：开罗美国大学（The American University in Cairo）位于埃及首都开罗，始建于 1919 年，是一所私立学校。截至 2019 年，共有全职教师 467 人，在校生 6673 名。下设阿拉伯研究，经济、政治与大众传播，英语及比较文学，工程，理学，社会、人文、心理、管理等系，另外还附设阿都拉迪占米尔集团（Abdul Latif Jameel）中东管理研究中心、社会研究中心和沙漠开发中心。

（13）世界排名 1278：自由州大学（Universiteit van die Vrystaat）创建

于 1904 年，位于南非布隆方丹自由邦，其前身为 Grey College，是一所公立高等教育机构，授课语言为英语和南非荷兰语。1999 后学校进入快速发展阶段，2001 年 2 月，大学的名称改名为自由州大学。

（14）世界排名 1292：安哥拉天主教大学（Universidade Católica de Angola）位于安哥拉首都罗安达。1992 年，安哥拉政府允许安哥拉天主教堂建立自己的大学。通过圣公会的批准，安哥拉天主教大学于 1999 年开始教学。安哥拉天主教大学是一所私立高等教育机构，是安哥拉国内 12 所公认的私立大学之一。2012 年学校有 6000 名在校学生。

（15）世界排名 1358：伊巴丹大学（University of Ibadan）创办于 1948 年，位于尼日利亚西南部城市伊巴丹，是尼日利亚国内第一所大学。大学开设了艺术、科学、医学等学术课程，设有 16 个学院，是一所综合性大学。伊巴丹大学研究生院是非洲最大的研究生院，研究生入学人数占整体学生入学人数的 50%。

第六节　大洋洲大学概况

大洋洲有 14 个独立国家，其中，澳大利亚和新西兰最为发达和知名，也是主要人口聚集地。大洋洲的众多国家里，澳大利亚和新西兰的教育资源最丰富，大学基本上集中在这两个国家。

一、澳大利亚

澳大利亚是人口小国，却是高等教育大国。全国虽然仅有 2000 多万人口，但是接受过高等教育的人数占总人口的 34%（仅次于美国的 36%，中国仅为 8.9%）。目前，澳大利亚共有 42 所大学，其中 38 所州立大学、2 所国际大学、2 所私立大学，大学数量虽然不多，却拥有世界级的教育和培训体系，学术水平较高，高等教育由大学教育和职业教育与培训两部分组成，其学历资格更被世界各国广泛承认。

澳大利亚八校集团是世界级名校。1999 年 9 月，由 8 所科研教学水平领先的公立大学所组成的八校集团（Group of Eight）正式成立，包括：悉尼大学、墨尔本大学、阿德莱德大学、昆士兰大学、西澳大学、澳洲国立大学、新南威尔士大学、莫纳什大学。八校集团代表了澳大利亚高等教育的顶级水平，在 U. S. News、泰晤士报、QS、ARWU 四大世界大学排行榜中均跻身前 200 位，其获得的研究基金占澳大利亚研究基金的 70% 以上，发表论文占 50% 以上，研究型学生数量超过其他大学的总和[10]。

澳大利亚有 9 所高校进入 Top 200。在 2019 年世界大学排行榜（U. S. News Best Global Universities Rankings）中，澳大利亚有 7 所大学跻身前 100 名，分别是墨尔本大学（第 26 位）、悉尼大学（第 34 位）、昆士兰大学（第 45 位）、莫纳什大学（第 68 位）、澳大利亚国立大学（第 69 位）、新南威尔士大学（并列第 69 位）、西澳大学（第 88 位）。

澳大利亚的高等教育制度沿袭英国模式，同时又具有战后崛起国家的特色，主要体现在如下几个方面：

（1）高等教育产业化、国际化

在保证社会公益事业属性的前提下，澳大利亚还把高等教育当成产业来发展，强调其在国家经济发展中的支柱作用，通过教育输出最大限度发挥高等教育的经济效益。在全球化背景下，澳大利亚利用与欧美国家的文化渊源和身处亚太地区的地缘优势，大力推进高等教育国际化。2011 年，海外留学生占全澳在校大学生总数的 24.2%，远高于英国（11.3%）、美国（3.5%）。留学生带来的学费收入高达 180 亿澳元，超过了政府对高等教育的拨款（130 亿澳元）。

（2）大学高度自治与公司化运作模式

澳大利亚实行政府主办、自我认证的办学体制。教育部仅负责宏观调控、经费支持和质量监控，大学独立自治，对其教育质量和学术水平负责。大学有权依法自行设置专业，进行课程认证，有权对修够学分的学生授予学位、准予毕业。大学内部治理通常采用公司化运作模式，有类似于公司董事会的大学评议会，校长作为首席执行官，与若干分管副校长组成高层执行团队，负责学校学术和事务管理。另有学术委员会进行内部质量监督[11]。

（3）学生培养机制灵活

大学的入学途径多元化：可以直接高考进入大学；也可以先到职业教育与培训机构学习文凭课程，再把学分带入大学课程，继续在大学就读；

还可以先工作再上学。在澳大利亚，工作经验也可以作为入学的一项考察指标。学生在第一年学习后可以转专业或者换大学，已修课程的学分仍然保留。澳大利亚实行的学历资格框架（Australia qualifications framework，AQF）将学历资格细分为 13 个级别，从高中毕业证书到博士学位，各级学历和课程之间相互衔接，鼓励继续升学和从职业规划出发选择求学路经。

（4）完备的质量保障与监控体系

澳大利亚的高等教育质量管理形成了外部监督与内部把控的双重机制。由联邦政府出资的澳大利亚大学质量审计署负责对各大学教育质量进行监督管理。审计署每 5 年对各大学的教学、科研和管理进行一次全面审计，大学对照自己的办学目标和发展规划提交审计报告，审计结果不与拨款挂钩，但是审计报告要向社会公布，接受社会监督和评判。各大学建立了人才培养和科学研究的质量保障体制，包括自行评估机制、学历学位认证机制和外部专业机构或行业参与的课程认证机制[12]。

二、新西兰

新西兰的高等教育制度与澳大利亚基本一致，也是一直沿袭英国的教育体制，高等教育强调机会均等和保证教育质量。新西兰的高等教育由大学、理工学院、原住民毛利人高等教育机构、行业培训机构和私立教育培训机构等几部分组成，大学及理工学院由政府拨款并实行自主管理。新西兰共有 8 所大学，全部为公立大学，高等教育体系设置科学、专业合理，不同类型的高等院校各有特色，可为社会提供其所需要的不同层次的人才。在 2014 年共有 41 万余名学生接受高等教育。新西兰的 8 所国立大学是：奥克兰大学（U. S. News 第 138 位）、奥克兰理工大学（U. S. News 第 606 位）、林肯大学、梅西大学（U. S. News 第 477 位）、坎特伯雷大学（U. S. News 第 321 位）、奥塔哥大学（U. S. News 第 217 位）、怀卡托大学（U. S. News 第 689 位）、惠灵顿维多利亚大学（U. S. News 第 457 位）。

第二章

世界六国学位制度

　　学位制度是指对学位授予的级别、学位获得者的资格、学位评定、学位管理等而设立的规章制度，是国家或高等学校以学术水平为衡量标准，通过授予一定称号来表明专门人才知识能力等级的制度[13]。学位制度起源于中世纪的欧洲。据记载，在 1130 年，意大利的博洛尼亚大学首次授予一位研究古罗马法的学者以博士学位，不久又出现了硕士的称号。现代世界各国和地区的学位制度一般有所不同，有 3 个、4 个甚至是 5 个等级，但每个等级划分中，一定会有学士、硕士、博士这三级，有些国家和地区还会有副学士、副博士这样的等级。一些国家和地区的学位设置有着本地独有的特色。本章主要介绍法国、英国、日本、美国、俄罗斯和德国六国的学位制度来源、分类等级及学位授予资格等情况。

第一节　法国的学位制度

　　法国是设立学位制度最早的国家之一，中世纪的巴黎大学诞生了世界上第一个学士学位，其学位制度随着大学四大学院——文学院、医学院、法学院和神学院的成长而慢慢形成，构成中世纪最完整的学位制度。

　　法国大学的文凭和学位制度最初设有业士、学士和博士三级学位。业士学位由大学文学院授予，学士和博士学位由大学神学院、法学院和医学院授予。1808 年，拿破仑一世对上述制度进行了改革。业士学位改由国立中学授予，大学只授学士和博士两级学位。

第二次世界大战后，法国高等教育改革几经变动，分别于 1968 年、1973 年和 1984 年通过立法进行调整。有资格发放文凭或学位的机构有大学技术学院、高级技术员班、大学校和综合大学，每个机构发放的文凭都可以用来就业或在相应的学校继续深造。下面主要介绍大学校和综合大学的学位与文凭制度。

一、大学校

大学校是法国高等教育独特的组成部分，主要包括工程师学校、高等商业学校、高等农业学校和高等师范学校。各个大学校的学制不同，除了 2 年预备班（class prépa，CPGE）的学习外，工程师学校和高等商业学校一般为 3 年，高等师范学校为 4 年，其他一般为 1～3 年不等。大学校是法国的精英教育，专门为国家培养高级行政官员、学者、企业管理人才和工程师。学生修完相应课程并考试合格后，会分别被授予工程师、建筑师等证书。

1973 年颁布的法令新设了"博士-工程师文凭"，改变了大学校不授予学位的传统，是为工科学校的毕业生更好地从事应用研究所设置。学生第一年攻读课程，后 2～3 年工作实践、撰写博士论文，通过答辩后授予博士-工程师文凭。

二、综合大学

法国的大学分为多个相互独立但前后衔接的阶段，各个阶段的学生只要修完相应的学分并通过考试（有需要论文答辩的要通过答辩）即可取得相应的文凭或学位。

第一级为大学基础学习文凭或大学基础科技学习文凭，在大学第一阶段结束时授予，一般学习两年。本阶段不分专业，只设置主修方向：法律、经济与社会行政、文学艺术、人文科学、社会科学与应用数学、科学、哲学、体育运动科学技术。学习结束考试通过后可获得大学普通学习文凭。

第二级为学士学位，在大学第二阶段第一年结束时授予，需在获得大学基础学习文凭后继续学习一年。本阶段为专业学习阶段，学习结束考试通过后可获得学士学位。

第三级为硕士学位，需在获得大学三年级学习文凭后继续学习一年。

本阶段仍为专业学习阶段，学习结束考试通过后可获得硕士学位。

第四级为博士学位，学制一般为 3～4 年。1984 年《萨瓦里法》对法国这一阶段的学位与文凭进行了改革，取消了博士和国家博士学位，改设新博士学位，新增指导科研工作能力证书和 LMD（licence-master-doctorat）学制。本阶段又分为以下几类文凭或学位。

（1）深入学习文凭（或高等专业学习文凭）。在博士阶段第一年结束时授予，要求选修与博士论文相关的课程、参加研讨班、撰写小论文，论文通过后可授予深入学习文凭，相当于博士资格证书。只有获此文凭，才能获准继续攻读博士学位。

（2）高级专业学习文凭。与深入学习文凭是为研究做准备不同，这是一种为就业做准备的高级资格，不可用于申请博士学位。

（3）新博士学位。1984 年的《萨瓦里法》规定：为更好适应国际通用的学位制度，取消大学第三阶段博士，改设博士学位，学制适当延长，并同时取消国家博士学位。因此，这种博士学位被称为新博士学位，新博士学位的学制一般比原第三阶段博士学制多 1 年左右，即硕士或工程师文凭＋深入学习文凭＋3～4 年研究工作。

（4）指导科研工作能力证书。是在取消国家博士学位后设立的，一般要求取得博士学位后工作几年并达到一定的学术水平。其学术水平和价值高于博士文凭，因此也有人称其为法国的博士后文凭。

（5）LMD 学制。随着欧盟统一化进程，法国与其他欧盟国家于 1998 年开始尝试统一欧洲学制，LMD 学制就是其中重要的措施之一，即常听到的"3＋2＋3"学制。学生考入大学后，在大学三年级毕业时获得学士学位、五年后获得硕士学位、八年后获得博士学位[14]。

第二节　英国的学位制度

英国作为一个有着悠久教育传统的国家，不仅教学严谨，对学生要求也很严格，同时也有着自己独特的学位制度体系。在英国，得到学位授予权的依据是皇家宪章和议会法案，未经政府正式授权而授予学位或相应学历属于违法行为。高等教育质量保障署（Quality Assurance Agency,

QAA）公布的规章中对于学校应该达到的标准有详尽的说明，要获得学位授予权，高等院校必须表明其对保证质量的承诺，并且拥有相应的体系来确保学术质量[3]。

英国学位分为学士学位（bachelor degree）、硕士学位（master degree）和博士学位（doctor of philosophy，PhD），且高等教育不同阶段的学位一般都有等级的划分。

学士学位是高等教育阶段的第一级学位，通常授予完成 3 年大学学习的学生。根据课程和专业的不同，一般可分为文学学士、理学学士、法学学士和工程学士等类别，而从等级上划分，则有两种类型：荣誉学士学位（honours degree）和普通学士学位。荣誉学士学位又被称作优等生学位，授予在学士学位期间成绩比较优秀的学生，用于肯定他们的能力，其级别高于普通学士学位，分为四个等级：

（1）一等荣誉学位（first class honours），评分标准一般为分数的 70％以上，相当于平均绩点（grade point average，GPA）3.8～4.0，英国大学里大约 11％的毕业生可以取得一级学位。

（2）二等一级荣誉学位（upper second class honours/2：1 honours），评分标准为分数的 60％～69％，相当于 GPA 3.3～3.79，每年英国近半数学生可以获得该学位，该学位是大部分英国名校研究生入学的学位要求，同时，英国大多数雇主对毕业生的要求一般是二等一级。

（3）二等二级荣誉学位（lower second class honours/2：2 honours），要求成绩为分数的 50％～59％，相当于 GPA 3.0～3.29，英国每年约 29％的学生获得该学位。

（4）三等荣誉学位（third class honours），评分标准为分数的 40％～49％，是最低等的荣誉学位等级。

普通学士学位（ordinary class）指学生毕业成绩达到分数的 40％，刚及格，可以拿到学位证书，但没有荣誉学位。

英国硕士阶段授予的学位一般有文科硕士（MA）、工商管理硕士（MBA）、教育学硕士（MEd）、理科硕士（MSc）、化学硕士（MChem）、哲学硕士（MPhil）、法学硕士（LLM）、工程学硕士（MEng）等，分为授课式硕士学位和研究式硕士学位两种。授课式硕士学位课程一般为一年，学生必须修满一定学时的课程，每学期写出规定字数的论文，年终递交最后的毕业论文。研究式硕士学位，通常需要两年时间，主要在导师指导下从事论文写作工作[15]。

英国硕士学位分三个等级：优秀（distinction）、良好（merit）、及格（pass），要求成绩分别达到分数的 70％以上、60％～69％、50％～59％，申请博士的话，一般要求硕士成绩至少为良好。另外，在硕士阶段，没有完成毕业论文的学生可获得学校颁发的研究生文凭（postgraduate diploma），该文凭也是为没有资格申请硕士学位的学生提供的过渡性文凭。

博士学位有 PhD 和高级博士学位两种。

大部分学科领域颁发的博士学位都为 PhD。取得硕士学位后，一般需要经过 3 年的课程学习和研究，并提交学位论文，有的还要进行书面考试。医学学科对应的博士学位为 MD、DM、外科博士 ChM 或 MCh。

高级博士学位（如文学博士 Dlitt、理学博士 DSc、法学博士 LLD），意在对那些在特殊学科领域内作出了突出贡献的人予以认可。获得者通常是在学术方面有独到之处的高水平专家，并曾出版过大量的学术著作[3]。

第三节　日本的学位制度

日本学位制度起源于 19 世纪后半期的明治维新，1872 年，日本就颁布了《学制》。1883 年，日本颁布了《学制追加》，作为 1872 年颁布的《学制》的补充文件，第一次涉及学位问题，规定了 5 个等级的学士学位，修完数量不同的学科，可以被授予不同的等级。同年，太政官又发布了《关于有关官级、教师等级、学位称号的规定》，将学位分为博士、学士、得业士 3 种。由于当时日本尚未建立真正意义上的大学，这种学位制度实际上并未能在全国实施，仅在一些大学开始授予学位，如 1878 年年末，日本以新创办的东京大学的名义制定学士学位制，并于 1879 年制定了学位授予规则，并开始授予毕业生"学士"称号。

1887 年，日本颁布了第一个《学位令》，规定学位分博士和大博士两种，博士的种类有法学、医学、文学、理学、工学 5 种，而在学术上有特殊功绩者，内阁会授予大博士学位。1898 年，日本颁布了第二个《学位令》，规定只设博士学位，同时增加了药、农、林、兽医 4 种博士学位。在这两次《学位令》的规定中，博士的授予主要有 3 种途径，即课程博士（大学院（即研究生院）毕业，经考试合格后授予）、论文博士（自著论文 1篇，向文部大臣申请，论文审查合格后授予）、推荐博士（未读研究生课程、未提交论文，但被认为与大学毕业者具有同等以上学历，经过推荐后授予）。

1918 年，日本公布《大学令》，规定在大学学习 3 年以上，经过考试合格者可被授予学士学位。1920 年，日本第三次颁布了《学位令》，学位由 9 种增至 12 种，新增了政治学、经济学和商学，申请博士学位者必须提交论文，经学部教授会审查合格后才能获得学位。

1947 年，日本颁布了《学校教育法》，先前的《大学令》和《学位令》被废除。1953 年，又制定了《学位规则》，将学位由博士一种改为博士和硕士（日本又称修士）两种，获得硕士学位者必须在大学院学习 2 年以上，取得 30 个以上学分或通过在该大学院进行的硕士论文审查和考试合格；获得博士学位者一般需在大学院学习 5 年以上（已修完硕士课程者为 3 年），取得 30 个学分以上或通过在该大学院进行的博士论文审查和考试合格。同时，《学校教育法》规定，学部教育（即本科阶段）结束后，学生考试合格，可取得学士学位。硕士学位包括 22 种（文学、教育学、神学、社会学、国际学、法学、政治学、经济学、商学、经营学、理学、药学、保健学、卫生学、营养学、工学、农学、兽医学、水产学、家政学、艺术学、体育学），博士学位增加至 18 种（新增教育学、神学、社会学、经营学、牙医学、保健学、水产学）。1974 年开始，日本又对学位制度进行了多次补充和修改，博士学位增加了学术性博士（综合性博士），共 19种；硕士学位增加了学术硕士、行政学硕士、医学硕士、牙科学硕士、护理学硕士、艺术工程硕士、商船学硕士，共计 29 种。

20 世纪 90 年代，随着高新技术产业的崛起，日本的高等教育和学位制度进行了深化改革。1991 年修改了《学校教育法》，决定授予短期大学毕业者和高等专门学校毕业者"准学士"（associate degree）称号。其中，高中毕业或具有同等以上学历者可进入短期大学学习，学制为 2～3 年，修满 62 个学分且毕业考试合格，可获得"准学士"称号，短期大学毕业生可进入大学学习，学分可累计为获得学士学位的一部分学分；初中毕业后在高等专门学校学习 5 年以上，修完 167 个学分，可获得"准学士"称号。在此期间，文部省修改的《专修学校设置基准》决定从 1995 年开始授予修完专门课程者"专门士"学位，具体要求是在专修学校的专业课程中学习 2 年以上，所修课程总课时需达到 1700 小时以上，并根据考试成绩认定专门课程结业。同年修改的《国立学校设置法》规定，未在正规大学院注册者，可以通过新设的学位授予机构申请学士、硕士或博士学位。另外，取消了兽医学硕士学位，学士学位包括 29 种，分别是文学、教育学、神学、社会学、教养学、学艺学、社会科学、法学、政治学、经济学、商学、经营学、理学、医学、牙科学、药学、护理学、保健卫生、针灸学、营养学、工学、艺术工学、商船学、农学、兽医学、水产学、家政学、艺术学、体育学[16]。

第四节　美国大学的学位授予

与其他国家相比，美国没有联邦统一管理的学位制度，所以本节只介绍美国大学的学位授予。在第二次世界大战之前，美国的学位授予没有法律层面的界定。据记载，美国最早的学位产生于 1860 年，由耶鲁学院授予了哲学学位。"二战"之前美国学位授予审核是由高校自治管理，学位授予相对自由，主要由院校的管理委员会或者校监委员会进行。

第二次世界大战后，随着各州法律的不断完善，政府在高校学位授予上开始参与并提供指导意见，美国联邦政府和各州政府介入高等教育的程度逐步加深，并以立法的形式积极引导非官方、非营利性的第三方机构介入高等教育，规范第三方机构在高校认证、审核、专业认证等方面的活动。直到 20 世纪 80 年代后期，美国院校、第三方机构、州政府三方协调监控，形成了管、办、审分离的学位授权审核机制。2008 年《高等教育机会法案》颁布，从法律层面界定了院校申请、第三方认证审核、州政府审批的学位授权审核机制[17]。

美国高校的学位项目总体分为本科（undergraduate）和研究生（graduate），研究生分为硕士和博士。颁发的学位有四类：准学士、学士、硕士、博士，前两个是本科阶段颁发的学位，后两个是研究生阶段颁发的学位。其中，准学士学位是一个通识教育学位，一般在社区大学设置。硕士学位分为偏学术型和偏授课型。偏学术型的多授予理学硕士（master of science）等学位，偏授课型或应用型的多授予文学硕士（master of arts）等学位，应用型硕士的代表当属工商管理硕士（MBA）了。

MBA 诞生于美国，是一个专门为企业管理人员设计的研究生学位，培养的是高质量、处于领导地位的职业工商管理人才。而高级管理人员工商管理硕士（EMBA）是 MBA 学位教育的一种特殊形式，由芝加哥大学管理学院于 1943 年首创，读 EMBA 必须有工作经验，而且需要有至少 5 年以上管理经验，一般由公司推荐，相当于一种有学位的在职培训。

美国的硕士种类很多，文科的硕士有教育学硕士、社会学硕士、传媒学硕士等，理工科硕士有生物学硕士、计算机专业硕士等，除了这些外还有法学硕士、艺术硕士等。

在美国，大学的类别不同，可授予的学位也不同。美国的大学按学校性质分为研究型综合大学、地区级大学、文理学院、社区大学。研究型综合大学提供学士、硕士、博士等学位，在美国高等教育系统中占有显赫的地位，有私立和公立之分。地区级大学提供准学士、学士、硕士学位，硕士多侧重职业教育，比较实用。文理学院主要提供学士学位，少数文理学院提供硕士学位，教学以文理学科为主，培养贵族精英。文理学院与综合大学不同的特点是小班授课，学生可以得到教授更多注意力，教学质量高，培养了大批各行业领袖人才。社区大学主要提供准学士学位，从社区大学毕业转入四年制大学和在四年制本科读书的学生毕业时拿到的学位是一样的，因此社区大学也成为一些学生进入美国名校的"跳板"。

美国大学还颁授荣誉博士学位，此种学位并不反映学术成就，而是对于社会杰出贡献者的承认。

第五节　俄罗斯的学位制度

俄罗斯在 19 世纪采取了一系列措施来培养高级人才，1804 年颁布实施的《大学章程》标志着俄罗斯学位制度的正式确立。在苏联时期，继承并发展了俄国学位制度，逐步建立起具有自己特色的副博士和博士学位设置和授予制度，以及研究生教育体系[18]。1932 年，苏联成立了学位学衔最高评定委员会。苏联解体后，随着市场经济的确立，为适应社会经济发展的需求和加强国际合作，俄罗斯开始了学位制度的改革，力图在融入欧洲一体化的过程中构建既符合国际惯例[19]又保持自己特色的学位体制。目前，俄罗斯高等教育和大学后教育体制仍处于调整、改革之中，单就学制来讲，新旧体制并存。

一、旧学制

旧学制的学期为 5～5.5 年，学生经过考试，获得高等教育毕业证书，同时获得如"工程师""经济师""农艺师"等专家称号，称为"持文凭的专业人才"。获得此项证书后，通过考试或推荐，可以攻读副博士学位，一般 3～4 年，答辩通过后获科学副博士学位证书，俄罗斯认为相当于西方国家的哲学博士（PhD）。获得副博士学位者经过一段时间（通常 5～10 年）的工作成为某一学科学术带头人之后，有权申请科学博士学位答辩，如通过，可获得科学博士学位证书。

二、新学制

新学制将高等教育和大学后教育分为四个阶段进行。新学制的产生主要是因为 20 世纪 80 年代末、90 年代初俄罗斯经济状况的急剧恶化使高校陷入困境，政府开始考虑允许学校招收自费留学生以改善学校经济状况，但苏联高等教育的体制与西方国家体制不合，缺乏吸引力，所以俄罗斯根据实际情况首先对外国留学生教育采用新体制。

1996 年以前，俄罗斯没有学士、硕士学位的称号，只有工程学工作资格、教师资格、农业（家）资格、经济（师）资格等所学专业的从业资格，但培养层次的单一性不利于行业和高等教育的可持续发展[20]。为此，俄罗斯出台了一系列政策推动高等教育学位体制改革，设立学士、硕士学位，逐步形成了学士、硕士、副博士、博士四级学位制度。

（1）不完全高等教育。这是高等教育的初级阶段，由高等院校按照学习专业基础知识大纲实施教育，学制 2 年，完成这一阶段学习任务并考试合格的学生可以继续接受教育，也可以根据个人意愿领取不完全高等教育毕业证书后就业，不授予学位。本阶段毕业生大概相当于我国的大专或略低。

（2）基础高等教育。这是高等教育的中间阶段，由高校按照专业基础教育大纲实施，仅限于人文、社会、经济、理科等专业。学制分四年制和五年制，学士学位四年制的前 2 年是不完全高等教育阶段，后 2 年是系统专业知识教育，是在前 2 年基础上的延续，按我国习惯可称为"2＋2"学制。学生完成学业、成绩合格可获得高等教育毕业证书，同时获得学士学位，并可以继续接受下一阶段教育[21]。五年制毕业时获得所学专业工作资格证书，如工程学工作资格、教师资格、农业（家）资格、经济（师）资格等。

（3）完全高等教育。这是高等教育的完成阶段，由高校按教学大纲在基础高等教育的基础上，对学生续加一年毕业，授予高等教育相应专业专家文凭，属于应用型人才的培养方向；续加 2 年毕业者，成绩合格、通过答辩后获高等教育毕业证书，同时获得硕士学位，属于研究型人才培养方向。

（4）高等后教育。包括副博士和博士教育，学制均为 3 年，完成所有培养环节、成绩合格并通过答辩者授予科学副博士或科学博士学位。需要指出的是，俄罗斯改变了苏联时期获得博士需要有一定研究工作经验或成为学科带头人的要求，修改为通过 3 年的学习、提交合格的学位论文并通过答辩。

第六节　德国的学位制度

德国传统的学位制度与其他国家不同，采用的是硕士和博士二级学位制度，不设学士学位。德国大学生获得的第一级学位便是硕士学位[22]，即 diplom 或 magister。diplom 一词源于希腊语的 diploma，原指写字板，现特指完成学业后所获得的文凭。magister 一词意指"科学的（教学）大师"，源于欧洲古代的"七艺"之说，即一个自由的人所必须具备的七大技艺。两种学位称号有其固定的意义和用法[23]。在综合学术型大学（universitaet），哲学、历史、语言、文学、法律和经济、社会等部分人文学科的学历文凭是 magister/magister artium 硕士（M. A.），理科、工科、经济学和社会学某些专业的学历文凭则为 diplom 硕士；在应用技术型大学即高等专业学院（fachhochschule），获得的学位是应用科学（diplom FH）硕士；另外，考取教师、律师、医生和药剂师等资格的毕业生可授予国家考试（staatsexamen）证书，相当于硕士文凭；艺术和音乐院校的学历文凭为 magister 硕士或 meister 大师证书[24]。

德国不设学士的学位制度是奉行精英教育理念的结果，但是随着高等教育国际化与大众化进程的加快，这种两段式培养制度暴露出学习时间过长（平均学习年限为 6～7 年）、滞校学生过多及学制与国际主流不兼容导致学分、学历换算不便等缺点，削弱了德国高等教育的国际吸引力。为此，德国从 1998 年起，开始对高校的学位制度进行改革，引进国际通用的学士和硕士课程并实行欧洲学分转换制（ECTS），目的是与国际接轨[27]。

1999 年 6 月 19 日，包括德国在内的 29 个欧洲国家在意大利签署了《博洛尼亚宣言》，旨在建立欧洲统一的高校区，促进欧洲高校学制的统一和国际化。2002 年 8 月，德国在《高等学校总纲法》里，以增补条款的形式从法律上制定了推行"学士-硕士"两阶段高等教育培养体制的规定。在 2003 年于柏林召开的后续会议上，拟定在 2010 年前全面实行分阶段的"学士-硕士"（bachelor-master）学位制度。迄今为止，该进程的参与国已增至 45 个。

新的学位制度主要包括以下内容：学术型大学和应用型大学均提供学士和硕士课程；学士学位和硕士学位是独立的、具有职业资格的高校学位；学士和硕士课程可以在不同类型的高校分阶段进行；学位课程由多个模块组成，每个模块的学习内容按主题和时间安排，分为讲座、练习和实习，模块学习结束时需要参加考试；学位课程的设置必须符合各州文教部长联席会议（KMK）制定的规定，并经德国高等教育认证基金会（Stiftung zur Akkreditierung von Studiengaengen in Deutschland）委托机构的认证；学生所修课程按照欧洲通用的学分制（ECTS）计算，30 个学时为 1 个学分，一个学期共 30 个学分；学士学位的学习时间为 3～4 年，共 180～240 学分，以掌握职业必需的基础科学知识和职业技能为主；硕士学位的学习期限为 1～2 年，共 60～120 学分，以传授较深的专业知识和培养科研、实践能力为目的，分为应用型和研究型两个方向；学士和硕士毕业时都必须完成一篇毕业论文；同一学校连读的学士和硕士总共学习时间不得超过五年；学生毕业时除学位文凭外还免费获得一份欧洲文凭补充文件，载有通过学位课程和获得职业资格的详细信息[25]。改革后的新学士学位（bachelor/bakkalaureus）相当于原应用技术型大学的硕士学位（diplom FH），硕士学位（master/magister）相当于综合学术型大学和同等水平大学的硕士学位（magister/diplom）[26]。

博士学位是德国的最高学位。凡是获得硕士学位的学生，都可以在德国大学申请攻读博士学位（doktor），通常不需要进行资格考试，但前提条件是申请人必须成绩优秀，还必须找一个德国的博士生导师（doktorvater 或 doktormutter），博士生导师向申请攻读博士学位的学生建议论文题目，或者接受攻读博士学生建议的论文题目。攻读博士学位所需的时间取决于研究课题，一般来说需要 2～5 年。与我国不同的是，德国的大学没有"博士点"的概念，所有的大学教授都可以是博士生导师。德国有一项专门为博士设立的"特许任教资格"考试，通过该考试的博士拥有在大学任教的资格，具备了成为教授的基本条件。

第三章

世界六国大学职称体系

职称制度是专业技术人才管理的一项基本制度，是评价专业技术人才学术技术水平和职业素质能力的一项主要制度，是加强专业技术人才队伍建设的重要抓手，也是人才科学配置和使用的重要依据[27]。世界各国高等教育机构对任职教师的教学及研究头衔都有明确的规定，不同国家及不同学校的规定有一定的差别。职称级别大致包括教授、副教授、讲师、助教等，部分国家对教授实行严格的聘任制，教授的数量是定额的，只有缺额时才会招聘，而且有十分严格的聘任程序。高等院校教师职称资格的严格评定对保证高等教育质量起到了一定的作用。本章主要介绍法国、英国、日本、美国、俄罗斯和德国六个国家高等教育机构教师职称级别、等级提升条件、职称评定及授予要求等方面的具体规定。

第一节　法国大学的职称体系

法国的大多数大学是公立的，法国公立大学教师的终身职位包括讲师和教授，非终身职位包括临时教学科研助理和博士学位候选人合同教师。获得终身职位的讲师和教授都属于国家公职人员，教授需具有国家博士学位，讲师需具有第三阶段博士以上学位。

法国大学教师职称系列在 1980 年以前分为教授、副教授、讲师、助教四级，1980 年后分为教授、讲师、助教三级。

教授（professeur des universités，PU）类似于美国的正教授（full

professor），在某些高校，使用督学头衔（directeur d'études，director of studies）。

讲师（maître de conférences，MCF）大体相当于美国的助理教授或副教授，根据任用的年限，讲师又分为两级九等，分初级（0～5 年）或资深（5 年以上）职位，相当于英国的讲师或高级讲师。指导博士论文资格（habilitation to direct doctoral theses，HDR）是从讲师晋升为教授的前提。

临时教学科研助理（attaché temporaire d'enseignement et de recherche，ATER）一般由即将获得博士学位或刚刚获得博士学位者担任，合同期 1 年，并可续聘一次，公职人员可任此职位总计不超过 4 年。

博士学位候选人合同教师（doctorant contractuel）指博士学位候选人得到的为期 3 年的职位。有些合同教师在撰写博士论文的同时，也可以是教学助理（chargé d'enseignement，teaching assistant）。

法国的高等专业学院（grandes ecoles）为某特定领域的专业院校，例如商科、政治学、工程等。其中一部分主要是私立学校，有各种不同的教师职称规则，例如商学院，通常采用美国的称谓。

（1）教员（instructor，vacataire or chargé d'enseignements）；

（2）兼职教授（adjunct professor，professeur affilié）；

（3）助理教授（assistant professor，professeur assistant（e））；

（4）副教授（associate professor，professeur associé）；

（5）教授或正教授（full professor，professeur）；

（6）讲席教授（chaired professorships），可授予副教授或正教授。

在法国，各级教师等级的提升，一般依据教龄和教学、科研成绩而定。跨级晋升则根据各大学的职位空缺情况，通过全国范围的公开招聘，由全国大学教师职衔评审委员会审定。要想成为大学教授，必须首先拥有博士学位，在讲师的位置上至少经过 4～5 年的时间才有可能晋升为教授。由于严格的同行评估体系，不少教师终生停留在讲师阶段。截至 2014—2015 学年，法国的高等院校内教授只占教师总数的约 23%。

在教师职称的授予方面，申请者必须展示他的研究课题成果，由同行评估考核其研究项目是否开拓了新的研究领域，是否发展了新的课程内容。法国的高等教育制度是建立在鼓励研究的基础上，一般来说，从事这个职业的人是因为对研究感兴趣，这点保证了教师的水平。

第二节　英国大学的职称体系

英国的高等教育机构对任职教师的教学及研究头衔都有明确的规定，不同学校有一定的差别。目前英国大学基本保留了两种不同的职称系统，老牌大学的教师分为四个等级，即 lecturer，senior lecturer，reader 和 professor。

（1）lecturer：讲师，主要负责开设讲座课程、带领研究小组和指导研究生，是英国大学里初级的学术头衔。

（2）senior lecturer：高级讲师，既要具备良好的教学和行政能力，又要展示出很强的研究能力。

（3）reader：字面直译为"读者"，是英国特有的，薪水与教授很接近，有人译为副教授，有人译为准教授，是英国大学授予研究或学术成就突出的学者的头衔。要成为 reader，需要发表或出版优良的学术成果，获得过研究资助并有外部推荐，也称待位教授，指的是以前对教授名额有限制时，等待老教授退休补位的学者。

（4）professor：教授，资历深、学术地位高，是英国大学向资深学者授予的最高学术头衔，位于大学学术领域的最高位置，负责该领域的教学和研究。能成为教授的学者，都已在某一研究领域获得非常优秀的成绩。教授头衔之后往往附有具体学科的名字，如 professor of human geography（人文地理学教授）和 professor of international trade law（国际商法教授）等，这是因为传统上英国大学在一个研究领域或一个系只设置一个教授职位，以保障其最高学术权威地位，宁缺毋滥。有的 professor 在院系里担任院长或者系主任，又被称作 chair professor；有的不担任院系的行政职位，被称作 personal professor。英国的 professor 并不等同于中国的教授，要成为 professor，其难度比在中国大得多。

而在一些较新的大学里，也就是 1992 年以后从理工技术学院改成的大学，lecturer 相当于助教，senior lecturer 相当于老牌大学的讲师，principle lecturer 相当于老牌大学的高级讲师。

在英国，学术头衔的提升不仅要求在学术上达到相应的要求，还需有空位置才能实现，他们遵照严格的体系一级级晋升。另外，英国大学里还有一类人是专注于纯粹的科学研究，不承担教学任务。他们的头衔有：

（1）fellow，这个头衔往往跟经费有关，比如研究者拿到一笔研究经费或者获得大学里长期设立的某项研究捐赠等，再向上晋升时，还需要拿出国际知名的研究成果。

（2）research fellow，一种博士后研究人员，是初级的研究头衔，相当于教职人员中的 lecturer，一般需要具备博士学位。

（3）senior research fellow，高级研究人员，是一种高级研究头衔，相当于教职头衔中的 reader 或 senior lecturer，往往是有名气的学者，只从事科研，不进行教学。

（4）professor fellow，教授级研究员，是授予研究者的最高头衔，相当于走研究道路的 professor，一般只进行科研，不从事教学。

第三节　日本大学的职称体系

日本大学的教师人事制度在法律上有明确规定，如《教育公务员特例法》规定："校长、部局长的选任和教师的录用及职务晋升由大学管理机构运用选举、考核的方法实施"；"有关大学教师录用的审查权限属于教授会，审查必须基于教授会的自主性，必须排除其他机构的干涉或影响"[28]。教授会是日本大学必设的机构，对大学教师的招聘和职称评定有很大的实权。

根据日本文部省 1956 年颁布的《大学设置基准》，高等院校教师职称分教授、副教授、讲师、助教。

教授需具有：①博士学位；②相当于博士的学历及研究成果；③或其他大学教授经历；④大学副教授经历及教育研究成果；⑤5 年以上其他专科学校教授经历；⑥艺术、体育等方面的特殊技能及教育研究成果。

副教授需有：①可任教授的资格条件；②其他大学副教授或专职讲师经历；③任大学助教 3 年以上的经历或任助教的经历及经认定的研究能力；④硕士学位及经认定的研究能力；⑤5 年以上旧制高中和专科学校副

教授或专职讲师经历和教育研究成果；⑥5 年以上研究所、实验所、调查所任职经历和研究成果。

讲师需有：①具有晋升副教授的潜力；②其他特殊专业领域的教学能力。

助教需有学士学位或经认定具有学士能力。

2007 年修订为教授、准教授（相当于副教授）、讲师和助教（或助手）。助教或助手一般从研究生院优秀学生或毕业生中选拔。讲师一般需由教授提名，经教授会同意、校长批准[29]。

日本大学中的讲师分为专任讲师和非常勤讲师（也称为兼任讲师）两大类。在一所大学就职的专任讲师，可以到其他大学担任非常勤讲师，有些博士生在就读期间就开始担任非常勤讲师，以便在毕业后能够快速找到一份专任讲师的岗位。

在日本要晋升为教授，难度相对较大，主要原因在于教授的名额少。要成为大学教授必须在该专业有很高的学术造诣。虽然不需要通过某种考试，但一般来说需要有博士称号。有了博士毕业证书，先作为教授的助手进行研究工作、写论文，成果受到该学科学会的认可后，由教授推荐成为讲师、副教授，最后成为教授。在这期间，忍耐力和韧性是不可缺少的。国立大学按照国家的标准决定教授人数，私立大学的教授名额相对更少。只有当某个专业的教授辞职或退休，或是新设立了一个专业岗位才有名额。

日本大学并非每年定期开展职称评定，而是由教师本人根据自己的工作年限和教学科研成果，参考学校的职称晋升标准，随时向系主任提出申请。系主任会组织 3～5 名校内外同行专家（教授或准教授）组成资格审查小组进行评审。在评审会上，系主任念完申请人材料之后，会当场询问资格审查小组成员的意见，有反对意见当即提出，无反对意见则可对申请人的教学和科研能力进行书面审查。合格者再由教授会投票表决，规定要有 2/3 以上的赞成票才能通过。如果是国立大学，投票的结果必须由大学校长签报，报文部科学省审批，最后由文部大臣任命。

日本为了解决大学教师流动不足、"近亲繁殖"等问题，1997 年 6 月，国会通过了《关于大学教师等任期制的法律》，导入教师任期制，使大学能吸收多种人才，推动教师的相互交流。

第四节　美国大学的职称体系

关于美国大学的职称体系，最具特色的是终身教授职位（tenure professor），由英文"tenure"一词翻译而来，英文的说明为：取得终身职位的教授或管理人员的任用期一直延续到退休年龄，除非因正当理由被解聘。

在美国的大学中，除终身教授职位（tenure professor）外，通常从工作内容上将大学教职工分为教学类和研究类，从聘用类型上分为预备永久职位（tenure track）与合同制职位（non-tenure track）。其中预备永久职位通常包括助理教授、副教授和教授三个级别；合同制职位则包括研究教授/副教授/助理教授、实践教授/副教授/助理教授、授课讲师等[30]。美国大学的讲师是合同制，每三年一签，讲师不需要进行科研，通常是负责讲课。讲师里又分为全职讲师和兼职讲师。美国大学的预备永久职业类别，指的是正在为取得永久性职位而努力的教师，或者说得到该职位的人将来通过考核能获得终身职位。预备永久职位和合同制职位的教师在与学校的关系、薪资待遇、权利义务等方面有很大的不同[31]。

终身教授职位（tenure professor）代表可以终身在这个大学任教，直到退休，类似于我们国内的编制内人员，但不同的是我们编制内教师到固定年龄必须退休，而美国终身职位的教师可以自己决定退不退休，因为退休意味着工资变低，所以有的教师到 80 岁还在上课。

美国大学里，一个专业或系，按教学需要来设置相应数量的教授和科研岗位。通常新招聘的教员都是从助理教授开始，然后进入奔向终身教授的轨道。助理教授每年都必须通过严格的评审，经过 5～6 年，才能升为副教授；然后，再增加积累，向正教授冲刺。有些大学升至副教授即为终身教职，有些大学则升至正教授才为终身教职。

在美国，想要被评为终身教授通常有两种途径：一是专业研究成绩突出，在重要的学术刊物上发表过颇有影响的论文；二是为学校完成能够拿到国家大量经费支持的项目。当然，一些硬性的指标肯定也是必须有的，如必须有博士学位，必须发表过多少论文等[32]。美国大学教授名额没有限制，满足条件即可提出申请。但如果助理教授经过 5～6 年的时间，最后评审不能过关，则不能再聘为预备永久职位（tenure track）。

即使获聘终身教授，也要进行终身教授后评审，按水平高低和业绩大小，或嘉奖或惩戒，对"屡教不改"的，劝其退职，直至将其辞退。终身教授后评审就是防止已经被长期聘任的教授故步自封、不求上进[33]。

另外，美国不少大学设有讲席教授的岗位，讲席教授通常由教学和科研成就非凡的教授担任，学术荣誉比一般终身教授高，经费主要来自基金会、企业或名人的赞助。此外还有客座教授，客座教授是指在大学里教课一段时间、交流性质的任职。

第五节　俄罗斯大学的职称体系

俄罗斯高等教育的历史可追溯到 1723 年圣彼得堡大学的成立，已拥有近三百年的历史。现代俄罗斯高等教育的水平和质量在国际上具有很高的知名度。对于高等院校教师职称资格的严格评定为保证高等教育水平和质量起到了一定的作用。

在俄罗斯，截至 2016 年，副教授和教授一类学术职称由高等鉴定委员会（Higher Attestation Commission）授予。俄罗斯的学位——科学研究候选人（kandidat nauk，直译为 candidate of sciences）相当于哲学博士（PhD）；科学学术博士（doktor nauk，直译为 doctor of sciences）类似于德国的特许任教资格（habilitation）。

俄罗斯大学的教师职位如下：

（1）教授或正教授（professor，full professor），通常拥有科学学术博士学位；

（2）副教授（docent，associate professor），通常拥有科学研究候选人学位；

（3）高级讲师（senior lecturer），一般是有经验的教师（大于 3 年教学经验），但没有科学研究候选人学位；

（4）助教（assistant），初级教师职位。

俄罗斯的高校至今仍然保留了苏联时期职称评定的传统，职称系列分为助教、讲师、副教授、教授等职称，不同职称的待遇差别比较大。俄罗斯教育系统的职称评定机构严格而且极富权威[32]，高校教师非常重视职称评定。高校职称评选与教师的学位、从事教学时间、讲课水平有关，评选时会参考申请者的科研专著等学术成果，但对学术成果没有数量要求，也不需要考职称英语、计算机等[34]。

以俄罗斯高校正教授的资格评选为例，获得该职称通常需要 40 年左右的时间。对申请人的硬性要求很多，首先需要成为一名高校教师，获得科学研究候选人学位（相当于欧美学位体系中的博士），攒够 2 年工作经验后再完成博士答辩，之后再累积最少 10 年的教学和科研工作经验，成为高等教育机构的管理人员。在此期间至少要指导 5 名研究生毕业并获得学位，还要至少发表 50 篇专业论文。俄罗斯不突出科学引文索引（SCI）和英文论文，出版至少 5 本专著或合著的教科书，并且具有非常丰富的学术会议经历即可。

当这些硬性条件都满足之后，需要向本校学术委员会提交申请报告，学术委员会同意后再报给校长办公室审核，所有管理部门一致认可后，将授予申请人全国统一的正教授证书，无论获得者是否退休，该证书终身有效。在如此严格的硬性指标和繁杂的审核环节下，很少有俄罗斯高校教师能够通过"走后门"的方式达到自己的目的。

尽管科研能力被视为评价俄罗斯教师职业活动能力的核心指标，但由于俄罗斯高校教师无法将主要精力放在科研上，造成许多高校教师科研成果极少，特别是英文发表的成果很少，在英语体系的评价下，科研等级分较低。而且，87％以上的高校教师认为，发表论文仅是获取职位或职称的一个条件，不能真正体现科研水平的高低。

第六节　德国大学的职称体系

德国大学的职称体系是一种非常独特的体系，既区别于以美国为代表的北美体系，也与以英国为代表的英联邦体系不同，与法国也有很大差别。德国大学教师的职称曾使用正教授、副教授、助理教授、科学顾问、学术顾问、讲师、高级讲师、科学助理、助教、高级助教等名称[29]。20 世纪 70 年代中期进行改革，减少了档次。德国联邦教育和研究部于 1976 年颁布了《高等学校总纲法》，1998 年重新修订。该法明确规定，德国高校专职教师分为教授、助教、合作教师和特殊任务教师四种类型：

（1）教授是德国大学教学和科研的核心力量，具有开设课程、主持考试、确立科研项目、组织教学和科研实施、参与院系和研究所的管理等职能；

（2）助教是晋升为教授的过渡性学术职位，助教一般要具有博士学位，并能独立从事研究，承担教学任务；

（3）合作教师是指在教学和科研领域与教授合作教学的人员，在受聘前不一定要获得博士学位，但一定要有大学本科学历；

（4）担任特殊任务的教师或专聘教师是德国高校或研究所选定的合同教师，他们是某方面的专家，具有丰富的实践经验或具有一定的专业特长[35]。

德国大学教授的职称等级按工资级别划分为三个档次，由低到高依次为 W1（C2），W2（C3）和 W3（C4），"C"是 2005 年以前使用的老系统（C1 为助教），而"W"是新近使用的系统。博士毕业后如果想从事教学工作必须要通过教授备选资格考试，通过后就可以得到教授任职资格，并且可以在高校中担任学术助教（wissenschaftlicher mitarbeiter-scientific assistant，C1 级别）或者学术顾问（akademischer rat academic councilor，C1 级别）。

Junior-professor（W1，C2）是专门为一些没有参加教师备选资格考试，但是被认为非常有学术潜力的年轻人准备的一个六年期的职位。junior-professor 在与学校签订的六年期限合同到期后，不能申请本校或研究中心的终身教授职位，只能申请其他大学的职位。

A. o. professor（W2，C3）被称为"非正常教授"，他们并没有自己的实验室或教研室，而是隶属于某一位教授。A. o. professor 是大学里教学和科研的主要组织者与承担者，他们可以独立申请课题、指导博士生。另外，在药学或社会及文化学中也经常会遇到 apl. professor（W2，C3）这个职位名称，被称为"计划外教授"。A. o. professor 和 apl. professor 基本上相当于美国高校职称体系中副教授或教授这个水平。

O. professor 或 university professor（W3，C4）被称为"正常教授"，即美国职称体系中的正教授，是真正意义上的教授，也是大学里的最高职位。只有这个级别的教授才是终身教授，他们通常是研究所（institute）或教研室（lehrstule）的主任[36]。

名誉教授（professor emeritus，prof. em.），虽然已退休，领取退休金而不是工资，但仍然可以授课、考试，并有办公室。

德国大学对教授实行严格的聘任制，教授的数量是定额的，只有缺额时才会招聘，而且有十分严格的聘任程序。一般由大学的一定机构推荐，教育和研究部审核并确定最终的受聘者。德国大学的教授为国家公务人员，待遇十分优厚，而且拥有相当高的社会地位，教学和学术活动均受法律保护。

为了防止"近亲繁殖"，德国大学在招聘教授时不考虑本校人员，并且还规定一定的试用期，试用期满合格方可聘任。受聘教授每周必须授课8小时以上，每学期开设一门主课、两门副课，同时必须负责学生的考试。德国大学的教授聘任是一种超越本校范围、在全国甚至欧盟范围内、所有相关人员都可以参与的公开竞争的招聘，更加体现了公开性、社会化原则[35]。

第四章

世界五国大学校长如何产生

校长在大学的建设和发展过程中发挥着至关重要的作用，科学的校长选聘机制是选拔任用合格校长的制度性保证。世界各国的各级各类学校皆设置校长。一般来说，各国对校长的共同要求是：必须懂得学校教学、教育和管理工作，并受过专门的教育管理专业的教育或培训；应具备教学管理和行政管理的能力；要有相当的教学、教育和管理的实践经验与理论素养，较高的思想品德修养，在教师中有一定威望。那么世界各国的大学校长是如何产生的呢？本章主要介绍法国、英国、日本、美国和德国五个国家一流大学校长的遴选标准、遴选机制和聘用机制等情况。

第一节　法国的大学校长是如何产生的

法国是大学的发源地之一，最初的大学是由教师与学生构成的自治团体，校长作为大学行会的首脑（caput studii），在大学内部与外部具有荣誉权和特别优先权，"自治"是中世纪大学诞生以来的重要传统。校长（recteur）的拉丁文为"rector"，源自"regere"，本意为"管理、领导"，法国大学校长一词为 recteur，副校长一词为 vice-recteur。

法国的大学校长选拔和大学治理逐步演变，创建于 13 世纪初的法国巴黎大学的校长由四个族群团的师生共同选举产生，校长作为学校的最高行政负责人，对内负责协调教学工作，对外作为大学宪章的守卫者，代表大学与教会和政府交涉，甚至可以决定巴黎城市的学生住房租金和图书租借费。但是当年学校经费来源极少，财政管理无从谈起。大学真正的民主决策机构是全体教师大会，在改选校长时，全体教师要对当任校长的工作进行审查。

到了 16 世纪，法国的大学基本形成了"三院制"治理模式雏形：行政委员会、学术委员会和大学生学习与生活委员会。也有一些大学实施"一院制"治理模式，由单一的委员会负责学校的整体决策。校长要求具备教授职称，并由三院成员组成的大会选举产生，这一制度体现了学院式治理的精神，大学自治、教授治校。

1968 年法国颁布的《高等教育方向指导法》（亦称《富尔法》，*Faure Act*）奠定了法国大学的学院式治理模式，其中第 15 条规定：校长应是本校正式教授和行政委员会成员，校长任期 5 年，不得连任，除非行政委员会以 2/3 的多数做出特殊决定。1984 年的《高等教育法》（亦称《萨瓦里法》，*Savary Bill*）沿袭了"大学自治"精神，并进一步规定了大学校长的资格和选举程序[37]。《萨瓦里法》第 15 条规定：校长从在大学长期任职的、具有法国籍的教授或研究员中选出，不再强调本校正式教授才可担任。

2007 年法国颁布的《大学自由与责任法》调整了大学校长的选举程序，校长不再由三院全体成员组成的大会选举产生，而只由行政委员会成员的绝对多数选举产生。任期由 5 年变为 4 年，但可连任。校长资格不必一定具有法国国籍，也不限于本校人员，但必须是教授、研究员、讲师或身份相当的人员。校长的权力也有所加强，他可以录用合同制的教学、科研和行政人员，包括录用外籍教师，合同制人员的工资可以突破公职人员工资额度的限制。除个别竞聘录用的人员外，校长可以否定任何其认为不当的职位，校长还可以根据员工个人业绩颁发奖金[38]。

大学校长权力的加强使大学治理模式变得过于权力集中化，自颁布后，引起法国大学学者的不满，反对声不断，最终导致法律的反弹。2013 年，根据高等教育与研究的新法律规定，大学校长由行政委员会中成员的绝对多数，在教师-研究员、教授或讲师及其他相当身份的人员中选举产生。候选人资格不限国籍，也不限合作者或受邀者，任期为 4 年，可连任一届。校长的权力比 2007 年的法律规定有所限制，但候选资格放开，允许校外人士直接竞选校长。

第二节　英国的大学校长是如何产生的

英国的大学校长有荣誉校长（chancellor）和校长（vice-chancellor）之分。荣誉校长（chancellor）并不仅仅是荣誉衔，有选举、任命程序，有任期，有具体职责。荣誉校长往往是有社会影响的公众人物，多在仪式、典礼、重要学术会议上出现，比如毕业典礼颁发学位证书等。大学真正的校长是 vice-chancellor，从字面上看，vice 有副职的意思，其实 vice 是拉丁文，意为代表某人执行，因此 vice-chancellor 才是大学名副其实的校长，负责管理大学的日常行政事务。为了避免外国人把 vice-chancellor 理解成副校长，英格兰地区的一些大学校长头衔上标注其行政职能，英文头衔是 vice-chancellor and chief executive。而在苏格兰地区的一些大学，校长的英文头衔往往是 principal and vice-chancellor。

英国大学真正的副校长的名堂也很多，级别仅次于 vice chancellor 的叫 pro vice-chancellor（PVC）或 deputy vice-chancellor（DVC）。有些英国大学里，DVC 的地位一般高于 PVC，但各校有自己的管理体制，没有统一的规定。

英国大学聘任校长的机构不是政府教育当局，荣誉校长通常由全校教职员大会选举产生，校长（vice-chancellor）则多由大学理事会任命。这是因为英国大部分大学的治理模式采用理事会（council）-学术会（senate）模式，理事会是大学的最高权力机构，是大学的重要决策组织，一般负责除学术事务以外的一切大学治理事务[39]，其中包括任命校长。

英国大学校长的任职期限一般为 3～5 年，届满可连任，校长平均任职 10 年左右，通常都是有学术背景和领导管理能力的教授，由理事会任命并对理事会负责，与理事会主席保持良好的关系，负责学校的发展方向规划和对外事务部署。校长对内领导和管理大学，决定大学的发展；对外则代表大学筹集资金，招聘著名学者，说服政治家，影响政府和议会的决策等。

英国大学校长的职责职能在一定程度上决定了校长选拔的招聘条件：有良好的品格和政治素质，可以准确地把握高等教育发展方向；有较强的管理能力，即决策和说服能力；有一定的学术素养，对教学和科研有深刻的理解，可以按照教育教学规律更好地管理学校；有较强的经济、外交、宣传和公关能力，以协调大学与外部的关系，也有助于对内创造良好的物质和人文环境[40]。

大学理事会任命校长一般采取公开招聘的形式，整个遴选过程要花费半年至一年的时间，具体程序一般包括以下几个步骤：

（1）成立校长遴选委员会。大学理事会先成立一个 6～20 人的校长遴选委员会，负责招聘的具体工作，成员一般包括教授、学生、职员、政府代表、校理事会成员、社区代表和工商界人士等。校长遴选委员会通过与现任校长、副校长、校长顾问等商谈，在了解了学校目前的运行状况、存在的问题及未来的发展前景等基础上，确定校长选拔对象应具备的条件。

（2）发布选聘公告。委托猎头公司或通过相关媒体登载招聘广告，发布选聘校长职位的资格要求、申请期限、选拔程序和相关安排等信息。

（3）遴选委员会审读候选人材料。对大量候选人名单审查，经过层层考察与筛选，最后候选人缩至 3～5 人。

（4）面谈。遴选委员会与候选人进行面谈，在对候选人进行全面了解的同时，也与候选人协商聘用合同的具体条款，并从中选出 2～3 人作为最后的校长候选人。

（5）理事会聘任。遴选委员会向理事会提交候选人全面情况的介绍并汇报选拔过程的情况，理事会基于这些资料，开展细致深入的讨论，最终确定校长当选人，最后由理事会批准并任命。

特别值得一提的是，牛津大学在大学治理体制方面比较特殊，教职员大会才是最高权力机关，理事会则是主要行政领导机构，校长由牛津大学校友会成员选举产生。另外，牛津大学校长一职是终身制，任何一个拥有 50 名支持者提名的牛津校友都可以成为新校长候选人[41]，此外，候选人还需在选举 17 天前发表书面声明，表示接受提名。

第三节　日本的大学校长是如何产生的

日本的大学有国立和私立之分，其校长的遴选机制大体上都由选举和任命两个阶段构成，但也存在一些差异。

国立大学的校长遴选参照《国立大学法人法》。国立大学法人的组织机构包括校长、董事会、经营协议会和教育研究评议会等。其中，校长是机构的核心，代表国立大学法人总管学校事务[42]；董事会为最高决策机构，设置校长1人、监事2人，董事则根据学校规模的不同有2～8人不等，董事由校长任命，监事由文部科学大臣任命；教育研究评议会负责审议教学研究方面的事宜，会长由校长担任，成员包括校长指定的董事、研究科长、学部长、附属研究所所长及其他重要研究机构的负责人和根据评议会规定校长任命的职员；经营协议会负责审议大学的经营事宜，会长也由校长担任，成员包括校长指定的董事及职员、根据经营协议会意见任命的校外委员，且校外委员的人数需超过半数。

《国立大学法人法》规定，校长由各大学设置的校长选考会遴选，由文部科学大臣任命，任职期限为2～6年，具体任职资格、任职年限、选拔程序、方式等由各大学自行决定[43]。校长选考会成员主要来自教育研究评议会和经营协议会的校外委员中选出的代表，且两个协议会的代表人数相同。除此之外，还可以加上校长或董事，但这些人不得超过校长选考会委员总数的1/3。遴选流程大致分为以下几个阶段：①校长考选会决定校长任职条件；②董事会、经营协议会、教育研究评议会推荐校长候选人；③校长考选会选出几名候选人为第二次候选者；④校内公开投票选出最终候选人；⑤文部科学大臣根据国立大学法人的申报任命校长。在实际的选任过程中，每所大学都有自己的遴选方法，很多国立大学采取校内意向投票的方式选出候选人，作为校长选考委员会最终选定校长的参考意见。

另外，《国立大学法人法》对校长的解任作了特别说明：在校长出现身心疾病、违反职务上的义务、业绩恶化等情况时，根据校长选考会的申报，文部科学大臣可以将校长解任[44]。

私立大学的校长遴选基本不受行政干预，只要不违背《学校教育法》规定的公益性原则，大学可实现一定程度上的自治。因此，私立大学的校长多由各大学自行设定评选方式，并由大学董事会最终任命。

第四节　美国的大学校长是如何产生的

美国的大学校长一般称作 president，副校长称为 vice president（VP），介于校长和副校长之间的一个职务是 provost，我们常把这一职务翻译为教务长，是不准确的。与大学校长更为宏观和"主外"的职责相比，教务长（provost）是一个"主内"的、管理和监督日常学术与教学活动的核心角色。也有一些大学设有常务副校长（executive vice president，EVP）。

美国的大学虽然有公立和私立之分，但校长的遴选都是根据大学各自的章程赋予大学董事会的权力和义务。因此，美国大学校长的任命与罢免均由大学董事会决定，董事会是美国大学的最高决策和权力机构，董事会的成员多数是来自校外的非教育界人士[45]。一些大学的章程规定现任校长是董事会的成员，公立和私立大学的差别在于董事会组成人员来源的差别。

美国大学校长的遴选是基于各州宪法或基本法，以大学的办学章程作为主要依据。依据大学章程确定人选标准和遴选程序，一般情况下，大致分以下几个步骤：讨论和制定寻找与选拔的规程、成立遴选委员会、确定本届遴选的程序和人选资格标准、广泛推荐和选择候选人、挑选候选人、面试候选人、校董事会最终决定人选并宣布任命校长。

当校长职位空缺或现任校长任期将满时，校董事会就要开始主持校长遴选的工作，首先组成一个遴选委员会。遴选委员会一般是由教授、职员、学生、校友、学校基金会等代表组成，具有广泛的代表性。然后遴选委员会广泛征求意见并订立严谨的甄选准则，确定新校长的任职资格，完成后通过各种途径将招聘广告发布至教育相关的媒体上。同时，遴选委员会也会向师生员工、校友、科研机构负责人等发信，邀请他们推荐人选，有的高校也会动用猎头机构推荐人选。之后，遴选委员会从所有的被推荐人和自荐人中筛选出符合客观要求的人选，得到初始候选人名单，再通过打电话、访问等方式对初始候选人进行全面的考察，缩小候选人范围。接下来，遴选委员会对小范围的候选人逐一面试，再根据面试情况进行讨论，筛选出一份只有少数几名候选人的名单提交至校董事会。在对最后几位候选人进行背景调查后，校董事会听取遴选委员会主席的全面介绍，面试候选人，最后以投票的方式选出校长并公布结果。

美国大学校长的遴选过程一般比较长，短则半年，长则一年多。不同的大学校长每届的任期不同，一般任期为5～7年，但校长任期届数无限制，期满可连任。一些获认可的校长任职可能长达几十年，若出现不适合的情况，也可在任期到期前提出辞职。

　　整套遴选程序在美国各高校大致上运作良好，选出的校长大多是众望所归，少有舞弊营私的争议。值得注意的是，参与遴选过程的所有人和学校的利益是一致的，这些人的动机是选出使学校整体利益最大化的校长。能让这些人和学校的利益一致，背后就是美国高等教育的市场化机制。美国不管公立大学还是私立大学，最主要的经费来源是本地和国际学生的学费、教授的科研经费和校友、业界对该大学的捐赠，在市场里大学的竞争力来源就是它们的教学质量、学术成就和声誉，教授自己的薪水、学生或校友在就业市场的竞争力、大学基金会的盈亏也全部和大学的竞争力一起绑在这个市场里，这些各方面的代表都会在遴选过程中有所体现，从而选出使学校利益最大化的校长。

　　大学校长的整个遴选过程严格按照美国各大学章程对于校长遴选的相关规定。董事会的职责之一是选聘校长，之后便授权校长管理大学，校长可以以书面形式将其权利、义务委托给适当人选，并明确其所托之权利、义务的行使条件。副校长的权利和职责在校长的建议下由董事会任命。副校长对校长负责，向校长报告，分管学术、科研、外联、财务和行政、设施等[46]。

第五节　德国的大学校长是如何产生的

　　德国的校长有两种称谓，一种是校长 rektor 和辅助校长工作的副校长 prorektor，需要具备教授职称，任期至少两年，可连选连任；另一种是校长 prasident，任期至少四年，不一定是教授，但要受过高等教育，并有多年从事科学、经济、行政管理或法律维护等工作的职业经验，能够胜任大学校长的工作任务要求。

　　德国大学校长的遴选与任命在传统上是分离的，大学可以自己遴选校长，但是需要得到州政府的授权和认可，如德国巴伐利亚州的《高等学校法》对校长遴选作出了统一的规定，慕尼黑大学的《基本章程》对此进行了更加详细的规定，即大学校长由学校理事会选举产生，并由学校理事会向州政府主管科学、研究和艺术的部长提出建议，获得任命。

　　遴选的程序一般是先由学校组织建立专门的学术评议会，评议会的成员通常是大学里的教授，再由评议会通过合法的规程开展大学校长的遴选，最终人选通过政府委任得以产生。如德国柏林大学规定校长的遴选程序是：①学术评议会提出获得 1/3 成员支持的校长人选建议；②监察委员会有权驳回学术评议会建议一次；③学术评议会表决通过校长人选；④该校长人选需要获得大学师生员工代表会的多数票通过；⑤最终校长人选需得到柏林州政府评议会的委任[47]。

德国大学的治理结构由三个重要部分组成：理事会或校董会担负决策职能；校评议会或学术委员会担负立法职能；校长办公会担负行政职能。这三者构成了大学内部决策管理的权力制衡机制，没有哪一方可以单独作出重大决定，保证了所有的决策都能建立在广泛共识的基础上。此外，虽然各方都能参与决策，但是在学术委员会中占大多数比例的大学教授才是实质上的决策者。校长主要负责大学的有序运转，通过作出必要的决策来维持大学秩序。例如，听取评议会的意见，主持讨论和执行学术委员会的议题和决议，权衡并裁定相关机构作出的决定和采取的措施等[48]。

德国大学的校长可以辞职，同时大学的理事会也有权解聘校长。德国柏林州《高等学校法》规定出现以下情况时则终止校长的任期：①原定的任期终止，且没有获得连任；②校长年满 65 岁；③校长向州评议会负责的成员提交了辞职信；④由于其他原因而终止了公务员的身份。慕尼黑大学则规定理事会可以基于重大的原因以 2/3 的多数票撤销校长的职务。

从 2008 年开始，德国高校联合会每年都会组织一次大学校长的评比活动，由联合会成员即各个大学的教授投票决定排名顺序。投票者需要根据自己的判断从 18 项备选的能力或特性中，选择 5 个对大学校长而言最重要的能力或特性，然后再对应这 18 项能力或特性给自己所在大学的校长打分，最高是 6 分，最低是 1 分。除了定量打分以外，投票者还可以进行直接的评价。参与评比的校长必须上任至少 100 天，并且保证在次年 3 月颁奖时仍然在职。2012 年列入评价范围的 18 项能力或特性按照重要性排序为：领导能力、尊重科学文化的差异性、大学运作的知识、预见力、沟通能力、解决问题的能力、决定的勇气、公平、诚实、社交能力、谈判技巧、自信、分析能力、与政治的良好接触、坦率、具有很高的科学声誉、与经济界的良好接触和媒介素养。

第五章

世界主要大学组织联合会

高校联盟，又称大学联盟，是若干所有着共同利益追求并且围绕共同战略目标的高校通过所在联盟规则约束而建立的大学联合体。众多国际大学联盟的出现与发展是全球化浪潮的必然趋势。如今，越来越多的中国高校选择加入或专业性或综合性的国际大学联盟，以寻求更广阔的合作空间[49]。世界一流大学的国家级高校联盟有澳大利亚八校联盟、世界大学联盟、国际研究型大学联盟、环太平洋大学联盟、Universitas 21 大学联盟、北美大学联盟、罗素大学集团和加拿大大学与学院协会等，本章主要介绍以上八个联盟组织的发展历程、章程宗旨、成员高校构成、科学研究经费和学生培养等方面的情况。

第一节　澳大利亚八校联盟

澳大利亚八校联盟（G8）是指澳大利亚顶尖的八所大学所组成的高校联盟，又称澳洲大学八校联盟。澳洲大学八校联盟（G8）是一个非政府组织，由澳大利亚历史最悠久闻名的八所大学在 1999 年共同成立。澳洲八大名校在《泰晤士报高等教育增刊》的世界院校排名中均列前 100 位。这八所学校包括澳大利亚国立大学（Australia National University，ANU）、莫纳什大学（Monash University）、墨尔本大学（Melbourne University）、悉尼大学（Sydney University）、新南威尔士大学（New South Wales University）、昆士兰大学（The University of Queensland）、阿德莱德大学（Adelaide University）和西澳大学（University of Western Australia）。八所大学在学术水平、雇主满意度、文献引用量、毕业生就业率、国际学生与国际师资水平等方面均处于澳洲领先、世界前列水平，目前，G8已被国内大部分留学申请机构认同为高水平大学。

一、科学研究

G8联盟享有澳大利亚政府将近七成的高等教育和研究预算，获得澳大利亚竞争性资助（第1类）资金的73%。在澳大利亚研究卓越计划项目中，G8联盟拥有的研究领域的比例为4/5（高于世界标准）。G8联盟每年花费60亿美元用于研究，其中20多亿美元用于医疗和卫生服务研究。澳大利亚八大盟校的庞大学术资源、丰硕的研究成果与一流的科研人才，对社会和经济等各个领域都作出了卓越贡献，培育出多名诺贝尔奖得主。

二、国际关系

G8联盟积极参与国际交流，国际学生与国际师资水平等方面均处于澳洲领先。G8联盟与巴西、中国（C9高校）、智利、法国和德国的大学和研究机构有着国际联盟和协议。G8联盟成员大学是诸多享有盛誉的国际型大学联盟的成员，其中包括：国际研究型大学联盟、环太平洋大学联盟、Universitas 21大学联盟，以及世界大学联盟（Worldwide Universities Network）等[50]。

三、学生培养

G8联盟以其接受优质学生和提供优质毕业生而自豪。根据G8联盟网站数据，G8培养了超过38万名学生，占澳大利亚所有高等教育学生的1/4以上。这些学生包括来自200多个国家的10万名国际学生。在澳大利亚留学生中，有1/3选择在G8联盟大学学习。G8联盟大学培养了澳大利亚一半以上的医生、牙医和兽医，提供超过55%的澳大利亚理科毕业生和超过40%的工科毕业生。G8的学生来自不同的背景。各年级学生中超过1/3是他们家庭中第一个上大学的。1/5的本科生来自低收入国家、地区或偏远地区。毕业于G8联盟、来自不同背景的学生的出国留学率均高于澳大利亚平均水平。G8联盟大学招收澳大利亚全部研究生的1/3，几乎一半的学生都是通过攻读高等学位的。澳大利亚所有博士学位的一半是由 G8 大学授予的。

第二节　世界大学联盟

世界大学联盟（Worldwide Universities Network，WUN）成立于 2000 年，是一个由来自美洲、欧洲、澳洲、亚洲和非洲等 13 个国家的 23 所知名大学组成的全球性教学和科研联盟组织，旨在促进成员高校在科研、教学、知识转化等各方面开展国际研究合作，解决全球性重大问题。

世界大学联盟是全球最活跃的教学和科研联盟组织，每三年召开一次世界大学联盟校长论坛或圆桌会议，共同探讨世界高等教育面临的问题，非成员高校校长也可以报名参加会议，但只有联盟成员高校才可以参加其负责组织承担的科研合作项目。截至 2017 年底，其成员高校的两千多位科研人员和高校学生合作开展了近 90 个涵盖各种课题的研究项目。这些项目集中在一些人类共同面对的重大挑战，得到了联合国基金会、世界银行、经合组织、世界卫生组织等众多合作伙伴的支持。

截至 2017 年 12 月，世界大学联盟共包括美国宾夕法尼亚州立大学、加拿大阿尔伯塔大学、澳大利亚悉尼大学、新西兰奥克兰大学、英国布里斯托大学、南非开普敦大学等 23 所成员高校，其中，中国成员高校有浙江大学、香港中文大学、台湾成功大学和中国人民大学。

一、科学研究

世界大学联盟的研究项目和协同合作聚焦四大全球性挑战：应对气候变化；公共卫生（非传染病领域）；全球高等教育和研究；文化认知。每个领域都设有一系列高质量的研究项目，由世界大学联盟的成员高校联合各科研机构、政府部门、国际组织、基金会和企业等共同参与，以协同合作的方式进行研究。为了达到协同合作的目标，世界大学联盟整合各成员高校的研究资源和学术优势[51]，通过创造合作机会，帮助成员高校拓展其研究范围，建立有益的长期合作伙伴关系。

世界大学联盟还通过其研究交流项目培养新一代研究人员。这些项目为研究生和博士后等青年学者提供增长学识、获取国际经验和扩展专业人脉网络的机会，帮助他们获得本校无法提供的专业指导和资源，了解接触不同的理念和文化。研究人员还可以申请世界大学联盟的研究发展基金作为合作项目的启动经费。通过国际合作，世界大学联盟为创造新知识、培养学术界新人作出了贡献。

二、远景与目标

远景：成为领先的国际高等教育联盟，通过合作促进知识创造，培养人才，应对由世界不断发展变化而带来的机遇与挑战。

目标：世界大学联盟为高等教育和科研的国际合作创造多元的新机会。世界大学联盟是一个富有活力的组织，通过整合成员高校的资源和学术优势，达到协同合作的目的，提升国际化水平。

三、中国成员

1. 浙江大学

浙江大学是一所特色鲜明、在海内外有较大影响的综合性研究型大学，其学科涵盖哲学、经济学、法学、教育学、文学、历史学、艺术学、理学、工学、农学、医学、管理学 12 个门类。浙江大学坚持"以人为本，整合培养，求是创新，追求卓越"的教育理念[52]，注重精研学术和科技创新，在科学技术和人文社科领域取得了许多重要成果。浙江大学是中国最早加入世界大学联盟的高等院校。2012 年 2 月 1 日至 3 日，世界大学联盟高等教育论坛在英国布里斯托尔大学举行。浙江大学校长杨卫应邀出席会议，并作了题为"从东方视角看高等教育全球化"的主题报告。

2. 香港中文大学

香港中文大学（中大）成立于 1963 年，为研究型综合大学，以"结合传统与现代，融会中国与西方"为使命，踔厉奋发，志在千里。香港中文大学于 2011 年 10 月 17 日正式宣布加盟世界大学联盟，成为香港首所成员院校及世界大学联盟第 17 名成员院校。香港人才汇聚，致力于提高国际竞争力以达至区域教育枢纽地位，中大的加盟让 WUN 的网络延伸至香港。

3. 台湾成功大学

台湾成功大学创立于 1931 年，是台湾综合大学系统成员之一，以"承先启后，务实卓越，永续发展"为理念，现为台湾南部的学术科研中心、医学中心、物理及光电系统科技中心、纳米研究中心、航太中心、区域网络中心及台湾语文测验中心。台湾成功大学于 2016 年 11 月 2 日正式加入世界大学联盟。

4. 中国人民大学

中国人民大学是一所以人文社会科学为主的综合性研究型全国重点大学，在经济学、商学、法学、政治学、管理学、新闻与传播学、哲学、社会学和统计学等领域长期保持全国领先地位，并拥有广泛的国际影响力。中国人民大学于 2016 年 11 月 7 日正式加入世界大学联盟。

第三节　国际研究型大学联盟

国际研究型大学联盟（International Alliance of Research Universities，IARU）于 2006 年 1 月成立，联盟由分布在全球 9 个国家的 11 个研究型大学组成。其成员具有相似的价值取向和相同的国际视野[53]，并且致力于培养未来世界的领军人才。IARU 的核心价值观是学术多样性和国际合作性。IARU 成员包括 11 所世界著名的研究型大学：澳大利亚国立大学、瑞士联邦理工学院、新加坡国立大学、北京大学、加州伯克利大学、剑桥大学、开普敦大学、哥本哈根大学、牛津大学、东京大学和耶鲁大学[54]。

该联盟成立时推选澳大利亚国立大学副校长 Ian Chubb 为首任主席。2009 年由新加坡国立大学校长陈祝全继任主席。2012 年瑞士联邦理工学院校长 Ralph Eichler 继任主席。2015 年由丹麦哥本哈根大学校长 Ralf Hemmingsen 继任主席。现任主席为加州伯克利大学校长 Carol Christ 教授，同时 IARU 秘书处也设置在加州伯克利大学。

一、IARU 的宗旨

（1）IARU 成员们一起努力应对我们这个时代的挑战。气候变化的可持续解决方案是其中重要的议题之一。作为促进可持续发展承诺的一部分，IARU 已经建立了一个校园可持续性项目，旨在减少环境对校园的影响。IARU 于 2009 年在丹麦哥本哈根成功举办了"气候变迁国际科学大会"（International Scientific Congress on Climate Change），约 2000 名世界各国科学家与会，引发国际媒体关注。之后 IARU 成功组织了 2014 年的可持续发展大会。联盟的一些成员还在老龄化、长寿和健康有关的重大研究项目上进行合作。

（2）IARU 希望通过为学生和员工提供研究机会来增加自身价值。该联盟制定了一系列全球教育计划，皆在培养学生的全球公民意识和领导力，让他们在日益紧密联系世界中可以以全球化的眼界来参与世界的进程。IRAU 为学生提供的全球教育计划包括：全球暑期项目（GSP）、全球实习计划（GIP）、诺和诺德国际人才计划（NNTIP）、全球跨学科锦标赛（GXT）、全球研究生大会（GSC）。

（3）IARU 为促进各成员间的机构合作、校际交流、员工发展提供了大量机会。项目涵盖范围广泛，包括机会均等、技术转让、技术强化学习、研究管理、图书馆和开放存取等。

二、IARU 主要项目

全球暑期项目（GSP）：全球暑期项目能让联盟成员学校的学生作为全球公民参与到全球事务中，为他们提供学习与经验交流的机会。2018 年 IARU 全球暑期项目提供了 23 门课程，其中既涉及经济政治，例如：从澳大利亚到世界：政治和权力，中国的国际战略："一带一路"倡议；又涉及世界环境变化，例如：21 世纪的全球挑战——环境，技术和城市的可持续性发展，非洲可持续水资源管理等。

如何打造"绿色"校园（How to make a "green" school）：IARU 从 2006 年开始就可持续性问题进行合作。2009 年，校园可持续发展倡议的发出旨在促进成员机构之间的合作，并制定环境管理方面的最佳方案。通过提供真实世界环境、经济、社会领域的成功范例，联盟希望在全球大学范围内激励创新与创造性行动。为了庆祝 IARU 的 10 年合作，联盟在 2016 年总结了各大学为打造绿色校园和鼓励参与可持续发展行动所采取的措施，并制作了视频集锦。

研究型大学价值：研究型大学是一个社会最有价值的资产之一，因为它们是确保国家未来的关键。联盟通过一系列实例研究来探索与证实研究型大学的价值，这些实例包括："国际研究型大学联盟知识生态系统""研究型教育带给学生的不仅有知识，还有怀疑与质疑的能力""研究型教育培养的高水平毕业生备受雇主青睐"等。

第四节　环太平洋大学联盟

环太平洋大学联盟（Association of Pacific Rim Universities，APRU）是由美国加州理工学院、加州伯克利大学、加州洛杉矶大学和南加州大学四所大学的校长共同发起，于1997年成立，由48所地处太平洋周边国家和地区的高水平研究型大学组成。联盟的宗旨是"发展（会员学校间的）教育、研究和创新的合作，为亚太地区的经济、科技和文化的进步作贡献"。

APRU对于其成员大学的要求包括：学术优异、重视研究、全球视野和创新动力。联盟成员必须为本国居于领先地位的大学，教育质量优异，以发展研究为学校宗旨，具有强烈的国际化和创新取向[55]。联盟由地处太平洋周边国家和地区的高水平研究型大学组成[56]，截至2018年1月，联盟共有50所成员大学，包括斯坦福大学、加州理工学院、加州伯克利大学、澳大利亚国立大学、东京大学、新加坡国立大学等一批世界一流大学。其中，中国大陆地区共有7所成员大学（北京大学、清华大学、复旦大学、南京大学、中国科学技术大学、浙江大学和中国科学院大学），中国港台地区共有5所成员大学（香港大学、香港中文大学、香港科技大学和台湾大学、新竹清华大学）。

根据APRU章程，该联盟由会员大学选举产生的指导委员会领导，每年召开一次校长年会，讨论关于高等教育及联盟未来发展的重大问题，联盟主席及指导委员会成员任期两年。联盟主席也是指导委员会主席，联盟的指导委员会成员分别来自美洲、亚洲和大洋洲[57]，现任主席是加州洛杉矶大学校长Gene D. Block。APRU的日常行政事务由秘书处负责，现任秘书长为前奥克兰大学副校长Christopher Tremewan。目前，秘书处设于香港科技大学，主要活动包括治理论坛、战略提议、网络合作和国际项目等。

APRU 除了定期举办本联盟的管理会议，如校长年会和理事会等，也组织学术会议和丰富学生文化体验的夏令营等活动。为了促进会员大学人力资源的发展，还开办了 APRU 世界学院、建设了 APRU 网，并提出了一些研究动议等。在学生活动方面，APRU 有专门针对研究生的博士生会议。活动都在会员大学自愿的基础上轮流承办，通常由承办大学承担部分活动费用。联盟的活动极大地推进了该地区的教育、经济和技术合作关系。在 APRU 的目标和纲领中，体现出对全球学术和研究标准的承诺。APRU 致力于推动环太平洋地区学术机构的对话与合作，帮助它们成为全球知识经济中强有力的参与者。

环太平洋大学联盟是亚太经济合作组织（Asia Pacific Economic Cooperation，APEC）的官方顾问机构，自成立起就宣称其目的与亚太经合组织一致，致力于为太平洋地区的综合研究型大学的校长们建立一个相互交流思路以协同发展的平台，大力推动环太平洋地区经济体在科学、教育和文化方面的合作，并在科学、技术和人文资源三方面为 APEC 提供咨询和顾问，协助其创建由环太平洋国家组成的共同体。同时，APRU 的许多活动也得到了 APEC 的认可和支持，包括 APRU 网的建设等。APRU 的校长年会也得到多国政府高层的关注，如韩国总统、智利总统、新加坡总统与总理等多国政要都曾利用在本国召开校长年会的机会接见协会主席及其他校长或出席相关活动。

第五节　Universitas 21 大学联盟

Universitas 21 大学联盟简称 U21，该联盟目前还没有中文译名，是一个由世界上优秀研究型大学组成的国际高校联合体。该联盟的宗旨是通过全球优秀大学之间的人员流动来促进教学、科研和学术水平的提升，并且在成员高校间建立国际性的共同标准和国际共识，共同促进全球公民意识和制度创新。其主要特点为以研究型大学为主、成员遍布的国家与地区比较广泛及成员世界排名上升快速。U21 的所有大学成员共同为联盟的网络在线教育活动提供了一个强有力的质量保证框架。

一、Universitas 21 大学联盟的发展

U21 建立于 1997 年，是在澳大利亚墨尔本大学校长 Alan Gilbert 的倡导下成立的一个以研究型大学为主的联合体，最初由新南威尔士大学、格拉斯哥大学、新加坡国立大学、香港大学等分布在 10 个不同国家和地区的 17 所成员高校组成。2001 年，Universitas 21 大学联盟与 Thomson Learning 公司合作，建立了一个名叫 Universitas 21 Global 的在线大学，总部设在新加坡。2005 年，韩国的高丽大学和中国的上海交通大学加入了 Universitas 21 大学联盟（简称 U21）。根据 U21 官方网站数据，截至 2020 年 5 月，U21 共有 27 个成员大学，分布于全球 16 个国家与地区，其中英联邦大学为联盟的主流成员学校，最有话语权，代表性学校如墨尔本大学、新南威尔士大学、诺丁汉大学和伯明翰大学等。截至 2020 年 5 月，U21 共有约 120 万名在校学生，员工总数超过 22 万。

二、Universitas 21 大学联盟的创建理念与创新

U21 旨在进一步提高成员大学的教育、科研和学术水平，加强成员大学的国际交往能力，并在成员大学间建立国际性的共同标准和国际共识。自成立至今，U21 制定了学术管理和教育方面的统一标准；为开发新的在线教学技术和知识传播体系提供基金支持，设立了杰出教师和管理者基金；建立了 U21 信息库以促进组织管理体制上的合作和发展等，同时在多种项目上进行了许多有益的探索；加强了专业互认，提高信誉和质量以打造 U21 知名品牌。

目前，U21 已成功地发展成为一个高水平的研究型大学联盟。U21 常年的活动基本上可以分为两大类：一类是 U21 的常规行政会议，包括 U21 年会与校长论坛、各校 U21 事务负责人会议、学生流动负责人会议等；另一类是科研合作、教育创新及学生流动三个协作小组的活动，各组都有自己的旗舰活动，并可得到 U21 的经费支持，成员学校可根据自己的兴趣承办或者参与各协作组的活动。U21 的集体预算总计超过 250 亿美元，每年的研究拨款超过 65 亿美元。

多年来，U21 一直在自我审视、不断改进并创新。轮值主席的轮换从

最初的三年一换，到两年一换直到现在的每年一换。2012 年 5 月，在 U21 成员学校的大力支持下，U21 发布了 U21 国家高等教育系统排行榜，这为全球的高等教育建设提供了一个新的参照体系。2014 年，U21 新设了学术负责人，主要负责学术发展，旨在进一步推动成员大学之间的学术与科研交流。2015 年，U21 开设了专为 U21 成员学校学生提供的慕课（MOOC）课程[49]。每年夏天，U21 都会在一个成员大学举行本科生学术会议，为全球优秀本科生提供相互交流学术研究的机会。

Universitas 21 设立的国家高等教育系统排名（2017 U21 Ranking of National Higher Education Systems）是基于大学的贡献、学术研究水平、教学产出、国际规模和政府政策等多方面因素综合得出的，是世界上唯一一个评估国家高等教育体系的排名，实现了从长期以来讨论世界上最好大学的排名到国家整体高等教育体系评估的转移。

三、Universitas 21 大学联盟对我国高等教育的启示

Universitas 大学联盟的出现与发展是全球化浪潮的必然趋势。如今，越来越多的中国高校选择加入或专业性或综合性的国际大学联盟，以寻求更广阔的合作空间。中国高校应发挥参与联盟的优势，积极参与有关高等教育及全球公共性问题的探讨，以务实的态度融入全球化实践中。我国高等教育也应做出相应努力：首先，"双一流"建设瞄准国际高等教育的发展趋势，必须加大高校资源和经费的投入，才能满足社会的需要；其次，提供公平的平台与优化大学监管环境，给高等教育更大的自我发展空间；再次，促进高等教育国际化与社会化，关注人才流动，吸引国外人才；最后，提高学生科研创新能力，重视人才培养质量。

第六节　北美大学联盟

美国大学协会（Association of American Universities，AAU，亦翻译为北美大学协会、北美大学联盟）成立于 1900 年，是由北美地区高水平研究型大学组成的一个专业协会，是一个公认的世界一流大学群体。AAU 的宗旨是提升大学的学术研究和教育质量，为提升学术研究水平和

研讨高等教育分类标准与发展方向提供一个平台。该协会只邀请在学术研究和研究生教育方面成就卓越的大学成为会员。

根据 AAU 网站数据，截至 2019 年底，AAU 是由美国和加拿大的主要研究型大学（60 所美国大学和 2 所加拿大大学）组成的一个组织，包括 34 所美国公立大学、26 所美国私立大学、2 所加拿大大学。虽然在全美约 4000 所大学及加拿大上百所高等教育机构中仅占极少数，但是 AAU 成员大学每年授予全美约半数的博士学位、约 22% 的硕士学位和约 16% 的学士学位，并获得 59% 的联邦科研基金资助，其总研究经费是全美所有大学总和的 55%，可见其在北美高等教育机构中的影响力。

一、AAU 成立与发展历史

一百多年前，美国的高等教育机构是分散的，而且在很大程度上不受监管，自称为"大学"并自行颁发文凭，甚至授予博士学位的机构很多。当时，美国的高等教育几乎得不到欧洲大部分大学的尊重，美国学生也纷纷涌向海外（主要是欧洲）接受研究生教育。美国高等教育界的有识之士也在讨论如何办好美国的大学，如何办成世界一流大学。

1900 年，芝加哥大学、哥伦比亚大学、哈佛大学、约翰霍普金斯大学和加州大学的校长们提出，美国的高等教育缺乏必要的标准，担心这种缺乏标准和一致性的问题会损害美国高等教育的声誉。经商议，他们选取了他们认为办学标准较高的另外 9 所大学，并对这 9 所大学的同事发出了邀请。信中说，他们的目标是使高等教育"更加统一"，提高"在国外接受博士学位的美国人的观念"，并推进"我们较弱机构的标准"。1900 年 2 月，在芝加哥大学举行的为期两天的会议上，美国 14 所主要的博士学位授予机构成立了 AAU。来自 14 所大学的校长和研究生院长们同意在高等教育面临的主要问题上共同努力。芝加哥会议的主要成果是：AAU 提议在部门、课程、学院和学校方面建立一些标准，最终这些标准得到了高等教育团体的一致通过。AAU 成员共同制定北美地区高等教育、科学和创新政策；促进本科和研究生教育的科学实践；加强研究型大学对社会的贡献。

在创始成员的 14 所大学中，11 所是私立大学，3 所是公立大学。到 1909 年，又有 8 所公立大学应邀加入，成员高校达 22 所，使得组成 AAU

的高校中有一半是公立的，一半是私立的。

1962 年，AAU 在华盛顿设立了办公室。1969 年，联邦关系委员会成立，专门负责与联邦政府部门就各类涉及高等教育的问题进行协调和联络。1977 年，AAU 聘用了第一个校长托马斯巴特莱特（Thomas Bartlett），他曾是科尔盖特大学（Colgate University）的校长，十分关注科学研究、研究生教育、人文学科的资金和政策问题。

在过去的一百多年中，AAU 始终坚持严格的标准，有的成员因没有达到基本标准被淘汰出局。整体上，AAU 的成员数量缓慢增长，目前成员高校数量为 62 所。

二、AAU 是北美高等教育质量的保证

几乎就在 AAU 成立之时，德国的大学就开始以 AAU 成员资格作为研究生入学质量的衡量标准。为了保证声誉，AAU 的创始人不希望该协会发展得太快，因此他们没有选择直接扩充成员，而是在 1914 年制定了一份美国高等教育机构的名单，这些机构的毕业生被认为有能力在欧洲大学取得成功。

在研究生院院长们的实地调查和校园访问中，"AAU 名单"经过多年的发展。即使是在 20 世纪 20 年代，地区认证组织出现时，"AAU 名单"仍然保留了它的威望，直到 20 世纪 50 年代末才淡出欧洲大学的视线。

AAU 至今仍然实行邀请入会制，会员资格标准被广泛认为是一流研究型大学的质量标准。AAU 每年有两次成员大学的交流会议，秋季会议会在成员大学的校区举行。春季会议在华盛顿特区举行，各成员大学指派首席执行官参加会议。执行委员会负责整个机构的运作。除了执行委员会以外，联盟还设有成员大学委员会。

三、AAU 研究职能和政策影响范围扩大

20 世纪 30 年代后期，随着联邦政府开始向大学寻求政策咨询和科学专业知识的帮助，AAU 将注意力从诸如认证、研究生教育等制度方面开始扩展。第二次世界大战期间，AAU 与联邦政府之间的关系得到持续发展。

第二次世界大战结束后，罗斯福总统的科学研究办公室主任瓦纳瓦尔·布什（Vannevar Bush）写了一篇开创性的报告——《科学领域无尽

的前沿》。报告称："公共机构和私人对大学或研究机构的支持是基础研究的中心……只要科学家们精力充沛和健康，他们就可以自由追求真理，将会有新的科学知识流向那些能够应用实际问题的政府、工业或其他地方"。联邦政府更加重视大学的研究力量，开始通过国立卫生研究院和海军研究办公室大力扩大对大学研究的资助。1950 年，国会成立了国家科学基金会，新的资金使得大学与联邦政府的关系变得更加复杂。AAU 成员大学校长将 AAU 视为解决这些新问题的论坛，并履行其作为大学领导的义务。

随着研究型大学与联邦政府关联问题数量的持续增长，AAU 加强了自身机构建设（例如设立了联邦关系委员会），以及与其他高等教育协会、科学协会、行业组织和多部门联盟的工作。AAU 持续扩大其对成员大学及校长的管理和影响力。AAU 的成员大学获得了联邦在学术研究中的绝大多数资助，通过协调和制定相关政策和标准，促进教育教学、科学研究和技术开发，不断推进社会进步。

四、AAU 成员是美国大学的第一方阵

大多数情况下，名校不一定一流，一流大学肯定是名校。AAU 成员大学整体实力都大大高于其他学校，在创新、学术和提供解决方案方面处于领先地位，它们为科学进步、经济发展、社会安全和人类福祉作出了贡献。AAU 大学的美国三大院院士数量是非 AAU 大学的 21.68 倍，发表论文数为 5.47 倍，联邦资助研究经费为 3.46 倍，授予专利数量是 2.94 倍。在北美，AAU 成员是一流大学的代名词。作为世界一流大学群体，AAU 呈现出一流大学的共同特征，例如历史悠久、适当的学校规模、大师云集的人文环境、高质量的研究成果等。

AAU 成员大学还呈现出鲜明的个性特征，如经历数百年的历史积淀、缔造美国精神的哈佛大学，催生出硅谷工业园区、在现代高科技发展中独领风骚的斯坦福大学，规模小而品质精的加州理工学院，独具思辨精神的加州伯克利大学，以社会学科和人文学科的严苛教学质量称霸中西部的密苏里大学等。这些学校要么全面发展，如哈佛大学、宾夕法尼亚大学、斯坦福大学和加州伯克利大学等；要么在某方面有特长，如加州理工学院、普渡大学等，它们共同构成了美国高等教育机构的第一方阵[58]。

第七节　罗素大学集团

在英国大学中，罗素大学集团（The Russell Group）成员有着雄厚的资金支持，录取学生的标准十分严格，不受每年起起伏伏的大学排名影响。罗素大学集团由 24 所英国第一方阵的大学组成，致力于做最好的科学研究。罗素大学集团的成员大学间相互探讨教育和教学经验，并与商业和公共部门保持良好的关系。罗素大学集团在英国的知识文化生活中发挥着极具重要的作用，在英国和全球范围内都产生了巨大的社会、经济和文化影响。该集团重点关注如何提高研究实力、增加学校收入、招收最优秀的学生与教师、减少政府干预及提倡大学合作等。

一、罗素大学集团的成立及其目的

罗素大学集团（The Russell Group）最初是由 17 所大学于 1994 年在伦敦成立，目的主要是代表这些院校机构成员发表观点、游说政府国会、提出研究报告支持他们的立场等。此后在 1998 年、2006 年、2012 年分别增加了几所大学，现由英国的 24 所一流研究型大学组成。罗素集团名称的由来，是因为这 24 所院校的校长，每年春季固定在伦敦罗素广场旁的罗素饭店举行研究经费会议。该高校联盟被称为英国的"常春藤联盟"，代表着英国最顶尖的大学[59]。

虽然罗素大学集团成员的历史有长有短，然而罗素大学集团本身是一个新生的机构，其董事会成员即罗素集团的负责人。罗素大学集团作为一个专业机构，旨在帮助大学获得最佳的发展条件，并通过它们世界领先的研究和教学，对社会、经济和文化产生影响，为成员提供战略、政策制定，情报，传播和宣传服务。

罗素大学集团确保在高等教育政策制定上以坚实的证据基础作为支撑，定期向英国政府、议会和其他公共机构提交证据，以及向英国和欧洲联盟行政部门等同的机构提交报告和证据。罗素大学集团也出版了许多出版物，用于提供更多关于政策问题的细节和一系列案例研究。

二、成员高校

罗素大学集团的 24 名成员均为世界一流的研究型大学，它们都是独特的机构，且每个机构都有自己的历史和理念，也有各自的一些特点。罗素大学集团的 24 所院校包括：剑桥大学、牛津大学、帝国理工学院、伦敦大学学院、伦敦政治经济学院、纽卡斯尔大学、利兹大学、曼彻斯特大学、谢菲尔德大学、布里斯托大学、诺丁汉大学、南安普顿大学、伯明翰大学、利物浦大学、伦敦大学国王学院、华威大学、爱丁堡大学、格拉斯哥大学、卡迪夫大学、贝尔法斯特女王大学、约克大学、杜伦大学、埃克塞特大学和伦敦玛丽女王大学。

罗素大学集团的经济产出每年超过 320 亿英镑，占所有英国大学总经济产出的 44%。英国大学科研水平评估（research assessment exercise, RAE）显示，罗素大学集团成员大学虽然只占英国高等教育机构总数的 12%，但在主要科研成果中，罗素大学集团占比超过 2/3，并在全国范围内提供 30 多万个就业机会。

根据罗素大学集团网站数据，2015—2016 年，在罗素大学集团就读的本科生有 41.7 万人，研究生有 19.25 万人。全英国有 37% 的国际本科生和 46% 的国际研究生在罗素大学集团学习。罗素大学集团积极开展国际合作，其成员高校吸引着来自海内外的学生和员工，39% 的学术人员和 34% 的学生为非英国国籍，吸引他们的正是集团的研究水平和高超的实力，以及与主要的跨国企业和国际组织的合作。

罗素大学集团在区域和地方社区中也发挥着强大的作用，例如与企业合作共同研究项目，为本地员工提供高质量的培训，为企业输送高素质的毕业生。

三、研究经费

罗素大学集团成员每年的科研经费约占全英国大学的 65% 以上。充足的资金支持使得罗素大学集团学校有了雄厚的科研实力，更使其成为全世界产生诺贝尔奖得主最多的大学联盟。迄今为止，有近 300 名诺贝尔奖得主出自罗素大学集团成员大学。在 2006 年至 2007 年，英格兰高等教育拨款委员会的研究经费排名（不包括苏格兰和威尔士在内）中，前 15 名都是该集团的成员[10]。在世界排名前 10 的大学中，有 4 所是罗素大学集团成员，在前 100 名中有 15 所，而在 2018 年的 QS 世界大学排名中，所有 24 所都跻身前 250 名，这 24 所大学的平均年预算是 6.88 亿英镑。

罗素大学集团成员大学为英国一流大学的品牌保证，每所院校的入学标准均非常严格，其雄厚的师资力量、优美的校园环境和浓厚的学术氛围，每年都吸引着来自世界各地的莘莘学子。

此外，英国还有著名的红砖大学（Red Brick University），是指早在维多利亚时代，创立于英格兰的主要工业城市并于第一次世界大战前得到皇家特许的六所著名大学：布里斯托大学、谢菲尔德大学、伯明翰大学、利兹大学、曼彻斯特大学和利物浦大学。这六所大学在创立之初均为科学或工程技术类院校，与英国工业革命有着极其密切的关系。红砖大学是除牛津大学和剑桥大学以外英国最顶尖的老牌名校。

第八节　加拿大大学与学院协会

加拿大大学与学院协会（The Association of Universities and Colleges of Canada，AUCC）成立于 1911 年，总部设在渥太华，是一个非政府、会员自治的高等教育组织。AUCC 的使命是促进加拿大高等教育政策的发展，以及推动加拿大高等院校与政府、工商业界、社会团体和其他国家院校的合作与交流。协会由 96 所加拿大大学和学院组成，并由各大学校长（院长）组成的董事会进行管理。

AUCC 为协会成员提供的主要服务包括以下三个方面：

（1）统筹高等教育公共政策和倡议。AUCC 通过与政府、企业界和社会团体分享专家意见、信息资源及协会成员的观点，影响着高等教育公共政策的方方面面。该协会还大力倡导高等教育是国家繁荣的保障，也是知识型社会与经济的品质生活保障。AUCC 通过各种渠道不断增加加拿大院校的基金，为学术研究提供有力支持；促进加拿大高等教育国际化；不断改进学生资助政策；不断完善大学教育发展、增加奖学金项目和科研成果知识产权等政策。

（2）高等教育研究、交流与信息共享。AUCC 提供加拿大高等教育发展方面的相关信息，公众可通过其出版物及官方网站获得相关信息资源；提供协会成员在申请、注册、学费、国际化等方面的信息；向政府、工商业界与社会团体的领导提供决策所需的高等教育信息；向社会公众提供各方面的高等教育资料。

（3）奖学金和国际项目管理。AUCC 的一项重要职能是奖学金项目的管理。目前，该协会管理的各类奖学金项目、与公司及其他组织的交流项目达 150 多个。AUCC 在国际发展规划与项目的管理上享有良好的声誉，拥有丰富的国际合作经验，先后组织和管理过 2000 多个加拿大大学与世界各国大学的国际合作项目。

AUCC 成员大学入会有着严格的标准，协会制定并坚持质量保证原则，入会大学必须每五年重新申请一次。这种模式保证了世界各地对加拿大大学学位代表的高质量学术成就的高认可度。协会的经费主要来自会员费。

协会成员应是经合法注册通过的大学和学院，其中包括协会、加拿大其他大学和大学院级学院。成员资格经理事会批准，随后经投票成员表决通过的大学（包括联合、附属大学或大学的组成部分）成员，都应满足以下条件。

（1）成员应具有官方授权的认可、"规约"授予的权力或通过与其附属或联合大学或其组成部分的大学的正式协议行使权力。

（2）具有适用于大学的管理方式和行政结构，包括：①通过成员选举产生的学术委员会或其他适当的机构学术代表员，并授予学术代表员决定学术课程的权利，包括招生、课程内容、毕业要求/标准及相关政策和程序。②独立行使职权的理事会或适当的等效机构以满足下列条件：公开透明的方式致力于公众问责和职能；对于机构的财务、行政和任命有控制权；拥有适当外部利益相关者（包括公众）、学术人员、学生和校友代表；利用该机构的资源以达成其使命和目标。③一个高级管理层，通常包括适合该机构规模和活动范围的总裁兼副总裁和（或）其他高级官员。

（3）具有一个被认可的、明确的、广为人知的、公认的使命声明和适合大学的学术目标，并表明其承诺：以教学和其他形式进行知识传播；用研究、奖学金、学术调查推动知识进步；为社区服务。

（4）核心教学任务是在该级别的大多数课程中提供大学标准教育。

（5）任务和目标明确：能提供一个完整的本科和（或）研究生课程计

划，并由本身授予大学学位或该校学位。如果本身属于联合或隶属于大学或其成员，则由上级机构执行。指标将包括：具有博士学位或其他适用终端学位的高素质的学术人员，并在适当的情况下具备相关的专业经验；高级学术人员教授的本科课程；质量保证政策，可以对其所有学术计划和支持服务进行周期性或连续性评估，其中包括直接参与计划或服务，以及其他机构同事、外部专家和相关利益者的参与；为学术人员的表现定期评估，包括学生评估组成部分；具有适合该机构使命、目标和计划的图书馆和其他学习资源；定期监测研究生成果，以及在机构内外透明传播该类信息；适合其课程的学术咨询和其他学生服务；财务资源，以履行使命宣言和目标。

（6）本科学位课程的特点是具有传统文科和（或）科学领域的广度和深度，以及第一学位的专业性（如医学、法律、师范教育、工程学等），具有重要鲜明的文科和/或科学组成部分。

（7）有奖学金、学术研究和研究成绩的良好记录的学术人员可以从事外部同行评审研究，并在外部资源传播处发表文章，同时为他们提供适当的时间和制度支持。这一承诺的指标将包括有关知识创造、课程开发和研究项目执行的政策和计划。

（8）参照加拿大大学学术自由声明的精神保护学术自由，该声明于2011年10月25日由成员理事会批准，可能会不定期被会员修改。

（9）如果一个独立的机构（既不是隶属关系或联盟的正式关系，也不是成员大学的组成部分）提出申请成为会员，那么它必须在过去的两年里至少拥有500全时等量（FTE）的学术活动。

（10）如果是机构成员的组成部分，其成员资格申请由其上级机构支持。

（11）以非营利为基础运作。

（12）董事会在接到董事会任命的访问委员会的报告后，认为它正在提供大学标准的教育，并符合协会的会员资格。

（13）参照所有体制政策和做法，该机构承诺在种族、宗教信仰、肤色、性别、身体或精神残疾、年龄、血统、出生地点、婚姻状况、家庭状况、性取向或适用的人权法中确定的其他理由等方面对所有人给予平等待遇，没有歧视。

不符合以上会员标准的机构，3年内不得再次申请。（AVCC要求加拿大大学2005年起每五年重申遵守协会成员的标准。）

第六章

世界大学排行榜

本章主要介绍高等教育界四个较有影响力的世界大学排行榜——QS世界大学排名、泰晤士高等教育世界大学排名、U. S. News 世界大学排名和世界大学学术排名。世界大学学术排名的初衷是找出中国大学和世界一流大学在学术水平上的差距，分析中国大学在世界大学体系中的位置，服务于中国的世界一流大学建设。U. S. News 世界大学排名则致力于让全球生源了解全球范围内各顶尖学府的定位、排名，尤为关注的是学校的整体学术研究和业界名誉，该排名适合既看重学校的学术水平，又在意学校的教学水平的学生作为参考。

第一节　QS 世界大学排行榜

QS 世界大学排名（QS World University Rankings）是由英国夸夸雷利·西蒙兹（Quacquarelli Symonds，QS）公司发布的世界大学排名，每年更新一次。Quacquarelli Symonds 公司是英国一家专门从事教育及升学就业的国际高等教育咨询公司，成立于 1990 年，公司总部位于英国伦敦。QS 世界大学排名首次发布于 2004 年，是相对较早的全球大学排名，也是参与机构最多、世界影响范围较广的排名之一。

最初，QS 公司与泰晤士高等教育（THE）合作，共同推出泰晤士高等教育-QS 世界大学排名（又称 THE-QS 世界大学排名）。在发布 2009年的排名后，QS 公司与泰晤士高等教育终止合作，二者从 2010 年开始发布各自的世界大学排名[60]。2010 年起，QS 世界大学排名得到了 IREG-学术排名与卓越国际协会（IREG-International Observatory for Academic Ranking and Excellence）的承认，该协会由联合国教科文组织欧洲高等教育研究中心、美国华盛顿高等教育政策研究所、德国高等教育发展研究中心和上海交通大学高等教育研究院等机构倡导成立的大学排名国际专家组（International Ranking Expert Group）建立。

　　QS 世界大学排名主要采用问卷调查的方式进行，使用一系列学术指标来衡量世界大学的影响力，具体指标及其权重见表 6-1。

表 6-1　QS 世界大学排名使用的具体指标及其权重

指　　标	权　　重
学术声誉	40％
单位教师的论文引用数	20％
雇主评价	10％
教师/学生比例	20％
国际教师比例	5％
国际学生比例	5％

　　QS 世界大学排名因其问卷调查形式的公开透明性获评为世界最受瞩目的大学排行榜之一，但也因具有过多主观指标和商业化指标而受到批评。

　　QS 大学排名以学科、地区和院校年龄划分，分析全球大学的排名。目前包括 QS 世界大学排名、QS 世界大学学科排名、五个持不同准则的地区性排名（QS 亚洲大学排名、QS 拉丁美洲大学排名、QS 金砖五国大学排名、QS 中国大陆大学排名、QS 新兴欧洲及中亚地区大学排名）、QS 全球建校 50 年以下大学（全球年轻大学）排名等[61]。

　　2018 年 6 月 6 日，QS 发布了 2019 年 QS 世界大学排名。此次排名共评估了来自 85 个国家和地区的 1011 所全球大学，评估结果是基于过去 5 年全球 151 个国家数万顶尖学者和机构的专业评议，以及对全球最大论文数据库中过去 6 年数以千万计的学术期刊论文等数据的分析得出。此次排名显示，中国大陆地区的清华大学、北京大学、复旦大学、上海交通大学、浙江大学、中国科学技术大学 6 所大学名列世界百强，其中，排名最高的清华大学从世界第 25 位升至第 17 位，北京大学则从第 38 位升至第 30 位[62]。

2018 年 10 月 11 日，QS 正式发布了 2019 年 QS 中国大陆大学排名。这项首次发布的 QS 中国大陆大学排名，旨在对中国大陆地区大学的表现进行独立分析，从而发布中国大陆地区排名前 100 位的大学。

第二节　泰晤士高等教育世界大学排行榜

泰晤士高等教育世界大学排名（Times Higher Education World University Ranking）是由英国《泰晤士高等教育》（*Times Higher Education*，THE）发布的世界大学排名。THE 世界大学排名因存在商业因素和偏向英语国家而受到批评。该排名每年更新一次，以教学、研究、论文引用、国际化、产业收入 5 个范畴共计 13 个指标为全世界最好的 1000 余所大学（涉及近 90 个国家和地区）排列名次。为保证排名的公正和透明，由普华永道（PwC）进行独立审计。

2004 年至 2009 年，THE 委托 QS 公司收集数据，在每年秋季共同发布世界大学排名。从 2010 年起，THE 开始与汤森路透集团（Thomson Reuters，现公司名称为科睿唯安）合作，推出新的 THE 世界大学排行榜。值得注意的是，QS 公司与泰晤士高等教育终止合作后，从 2010 年开始单独发布自己的世界大学排行榜。

THE 现行的世界大学排名指标主要包括 5 个大项的 13 个具体指标。

（1）教学（学习环境，teaching，占 30%）：

① 声誉调查：15%；

② 教师员工与学生比例：4.5%；

③ 博士学位与学士学位比例：2.25%；

④ 博士学位与学术人员比例：6%；

⑤ 机构收入：2.25%。

（2）研究（数量、收入和声誉，research，占 30%）：

① 声誉调查：18%；

② 研究收入：6%；

③ 研究生产力：6％。

（3）引用（研究影响，citation，占30％）。

（4）国际视野（员工、学生和研究，international mix，占7.5％）：

① 国际学生比例：2.5％；

② 国际员工比例：2.5％；

③ 国际合作比例：2.5％。

（5）行业收入（知识转移，industry income，占2.5％）。

可以看出，该排行榜关注的是卓越的研究成果和国际社会的声誉，以及大学对社会和经济的贡献。

2018年9月26日，THE发布了最新的2019年世界大学排名，这也是THE第15年发布这一排名。本次排名对全球超过1250所高等教育机构进行了排名（2018年为1100多所），涉及86个国家（2018年为81个国家）。排名中，牛津大学连续三年获得第一，同时在研究（数量、收入和声誉）方面高居榜首。剑桥大学保持第二，而美国斯坦福大学稳居第三。麻省理工学院名次上升1位至第四，但加州理工学院排名从2018年的并列第三下降到第五位。耶鲁大学是前20名中名次提升最快的高校，较2018年上升4位，位列第八。

根据THE的最新排名，中国大陆大学排名前三的分别是第22位的清华大学、第31位的北京大学和第93位的中国科学技术大学。清华大学在THE全球排名中首次超越北京大学和新加坡国立大学成为亚洲高校之首。这是自2011年以来中国高校按照现有评比方法首次获得THE如此高的排位。中国大陆同时也是THE全球高校入围数量排名第四的国家，从2018年的63所高校增加到2019年的72所高校。中国大陆有7所高校入围了前200名，分别是：清华大学、北京大学、中国科技大学、浙江大学、复旦大学、南京大学、上海交通大学。

第三节　世界大学学术排名

世界大学学术排名（Academic Ranking of World Universities，ARWU）于2003年6月由上海交通大学高等教育研究院世界一流大学研究中心首次发布，是较早发布的世界大学学术排名之一，也是国际机构和著名专家认可的世界上较为科学并广泛采用的世界大学排名之一，每年发布一次，2009 年起转由上海软科教育信息咨询有限公司（Shanghai Ranking Consultancy）发布。

ARWU 使用六个客观指标对世界大学进行排名，包括获诺贝尔奖和菲尔兹奖的校友折合数（Alumni）、获诺贝尔奖和菲尔兹奖的教师折合数（Award）、各学科领域被引用次数最高的科学家数（HiCi）、在《自然》（*Nature*）和《科学》（*Science*）上发表论文的折合数（N&S）、被科学引文索引（SCI）和社会科学引文索引（SSCI）收录的论文数（PUB），以及上述五项指标得分的师均值（PCP），具体指标与权重见表 6-2。

表 6-2　ARWU 的指标与权重

一级指标	二 级 指 标	代码	权重
教育质量	获诺贝尔奖和菲尔兹奖的校友折合数	Alumni	10%
教师质量	获诺贝尔奖和菲尔兹奖的教师折合数	Award	20%
	各学科领域被引用次数最高的科学家数量	HiCi	20%
科研成果	在 *Nature* 和 *Science* 上发表论文的折合数	N&S	20%
	被科学引文索引（SCI）和社会科学引文索引（SSCI）收录的论文数量	PUB	20%
师均表现	上述五项指标得分的师均值	PCP	10%

注：对纯文科大学，不考虑 N&S 指标，其权重按比例分解到其他指标中。

在进行排名时，Alumni，Award，HiCi，N&S，PUB，PCP 每项指标得分最高的大学为 100 分，其他大学按其与最高值的比例得分。如果任何一个指标的数据分布呈现明显的异常，则采用常规统计方法对数据进行处理。对大学在六项指标上的得分进行加权，令总得分最高的大学为 100 分，其他大学按其与最高值的比例得分[63]。

2007 年至 2016 年，ARWU 推出世界大学学科领域排名（ARWU-FIELD），涉及五个学科领域：自然科学与数学（简称理科，SCI）、工程/技术与计算机科学（简称工科，ENG）、生命科学与农学（简称生命，LIFE）、临床医学与药学（简称医科，MED）和社会科学（简称社科，SOC），使用的指标为 Alumni（权重 10%）、Award（权重 15%）、HiCi（权重 25%）、PUB（权重 25%）、高质量论文比例（TOP，权重 25%），其中工科排名使用的指标为 HiCi（权重 25%），PUB（权重 25%），TOP（权重 25%），并增加了年度科研经费（Fund）指标（权重 25%），统计方法与学术排名类似。2016 年起增加特别重点机构排名（Special Focus Institution Ranking）全球体育类院系（Sport Science Schools and Departments）学术排名，2017 年起推出世界一流学科排名（Subject Ranking）。

ARWU 的初衷是找出中国大学和世界一流大学在学术水平上的差距，分析中国大学在世界大学体系中的位置，服务于中国的世界一流大学建设。ARWU 每年实际排名的大学超过 1500 所，发布的是世界前 500 名的大学，其中前 100 名的大学有详细位次排名，100～400 名的大学提供区间排名。2017 年，ARWU 首次公布 501～800 名的大学，称为 500 强潜力高校。2018 年，扩大范围至 1000 名。

2018 年 8 月 15 日，2018ARWU 正式发布，哈佛大学连续 16 年蝉联全球第一，斯坦福大学位列世界第二，剑桥大学保持全球第三。在全球前 20 名中，美国和英国的大学占据 19 个席位，欧洲其他大学排名最前的是瑞士苏黎世联邦理工学院，位列全球第 19 名，亚太地区的大学中，日本的东京大学和京都大学表现最佳，分别位列第 22 名、第 35 名[64]，新加坡南洋理工大学首次进入世界百强，位居第 96 名，成为 15 年来 ARWU 榜单上进步最快的高校。

2018 年我国有清华大学、北京大学、浙江大学三所高校进入 ARWU 世界百强，分别位列第 45 名、第 57 名、第 67 名，浙江大学成为继清华大学、北京大学之后第三所进入 ARWU 世界百强的中国大学。复旦大学、上海交通大学、中山大学、中国科学技术大学排在全球 101～150 名，华中科技大学和南京大学首次进入世界前 200 名。北京航空航天大学、中南大学、大连理工大学、天津大学首次进入世界前 300 名。西北工业大学、北京理工大学、重庆大学、南京工业大学、南京信息工程大学、上海大学、北京科技大学 2018 年首次入围 ARWU 全球 500 强。

ARWU 排名以数据客观、指标稳定、公开透明的数据来源和排名方法获得国际称赞，但也存在过分侧重理工领域、偏重校友取得诺贝尔奖的多寡的问题，加之院校的整体风气及学生素质也是衡量高校水平的重要指标，因此应理性看待各种大学排行榜。意识到我们距离世界一流大学仍有不少差距并不断进步，才是排名的真正意义。

第四节　U. S. News 世界大学排行榜

《美国新闻与世界报道》（U. S. News & World Report）1983 年开始对美国大学及其院系进行排名，1985 年以后每年更新一次。该排名主要是对美国高等教育进行分类排名，对美国各大学的专业学院排名，供美国人报考大学时参考，该排名在美国国内具有较高的知名度和权威性。《美国新闻与世界报道》于 2014 年 10 月 28 日首次发布 U. S. News 世界大学排名（U. S. News Best Global Universities，U. S. News BGU）。

2018 年 9 月 10 日，《美国新闻与世界报道》（U. S. News & World Report）发布了 2019 年世界大学排名。与 2017 年相同，从全球 75 个国家 1372 所高校中排出前 1250 名院校。前十名分别是哈佛大学（美国）、麻省理工学院（美国）、斯坦福大学（美国）、加州伯克利大学（美国）、牛津大学（英国）、加州理工学院（美国）、剑桥大学（英国）、哥伦比亚大学（美国）、普林斯顿大学（美国）和华盛顿大学（美国），清华大学和北京大学分别位列第 50 名与第 68 名。

U. S. News 世界大学排名致力于让全球生源了解全球范围内各顶尖学府的定位，排名时，尤为关注的是学校的整体学术研究和业界名誉，该排名适合既看重学校的学术水平又在意学校的教学水平的学生参考。排名参考的 13 项指标和权重如下：

（1）全球研究声誉，12.5%；

（2）地区新研究声誉，12.5%；

（3）发表论文，10%；

（4）出版书籍，2.5%；

（5）学术会议，2.5%；

（6）标准化引用影响，10%；

（7）总被引用次数，7.5%；

（8）"被引用最多 10% 出版物"中被引用数，12.5%；

（9）出版物占"被引用最多 10% 出版物"的比率，10%；

（10）国际合作，5％；

（11）国际合作类被引文献百分比，5％；

（12）代表领域在"所有出版物中被引用最多前1％论文"中被引用论文数，5％；

（13）出版物占"所有出版物中被引用最多前1％论文"的比率，5％。

排名通过使用这13个指标分数（Z-Scores）和对应的权重组合来计算总体分数。在统计学中，Z-Scores是标准化分数，表示数据点与该变量平均值之间的标准偏差。当将不同的信息组合到单个排名中时，这种数据转换是必不可少的，因为它允许在不同类型的数据之间进行公平的比较。排名中使用的数据和指标由 Clarivate Analytics InCites 提供，文献计量数据基于 Web of Science。在计算出前 1250 的总排名后，《美国新闻与世界报道》会进一步细分出按地区排名情况和按国家排名情况等具体的展示方式。

第五节　大学排行榜要理性地看

大学排行榜并不始于中国，它与 SCI 和 ESI 等指标一样都是舶来品。我国自 1982 年出现第一个大学排行榜至今，现在每年公布的与大学有关的种种排行榜超过 400 个，仅世界大学排行榜就有 50 多个，其中一些排行榜已经成为社会衡量大学的重要参考和指标。

大学排行榜数量激增的背后是其关注度的水涨船高，它的火爆程度从 U. S. News，QS，THE，ARWU 等大学排行榜发榜之日各方铺天盖地的宣传可见一斑，有的高校甚至以某排行榜的位次进步作为阶段目标。但在火爆的同时，大学排行榜也一直争议不断，乱象频生。这不由得让我们深思，在"以一流为目标、以学科为基础、以绩效为杠杆、以改革为动力"的"双一流"建设大背景下，行走于巨大需求和诸多责难之间的大学排行榜到底应该怎么办？

一、大学排行榜"问题"不少

近年来，U. S. News，QS，THE，ARWU 等在全球具有一定社会影响力的大学排行榜越来越受到国内的重视，这些形形色色的排行榜基于不同角度、采用不同指标、设置不同权重，对大学进行或综合或单项的各类排名，对我国高等教育发展曾经起到一定的积极意义，但在重视过度尤其是与经费等资源配置挂钩后，其"指挥棒"光环所带来的负面影响日益严重。虽然排行榜数量很多，但主要问题可以归结为以下几点：

（1）一些排行导向单一、扭曲大学功能。我国新时期的高等教育承担着人才培养、科学研究、社会服务和文化传承创新等功能，其最重要的使命就是人才培养。但在很多大学排行榜中，人才培养所占的权重少则5%，多则20%，这就意味着80%以上的权重跟人才培养没有关系，反而以论文为基础的科研指标占了大头，这等于用相对单一的评价科研机构的方式来评价功能多元化的大学，而一旦被当成评价指标，必然会背离大学的"初心"，扭曲大学的功能。

（2）不同类型大学无法一概而论。我国高校的发展层次和类型各有不同，承担的任务和职责各不相同，高校的基础条件和科研水平也各不相同，具有差异化的历史文化资源、人才培养目标、定位、区位发展和学科与师资条件，所以用同一指标对不同性质的大学进行评判，必然会出现很大的误差。

（3）不同排行榜标准各异。种类繁多的排行榜都有自己的一套指标系统，以 QS 世界大学排名和 U. S. News 排名为例，除了以论文为主要代表的科研水平和同行评议占了指标"大头"外，在另外几个指标上，QS 强调师生比、外国留学生和教师的数量、雇主印象等，U. S. News 则强调授予博士学位的数量。由于评估的指向不同，其指标和结论差异就可能很大。

（4）主观性指标影响排名。QS 等排名就曾因采用过多主观指标和商业化指标而受到批评。有些国际排名机构为了配合中国市场，在极短的时间内推出了很多细分的排名，其质量可想而知。

另外，我国目前对排名机构的资质没有过多要求。由于缺少规范，有的排名机构在基本条件都不具备的情况下，商业利益成为其推出大学排行榜的唯一驱动力。这类排名往往除了客观数据，还加入了社会声望和毕业生就业质量等非客观指标，其真实性和科学性可能存在问题。更重要的是，此类排名过多涉及商业操作，不可避免地带来对客观公正问题的非议，有些国内的大学排行榜还曾经被爆出收"咨询费"等人为操纵排名的事件，这对于一直处于舆论风口浪尖的大学排行榜的声誉来说无疑是雪上加霜。

当然，即便排除了人为因素，客观上说，没有哪个排名是绝对科学、完美和无争议的。对一所大学的评价，就如对一个人的评价一样，是复杂的，很难用一个完全量化的指标去衡量。

二、大学排行榜的"异化"作用

"双一流"建设的目标是建设世界一流大学和建设世界一流学科。争做一流自然是高校的目标，因此每当看到排行榜上的名次起伏，每所高校都不免焦虑。名次不仅事关大学的脸面，更涉及政绩、招生、经费和各种资源，甚至未来在"双一流"建设中可能出现的位置，而这种焦虑又被媒体及社会公众反馈无限放大了。

应该说，大学排行榜作为社会和大学的一个参考角度，本身并没有什么问题，但是当其成为政府进行资源调配和经费倾斜的重要参考并将大学、学者一同裹挟进来的时候，它的破坏性就显现出来了。

（1）急功近利。许多大学为了增加科研指标权重不得不采取急功近利的短期措施，它们为了提升在大学排行榜中的排名，给各个部门下达 SCI 和 ESI 数量的硬指标，有的学校甚至把行政人员、医护人员都纳入考核范围，完成论文任务的给予高额奖励，完不成的末位淘汰。这种简单粗放的管理方式严重违背科研规律，给大学发展带来了严重的后果。

（2）规模迷信。为了迎合大学排行榜的各项指标，国内相关部门及不少高校迷信"人多力量大"，以规模论英雄，用规模指标体现质量和水平，想尽办法提高学校规模和招生规模。一些大学盲目扩张规模，以文科见长的学校也开始设立理工科目，开办容易发表论文的学科，甚至不惜走以简单地合校并校扩张规模达成强校的路径。

（3）生态恶化。由于各项大学排名都以科研和同行评议为主要指标，而其中以自然科学为主，这就使得很多人文学科的强校在各项排名中迅速跌落。由于学校的资源总量是一定的，为了快速提升排名，很多高校的人文学科都陷入了不被重视、资源逐步缩减的尴尬境地当中。长此以往，必然导致人文学科的衰落，对学科整体发展造成不可逆转的重大损失。

（4）千校一面。由于排名只能靠数据，各所大学通过对数据体系"庖丁解牛"之后，自然而然出现类似于应试教育"刷数据"和迎合指标的应激反应，长期浸淫于这种所谓的趋利避害模式，中国的大学就会变得毫无个性、日渐趋同，这对于强调特色发展的中国高等教育来说，有百害而无一利。

三、大学排行榜是否有存在的价值

既然大学排行榜问题多多，为何它能够长久不衰并热度越来越高？这源于我们过度重视排名的文化诉求。

政府相关部门无疑是需要大学排行榜等第三方排名的。由于中国以公立大学为主，政府指导大学的发展，了解和展示国家高等教育的提升水平、分析对不同高校的投入产出效益需要不同维度的参考。

高校本身当然也需要。任何大学都不是生活在真空中，需要在竞争中确立地位、体现成就，不同类型的学校需要不同的指标来评价，同类大学的管理者知晓自己的优势、劣势及所处位置，进而制定学校自身的发展战略。

考生和家长的刚需更强烈一些，特别是高考改革和以学科为基础的"双一流"建设进一步加大了报考的信息鸿沟之后，考生和家长更需要通过排行榜等指标来选择学校、专业。他们不是专业人士，不具备从繁杂的各项数据中抽丝剥茧梳理优劣的能力，大学排行榜无疑提供了直观易懂的"坐标系"。

说到底，大学排行榜在某种意义上满足了各方心目中简单、直观、明确的标准，它问题不少，却一目了然。如何针对有利于高校发展和学科建设来设计大学评估指标，如何引导大学排行的方向，是摆在我们面前的一道难题。

四、大学排行榜应该如何排？

大学排行榜在中国的诡异遭遇在于，一方面很多人在批判，另一方面却获得了很大的追捧，这说明我们在高校评价层面缺乏有效的评价体系。尤其是在2015年之后启动的"双一流"建设要求"以绩效为杠杆""动态管理，优胜劣汰"的情况下，绩效本身就意味着数据或者客观指标的考核，而优胜劣汰也必然意味着要在一定时效下分出快慢、高下。

事实上，即便没有"双一流"建设，中国的高等教育评价也不可能再回到过去的混沌状态，即便"消灭"了大学排行榜，也一定有类似的排名来替代。因此，我们需要优先考虑的是政府如何更好地引导包括大学排行榜在内的第三方评价体系，使其更好地为我所用，并成为中国特色高校评价体系的一部分。

1. 大学排行要服务于国家发展战略

高等教育现代化是社会现代化的一部分，是高等教育主动适应社会转型时期的客观需要。坚持立德树人和科技创新，服务于国家重大战略需求是建设高等教育强国的关键。

"双一流"建设我们一直坚持"中国特色，世界水平"的目标，明确了"双一流"必须按国际通用的评价准则达到一流，又能服务于国家重大战略需求。"双一流"建设既是目标，又是过程，这种定义是具有时空局限性的相对概念。因而，大学排行也具有时空局限性的相对性，也应依据国家发展战略要求制定相应评价指标，引导大学主动服务和服从于国家发展战略。

2. 大学排行应区分不同类型

不同类型的高校，承担着不同的任务和职责，评价的尺子就应该不同。

大学排行要有利于学科特色发展。"双一流"建设是中国高等教育发展的重要契机，其抓手和基础是学科建设，这与以往的"985工程""211工程"建设的思路截然不同，是通过分层和分类的建设思路，鼓励高校的"差别化发展"。各个大学应按照不同的主体功能定位，实施"差异化"的评价排名，打破主要用科研贡献，实际上是用论文相关数量"一把尺子"量到底的单一评价排名，使大学排行逐步趋于科学性、合理性和公正性，实事求是地排出不同类型大学的社会功能和贡献。

3. 大学排行应增加人才培养的权重

建设教育强国，必须提高人才培养的质量。大学的主体是教师和学生，大学的任何改革都不能忽略教师和学生，这些源源不断的优秀学生，在学习知识、提升能力的同时，也成为大学创新的生命源泉。

分析目前民间机构发布的各种大学排行榜发现，在评价指标设计中，对人才培养质量的评价权重都不够。受排行榜影响，校长们在学校管理制度设计和资源分配时，很难不做一些有利于提高名次、有利于争取更多资源，但却可能偏离大学本位、违背大学精神、无助于真正提高教育质量的决策。大学排名应把人才培养质量放在指标体系的首位，把"培养过程质量""在校生质量""毕业生质量"等全面纳入评估，计入权重。

同时，"双一流"建设要突出人才培养的核心地位，如何提高教学质量、提高学生的培养质量，教师是关键，教师的教学水平与效果决定了人才培养的质量。评价、检测并引导教师提高教学水平和教学效果是提高教学质量的有效途径，相关指标都应该列入评价体系。

4. 大学排行要与时俱进

教育形式和形态是随着社会发展而不断演变的，是教育活动适应社会转型时期的各种客观需要，在"硬件"和"软件"上同时不断变革、创新和完善的过程，是教育形态不断变迁伴随的教育现代性不断增长的过程，因而，现代化大学的功能和概念、评价标准也在不断改变。尤其是当前我们已建成了世界上规模最大的高等教育体系，2018 年高等教育毛入学率达到 48.1%，中国即将由高等教育大众化阶段进入普及化阶段的情况下，大学排名也要适应社会发展与人民需求，尤其是高等教育的发展需求。

评价大学应该是动态的、发展的，特别是信息技术与教育的深度融合将带来大学形态的变革。对大学的评价要充分利用互联网等公开数据。在互联网时代，对于大学的评价，其评价体系设计更能趋于公平客观，也容易实行分类评价，评价内容对不同类型大学可以有明显的区分度，评价取向要靠数量促进质量，评价标准要更多地关注学生成才。评价要围绕大学的主要功能全面设计，而不是只关注少数几个学科的学术影响。

第二篇　机　构　篇

第七章

世界主要国家科研机构介绍

　　国家科研机构是国家的战略科技力量，在国家创新体系中发挥着骨干引领作用。现代意义上的国家科研机构，始于 17 世纪的法国科学院。随着科学革命、技术革命和工业革命的蓬勃兴起，国家科研机构在西方发达国家率先实现现代化的进程中发挥了重要作用，为后发国家抓住科技革命机遇实现赶超发挥了关键支撑作用。当今世界，所有发达国家、新兴国家和发展中大国都有自己的国家科研机构，与研究型大学、企业研发组织共同构成国家创新体系的研发主体。国家科研机构主要有两种类型：一类比较集中，以德国、法国、日本、俄罗斯、澳大利亚、加拿大、韩国和中国等为代表，拥有综合性、实体性的大型国家科研机构，表现为科学院、学会、科研中心、联合会等形式；另一类相对分散，以美国、英国为主要代表，拥有许多专业性、部门管理为主的国家科研机构，表现为国家实验室、研究院所、研究理事会等形式[65]。本章主要介绍世界主要国家科研机构的类型及特点。

第一节　法国的科研机构

　　法国拥有悠久的科技传统和卓越的科研体系，是世界传统科技强国之一。法国每年在科研和发展上投入 450 亿欧元，占国内生产总值的 2.25％，全国有超过 26 万名研究人员，占总人口比例排名世界前十，迄今已获得 19 个菲尔兹奖（获得者数量世界排名第二）、62 个诺贝尔奖（获得者数量世界排名第四），科研成果影响力全球第四[66]，科技论文和科学出版物发表数量位居世界第六，专利申请数量位居欧洲第二。

法国目前的科研与创新体系构建于 20 世纪 50 年代至 70 年代，是一种国家主导型的科研与创新体系。法国国民教育、高等教育和科研部（MENESR）负责制定和组织实施科研与创新政策[67]，确定公共科研政策的重大目标和总体预算，主管科研机构和高等教育部门的工作。由总理直接领导，国内外高水平科学家和专家及社会、经济和政界人士作为成员组成的法国科研战略理事会（CSR），参与确定国家科研与创新战略的重大方向和战略议程，参与对实施情况的评估，并负责建设地区技术转移平台，向中小规模企业传播技术。此外，法国科研与高等教育评估高级委员会（HCERES）负责按照国际标准对科研体系进行完全独立的评价，以改善法国科研体系的整体效率。

法国的科研机构包括公共科研机构和企业或私营科研机构两部分。政府支持的公共基础性研究与技术开发活动一般由公共科研机构承担。法国现有约 10 万研究人员从事公共科研工作，法国的公共科研机构主体分为三类：科技型、工贸型和管理型。

（1）科技型研究机构的经费主要来自政府拨款，任务是整个知识领域的研究发展与进步、科学知识的传播及为研究的培训和通过研究进行培训，其中法国国家科学研究中心（CNRS）具有多学科、综合性特点，其余则更多关注专门领域和专门学科，如法国国家农业研究院（INRA）、法国国家信息与自动化研究院（INRIA）、法国国家健康与医学研究院（INSERM）、法国发展研究所（IRD）、法国国家人口学研究所（INED）、法国交通及国土整治与网络研究所（IFSTTAR）、法国国家环境与农业科技研究所（IRSTEA）等[68]。

（2）工贸型研究机构实施与企业相同的管理制度，具有完全的自主决策权，经费来源于政府拨款及机构创收，包括环境与能源控制署（ADEME）、国家工业环境与风险研究所（INERIS）、地质与矿产调查局（BRGM）、原子能与可替代能源委员会（CEA）、辐射防护与核安全研究所（IRSN）、法国农业国际合作研究发展中心（CIRAD）、国家空间研究中心（CNES）、法国海洋开发研究院（IFREMER）、法国保罗-埃米尔·

维克多极地研究所（IPEV）等。

（3）管理型研究机构的行政管理、财政预算、会计制度均参照科技型研究机构，主要有国家就业研究中心、国家教育学研究所等，经费主要来源于政府。

此外，法国的公共科研机构中还有一类采取基金管理的方式，如巴斯德研究院、居里研究院、癌症防治中心国家联合集团、国家艾滋病防治研究署、国家基因研究中心等，它们经费的主体来源于政府和公共利益机构[69]。

法国的私营科研机构是推动法国科技创新与科学发展的重要组成力量，目前约有14万名研究人员，主要集中于五大产业部门：汽车、医药、航空、电子器件、信息技术与服务，每年国内研发支出（DIRDE）约280亿欧元。

下面对科技型公共科研机构进行简要介绍。

1. 法国国家科学研究中心

官方网址：http://www.cnrs.fr/。

情况简介：法国国家科学研究中心（Centre national de la recherche scientifique，CNRS）成立于1939年，是国际知名、欧洲最大的从事基础科学研究的机构之一，是一所隶属于法国高等教育、研究与创新部的公立科研机构。该研究中心致力于评估且推动所有有利于知识进步，可以为社会整体带来社会、文化与经济利益的科学研究；协助科研成果的应用与推广；发展科学交流；支持研究培训；参加国内与国际气候科学及其发展演变潜在性的分析研究，以便制定相应国家政策[70]。CNRS下设4个专题研究部：数学、信息、物理及地球与宇宙部，化学部，生命科学部和人文与社会科学部；2个横向研究部：环境与可持续发展部，工程部；2个国家研究院：国家核物理与粒子物理研究院，国家宇宙科学研究院。CNRS下设1200多个科研机构，90％以上是"混合研究单位"，尤其是与高等院校联合，其中40个实验室对外开放，30个科研团体与国际具有紧密联系并建有15个国际联合实验室。截至2017年，CNRS拥有近32 000名员工，其中包括超过15 000名研究人员，约16 000名工程师和技术人员。2012年科研预算达33.21亿欧元，其中24％为自筹经费。法国国家科学研究中心非常重视科研成果的转移转化，注重产学研合作，与工业界建立了密切的合作关系。

法国国家科学研究中心拥有 4000 多项专利，还创建了 600 多家新技术公司。

2. 法国国家农业研究院

官方网址：http://www.inra.fr/。

情况简介：法国国家农业研究院（Institut Nationale de la Recherche Agronomigue，INRA）成立于 1946 年，总部设在巴黎，是欧洲最大的农学研究机构，隶属于法国高等教育、研究与创新部和法国农业与渔业部，是法国国家从事农业科学和技术研究的公共机构。该研究院以应用基础理论研究为主，重点开展六个学科方向的研究：环境森林与农业、植物和植物产品、牲畜和畜牧产品、人类营养与食品卫生、社会经济与决策、农业发展与展望。法国国家农业研究院设有 17 个研究学部，在全国各地建立了 21 个科研中心、277 所研究单位，其中 56 个研究单位设在法国，本土外的国外实验室包括 87 个农业实验站和 11 个农业科技服务部。截至 2011 年，拥有职工 10 632 人，其中有 1775 名科学家、2096 名工程师、3879 名技术员、837 名行政管理人员，以及少量合同制雇员。科研体制分为 3 级。

3. 法国国家信息与自动化研究院

官方网址：https://www.inria.fr/。

情况简介：法国国家信息与自动化研究院（Institut National de Recherche en Informatique et en Automatique，INRIA）的重点研究领域为计算机科学、控制理论及应用数学。该研究院于 1967 年在巴黎附近的罗克库尔创立，为法国国家科研机构，直属于法国高等教育、研究与创新部和法国经济财政工业部，下设 8 个研究中心。INRIA 是世界著名的科研机构，其计算机学科在世界科研机构学科竞争力排行榜中排名全球第七。

4. 法国国家健康与医学研究院

官方网址：https://www.inserm.fr/。

情况简介：法国国家健康与医学研究院（Institut National de la Sante et de la Recherche Medicale，INSERM）成立于 1964 年，是一所公立的国家级专业健康研究机构，其前身是成立于 1941 年的法国国家卫生研究院，由法国卫生部和高等教育、研究与创新部共同管理。该研究院致力于生物医学和人类健康研究，研究的学科涉及临床医学和基础医学的 50 余个学科，同时与世界上最具知名度的研究机构开展合作。院部设在巴黎，拥有

13 家地区性办公室、9 家主题研究所。每年的文献产出量接近 12 000 篇，是欧洲第一大生物医学研究机构，在世界同类机构中位居第二（第一为美国的国立卫生研究院）；是欧洲第一大专利注册生物医学学术研究实体，拥有 1500 余项专利。在 2016 年汤森路透世界最具创新能力的公共研究机构排名中位居第 9。在法国本土和世界各地有 350 家研究单位，参与了 22 份国际合作协议，拥有 22 家相关的国际实验室、7 家相关的欧洲实验室、2 家联合研究小组。截至 2018 年，拥有员工 5104 位，其中有 2142 位研究人员、2962 位工程人员和技术人员。年度预算经费约 9.12 亿欧元，其中 69% 为政府拨款。

5. 法国发展研究所

官方网址：http://www.ird.fr/。

情况简介：法国发展研究所（Institut de Recherche pour le Développement France，IRD）是一家由高等教育、研究与创新部和外交与欧洲事务部联合监管的公共科研机构。其历史可回溯到 1937 年成立的法国海外科学研究咨询委员会和高等科研委员会，当时的目的是协调殖民地科学领域各国家研究机构之间的关系。后历经数次名称和研究任务上的调整，到 1984 年基本确立了当前组织的规制，在保留原机构简称（ORSTOM）的情况下采用了新的机构全称——法国发展与合作科技研究所。1998 年正式更名为当前的法国发展研究所。IRD 是国际发展议程的重要参与者，秉承着公平的原则，与发展中国家特别是热带地区和地中海地区国家建立科学合作关系，致力于解决当前人类所面临的诸多挑战，如流行疾病、气候变化、人道主义和政治危机等。根据 IRD 的《2018 年活动报告》，IRD 已与 50 多个国家建立起科学研究、专业咨询、教育培训、知识共享等方面的合作网络，推动科技创新成为这些国家和地区发展的关键驱动力。IRD 拥有 2050 名代理人员（29% 在海外工作），包括 851 名研究人员、1199 名工程师和技术员，下设 72 家研究单位，每年大约产出 1429 篇文献，其中 62% 是与国际研究团体 Global Svuth 的科研人员合作完成。

6. 法国国家人口学研究所

官方网址：https://www.ined.fr/。

情况简介：法国国家人口学研究所（Institut National D'études

Démographiques，INED）成立于 1945 年，1986 年成为法国具有影响力的公共型科研机构，受高等教育、研究与创新部和社会事务部门的联合监管。INED 职责是开展法国本土和其他国家的人口问题研究，进行知识传播推广，提供以研究为内容和手段的培训。

INED 的人口学研究具有开放和多学科融合的特点，涵盖了经济学、历史学、地理学、社会学、人类学、生物学、流行病学等多个学科范畴。通过主持大量欧洲和国际研究项目，促进科学团体内部及研究人员和社会大众之间的交流与沟通。作为新兴科学合作网络的成员之一，INED 不断加强与高校和其他研究机构的长期合作。INED 具有国际性的研究视野，与多家境外机构开展了合作研究，并在世界科学团体中发挥积极作用。INED 目前拥有 11 家研究单位，超过 240 位工作人员，包括约 100 位研究人员，同时雇佣项目制和短期合同制员工。

7. 法国交通及国土整治与网络研究所

官方网站：http://www.ifsttar.fr/accueil/。

情况简介：法国交通及国土整治与网络研究所（Institut Français des Sciences et Technologies des Transports, de l'Aménagement et des Réseaux，IFSTTAR）成立于 2011 年 1 月，由法国交通和安全研究院（INRETS）和法国路桥实验中心（LCPC）合并而来，是一所自然科学技术的公共研究机构，由环境能源海洋部和高等教育、研究与创新部共同监管。主要职责是组织、管理、领导和评价以下领域的科学研究和科技创新：城市工程、土木工程、建筑材料、自然灾害、人员货物运输、运输系统和运输工具的安全性，基于技术、经济、社会、健康、能源、环境和人类发展的基础设施利用和影响调研。IFSTTAR 不仅开展基础性和应用性的研究，还负责组织各种类型的专家评价和咨询工作；开展科技情报服务工作；通过学术出版、技术规范、标准等进行知识传播；制定包括技术援助、技术转让、资格认证等多种形式在内的科技成果转化政策；开展以研究为形式和目的的职业教育和在职培训；促进专业知识和技术的输出以扩大国际影响力。截至 2018 年，IFSTTAR 拥有 1052 名在职研究人员，预算经费为 1.05 亿欧元，在法国境内有 6 个常设研究地、超过 50 部先进的研究设备，参与了 90 余项欧洲研究项目，持有 80 余项专利技术和研究合同。

8. 法国国家环境与农业科技研究所

官方网站：http://www.irstea.fr/accueil。

情况简介：法国国家环境与农业科技研究所（Institut National de Recherche en Sciences et Technologies pour l'Environnement et l'Agriculture，IRSTEA）的前身是国家农业机械、农业工程、水文与森林中心（National Centre of Agricultural Mechanisation，Agricultural Engineering，Water and Forests，CEMAGREF），该中心于 1981 年由两个独立的部门合并而来，分别是水文和森林农业工程技术中心（Technical Centre for Agricultural Engineering of Water and Forests，GREF）和国家农业机械研究与实验中心（National Centre for Study and Experimentation in Agricultural Mechanisation，CNEEMA），2011 年 11 月正式更名为 IRSTEA，以契合研究重心在过去 30 余年间从农业机械化和农业规划向农业环境问题的演变。沿袭原机构定向化研究的模式，IRSTEA 继续将研究重点放在食品质量安全、水资源管理、污染防治、自然风险管控、人口衰减农村地区发展等人类社会发展的核心问题，力争发现并制定农业和环境相关问题的解决方案。截至 2016 年，IRSTEA 拥有 1533 名员工，包括 1129 名科学家、工程师、博士研究人员，2016 年的预算经费为 10.95 亿欧元（其中 24% 为自筹经费），拥有 9 个地区中心，3 个研究分部（水文部、生态技术部、土地部），14 家研究单位，5 家联合单位，146 家公司、直接合伙人或合资企业，7 个研究与实验平台[68]。

第二节　英国的科研机构

早在 1660 年，世界著名的科学组织——伦敦皇家学会就在英国诞生，当时的英国女王是学会的保护人，全称"伦敦皇家自然知识促进学会"，学会宗旨是促进自然科学的发展。伦敦皇家学会虽不是具体的科研机构，但它的成立体现了英国对自然科学发展的重视，也为以后英国许多著名科研机构的形成奠定了基础。

在 18 和 19 世纪的工业革命中，英国政府进一步认识到自然科学的发展对国家经济发展的重要作用，开始重视并资助科研机构的建设。19 世纪末至 20 世纪初，在英国科研组织机构中占主导地位的是大学实验室，并且多数由优秀的科学家组织建立。如著名的卡文迪许实验室（后为剑桥大学物理学系）就在这个时期组建成立，这种模式顺应了当时科技发展的需要，很好地促进了科学的发展。科学研究工作的规模越来越大，社会化和专业化是必然的发展趋势。卡文迪许实验室前后培养出诺贝尔奖获得者共达 26 人，培养了波尔、卢瑟福、布莱克特等著名科学家。

20 世纪初至 20 世纪中叶，英国政府对科研事业的支持进一步加强，建立了一系列国家研究实验室，开始在国家层面有组织地发展科技事业，并将工业研究提上议事日程。该时期内建立的著名科研机构有英国国家物理实验室、英国国家工程实验室等。英国国家物理实验室创建于 1900 年，坐落在英国伦敦特丁顿的布希公园（Bushy Park），它是英国国家测量基准研究中心，也是英国最大的应用物理研究组织。它的研究方向涉及电气科学、材料应用、力学与光学计量、数值分析与计算机科学、量子计量、辐射科学与声学等。作为高度工业化国家的计量中心，它与全国工业、政府各部门、商业机构有着广泛的日常联系，对外则作为国家代表机构，与各国际组织、各国计量中心联系。它还在环境保护，例如噪声、电磁辐射、大气污染等方面向政府提供建议。

这些国家研究机构的建立与发展标志着英国在该阶段已初步完成国家对科技发展方向、发展内容的控制与引导，使得科学技术更优先服务于国家亟需发展的方向，使得科技发展能够更有力地服务社会，同时诞生了一个完整的现代科技管理体制。

20 世纪 80 年代后，面对日趋激烈的世界科技竞争，英国政府为提高工业竞争力、加速科技成果转移，对科技体制进行了一系列重大调整。1988 年，英国政府将皇家航空研究院改称皇家航空航天研究院，并于1991 年并入国防研究机构。该研究院曾研制过多种飞机、导弹、火箭、并曾与布里斯托尔飞机公司等制造商联合开发了世界闻名的协和超音速客机。

2001 年 7 月，英国国防部进一步改组科研体制，决定将防务评估与研究署分成两个部分：其中较小的部分重新命名为防务科学与技术实验室（DSTL），仍然留在国防部；而较大的一块，包括非核试验和评估机构的大部分改名为奎奈蒂克（Qinetiq），并于 2002 年成为上市的私有合伙制企业。奎奈蒂克集团公司是一家跨国股份有限公司，总部在英国南部的汉普郡范堡罗，产品涉及防务、安保、航空、能源和环境领域，2014 年员工达 9000 人。2012 年公司总销售额达 21.04 亿美元，其中防务销售额为 14.10 亿，在总销售额中占 67％，在斯德哥尔摩国际和平研究所 2014 年公布的"武器生产和军事服务公司 100 强"（不包括中国、俄罗斯公司）名单中位居第 60 位，在进入 100 强的 10 家英国公司中位居第六。

英国的科研机构在 21 世纪正发生新的变化，在政府的干预下，除核心技术研究部分仍保留在国家科研机构，其余大部分技术逐步被转化为产品并以公司的形式推广至世界范围，在实现科技成果转化为经济价值的同时，精简了科研机构规模，减轻了政府的科技支持负担。

英国的高等教育发达，拥有多所世界领先的大学，英国诺贝尔奖获得者仅次于美国。英国大学的科研能力发挥着核心作用，使英国依然保持着世界第二的科学技术水平，在很多领域对世界科技作出了突出贡献。最新 ESI 数据显示，英国的高被引作者仅次于美国，科研论文被引用的平均数量也不比美国差。

由于近些年英国在工业规模上有所衰退，进入 21 世纪，英国大学特别重视科技成果转化，使得英国的科技公司众多，为英国、为全球培养了众多的科技精英，这也为英国提供了源源不尽的创新源泉。

英国的科研机构的形成、发展与变革是英国政府科技发展策略的侧面反映，也是生产力与生产关系相互作用的结果，值得我们在改革科研机构、制定科技发展政策时加以借鉴[71]。

第三节　日本的科研机构

日本科技研发和产业创新的主要力量是日本的国立科研机构，基础科学研究以大学为主。日本政府对国立科研机构的管理是依据相应的法律和政府规章，特点是法规先行。政府在成立某一国立研究机构时，均相应地制定一项具体的法规，如《航空宇宙技术研究所组织规则》《理化学研究所法》《理化学研究所法施行令》《理化学研究所法施行规则》等。国立研究所的体制使得日本在多个领域引领全球技术发展。

2001 年 3 月 30 日，日本政府内阁批准了第二个《科学技术基本计划》，其中提出了一条明确的目标，期望在 21 世纪前 50 年里获得 30 个诺贝尔奖，达到欧美先进国家的水平。50 年的期限刚过 1/3，30 个诺贝尔奖的目标已完成过半，可见，日本对于科研的大力投入，以及其科研实力均不容小觑。日本国立研究所和大学是日本科学研究的主要力量，在各领域科技发展的过程中发挥着至关重要的作用。

随着经济全球化竞争的不断加剧，日本政府和科技界认识到传统的科研管理方式日益受到挑战，僵化的管理体制越来越难以适应高新技术发展变化的趋势。因此，日本政府自 2010 年推出第四个《科学技术基本计划》，开始推动国立科研机构的改革，并通过一系列的立法、政令和倡议。2015 年，随着《独立行政法人通则法》修正案的正式实施，国立研究所新型研究开发法人制度正式建立并运行，举例如下：

（1）日本理化学研究所（RIkagaku KENkyusho/Institute of Physical and Chemical Research，RIKEN）是世界著名的科学研究机构，由日本企业之父涩泽荣一（Eiichi Shibusawa）于 1917 年创立。1913 年，涩泽荣一在某次听取著名化学家高峰让吉（Takamine Jokichi）的演讲后深受鼓舞，进而在一篇文章中写道："让一个国家从模仿变得有创造力，纯粹的物理和化学研究是唯一的方法，而这就是为什么我们需要一个理化学研究所。"RIKEN 采用卫星实验室的模式，在日本全国各地成立了多个实验室，每个实验室专注于一个研究领域。根据 RIKEN 网站的数据，截至 2018 年，RIKEN 约有 3000 名研究人员，研究领域涉及物理、化学、生物学、工学、医学、生命科学、材料科学等，从基础研究到应用开发十分广泛，2019 年的预算约 65 亿元人民币，大部分研究经费来自政府。RIKEN 培养了许多杰出的科学家，也获得了享誉世界的科研成果。但是，2014 年小保方晴子因涉嫌捏造数据、篡改图片被《自然》杂志撤稿的学术不端事件，也将 RIKEN 推到了风口浪尖，时至今日，这一事件依旧在时时给予学术界以警示。除了重视推进国内科研发展以外，RIKEN 也重视与海外学术界的沟通与合作。20 世纪 80 年代起，RIKEN 先后与中国科学院、上海交通大学、西安交通大学等学术机构在基础科学、材料科学、生命科学等多个领域展开合作，并取得了丰厚的成果。

（2）日本国立聚变科学研究所（National Institute for Fusion Science，NIFS）正式成立于 1989 年，一直致力于以聚变为目的的超高温等离子体的研究，以期寻求可持续、清洁的能源来解决当下及未来所面临的能源短缺和化石燃料带来的环境污染等问题。NIFS 作为世界著名的研究所，拥有国际首屈一指的科研团队，下设六个研究部门，三大类研究项目包括大型螺旋装置（large helical device，LHD）工程、数值模拟反应堆工程及先进聚变装置工程。NIFS 拥有的 LHD 不仅是日本国内最大的聚变实验装置，同时也是国际上正在运行的、开展高参数下聚变物理实验研究的最大仿星器装置。2017 年，NIFS 与西安交通大学建立了国际合作关系，共同开展 LHD 的科学研究工作。

（3）日本国立材料研究所（National Institute for Material Science，NIMS）是日本最大的研究所之一。1956 年，其前身国立金属材料技术研究所（National Research Institute for Metals，NRIM）在日本东京目黑区成立。目前，NIMS 主要研究部门已迁至筑波。NIMS 主要进行材料合成、表征和应用的研究，研究对象包括金属、半导体、超导体、陶瓷、有机材料和纳米材料等，应用范围涵盖了电子、光学、涂料、燃料电池、催化剂、生物技术等。与此同时，NIMS 还推动了电子显微镜、高能离子束、强磁场等技术的发展。

（4）日本国立环境研究所（The National Institute for Environment Studies，NIES）成立于 1974 年，在环境科学研究方面处于世界领先水平。NIES 拥有地球环境部、区域环境部、社会及环境系统部、环境化学部、环境生物部、大气环境部等多个研究部门，其研究成果为日本解决环境污染和可持续发展作出了重大贡献。

（5）东京大学（The University of Tokyo）作为一所世界顶尖大学，在 2016 年世界大学排名中心（The Center for World University Rankings，CWUR）发布的世界大学排名中名列世界第 13 位，日本第 1 位。东京大学的科研实力在国际上享有很高的声誉，下设 2 个国际高等研究所、12 个尖端研究中心、16 个直属科研机构，11 个附属研究所建有 47 个高水平研究中心，研究生院建有 30 余个附属科研机构。其重点研究领域包括能源开发研究、宇航研究、地震火山研究、海洋研究、癌症研究等。在 2014 年 3 月 *Nature* 发布的年度报告中，东京大学 2013 年 *Nature* 杂志高质量论文的贡献指数排名第 8；在 *ScienceWatch* 发布的 1999—2009 年十年间论文引用排名中，东京大学位列第 11。

（6）京都大学（Kyoto University）建校于 1897 年，是一所学科齐全、规模宏大的世界级研究型大学。京都大学秉承基础研究与应用研究并重、文科与理科研究多样性整合发展的理念，主要研究领域包括基础理论研究、核科学研究、医学教育与研究、人文科学研究、农学研究等，共拥有基础物理学研究所、诱导式多能性干细胞（IPS cells）研究所、再生医科学研究所、核反应堆试验所、防灾研究所等 14 个高水平研究所。特别是以汤川秀树为首任所长发展至今的基础物理学研究所，已经成为世界基础物理理论研究的中心之一，汤川秀树也因中子物理研究于 1949 年获得了日本第一个诺贝尔奖[72]。

第四节　美国的科研机构

第二次世界大战后，美国的科学技术一直位于世界前列，人类今天使用的很多先进技术的发明都源于美国。经过多年的发展和多项计划、改革的实施，美国的科技水平得到了突飞猛进的发展，在火箭技术、武器研究、材料科学、医学、生物工程、计算机等许多领域都处于世界领先地位。

在科技水平发达的美国，各学科方向的研究机构数量繁多，主要包括四种类型：政府科研机构、高等院校、工业界和其他非营利机构。

一、政府科研机构

政府科研机构是美国科研活动的基础力量。美国的政府科研机构大约有 700 家，政府支持的科研机构隶属于 20 多个不同的政府部门。美国政府没有设置科技部，美国的科学院、工程院和医学院不从事具体的科学研究。与科研活动联系最为密切的是美国的国防部、能源部、农业部和商务部（NIST）、国家航空航天局（NASA）、美国国立卫生研究院（NIH）和国家科学基金会（NSF）。

美国国家航空航天局（NASA）又称美国宇航局、美国太空总署，于1958 年 10 月 1 日正式成立。NASA 是美国政府研发机构中最主要的航空航天科研机构，以民用航空航天为主，负责制定、实施美国的太空计划，开展航空科学暨太空科学的研究，被广泛认为是世界范围内太空机构的领头羊。NASA 总部位于华盛顿哥伦比亚特区，总部下辖 10 个研究中心，进行航空科研工作的单位主要有 5 个。NASA 的研究领域主要为航空学研究及探索，包括空间科学（太阳系探索、火星探索、月球探索、宇宙结构和环境）、地球学研究（地球系统学、地球学的应用）、生物物理研究、航空学（航空技术）。在航空航天方面，NASA 实施的研究计划包括水星计划、双子星计划、阿波罗计划、太空实验室、航天飞机、国际空间站（与加拿大、欧洲、俄罗斯（Rosaviakosmos）和日本合作）、星座计划等。

隶属于美国商务部的美国国家标准与技术研究院（NIST）成立于1901 年，是美国从事测量科学和标准化研究的最大机构。该研究院主要从事测量技术和测试方法的研究及与之相关的物理、生物、工程领域的基础和应用研究。NIST 下设 7 个实验室和 2 个研究中心，这些实验室和研究中心代表着美国测量测试领域的最高水平。NIST 还管理了 3 个国家计划，包括 Baldrige 国家质量计划、Hollings 制造技术推广伙伴关系计划、技术创新计划等。

根据 2020 年 2 月 10 日白宫方面公布的美国政府 2021 年财政预算案，2021 年美国政府各个主要科研相关机构科研经费预算情况如下。

（1）美国国立卫生研究院（NIH）：经费预算为 369.65 亿美元，相较2020 年，削减经费 29.42 亿美元，削减幅度达 7%。

（2）美国国家科学基金会（NSF）：经费预算为 63.28 亿美元，相较2020 年，削减经费 4.24 亿美元，削减幅度达 6%。

（3）美国能源部（DOE）科学办公室：经费预算为 57.60 亿美元，相较 2020 年，削减经费 17.64 亿美元，削减幅度达 17%。取消能源部高级研究规划署，预案不仅取消了该机构的全部预算（共 4.25 亿美元），还要求其退还 3.11 亿美元的经费。

（4）美国国家航空航天局（NASA）：经费预算为 62.61 亿美元，相较 2020 年，削减经费 7.58 亿美元，削减幅度达 11%。为了美国的火星之旅，国家航空航天局（NASA）的总预算增加 12%。

（5）美国农业部（USDA）农业研究服务署：经费预算为 14.35 亿美元，相较 2020 年，削减经费 1.9 亿美元，削减幅度达 12%。美国农业部国家粮食与农业研究所（NIFA）的经费预算相较去年增加了 11%，达 9.68 亿美元。

（6）美国国家标准与技术研究院（NIST）：经费预算为 6.53 亿美元，相较 2020 年，削减经费 1.54 亿美元，削减幅度达 19%。

（7）美国国家海洋与大气管理局（NOAA）：经费预算为 6.78 亿美元，相较 2020 年，削减经费 3 亿美元，削减幅度达 31%。

（8）美国环境保护局（EPA）：经费预算为 3.18 亿美元，相较 2020 年，削减经费 1.74 亿美元，削减幅度达 37%。

（9）美国国土安全部（DHS）：经费预算为 3.57 亿美元，相较 2020 年，削减经费 6500 万美元，削减幅度达 15%。

（10）美国地质勘探局（USGS）：经费预算为 4.6 亿美元，相较 2020 年，削减经费 2 亿美元，削减幅度达 30%。

（11）国防基础研究的预算为 406.38 亿美元，共计下调 28.22 亿美元，降幅达 6%，但国家核安全管理局预算增加 19%。

总的看来，该预算案在民口基础研究方面的经费预算为 1421.85 亿美元，相较 2020 年，削减经费 137.8 亿美元，削减幅度达 9%。

二、高等院校

高等学校是美国科学研究的中坚力量，主要从事基础科研工作。在美国 4000 余所高等院校中，有条件从事科研的大学约有 700 所。美国的很多国家科学实验室、多领域杰出研究中心等都设立在大学内，由相关部门和大学共同管理。如人们熟知的麻省理工学院（Massachusetts Institute of Technology，MIT）是美国一所研究型大学，以顶尖的工程学和计算机科学而著名，拥有林肯实验室（MIT Lincoln Lab）和麻省理工学院媒体实验室（MIT Media Lab）。在"二战"和冷战期间，麻省理工学院的研究人员对计算机、雷达和惯性导航系统等科技发展作出了重要贡献。

经过一个多世纪的发展，麻省理工学院科研成果丰富，在美国乃至世界都有非常重要的影响力，如盘尼西林的化学合成、LISP 语言、"4D 打印"技术等。其中由杰·弗里斯特领导的旋风工程被誉为 20 世纪 MIT 最主要的成就，磁芯存储器使得高速的数值计算机——旋风计算机得以真正运转。

麻省理工学院于 1951 年创立的林肯实验室是美国大学中第一个大规模、跨学科、多功能的技术研究开发实验室，其研究领域包括空间监控、导弹防御、战场监控、空中交通管制等，在计算机图形学、数字信号处理理论方面作出了很大的贡献。

三、工业界

美国工业界的研发投入较多，是技术创新的主体。工业界研究机构主要从事与产品和工艺紧密结合的发展研究和系统设计工作。例如，美国通用电气公司（General Electric Company，GE）的研究机构，就属于这类工业界研究机构。美国通用电气公司非常重视科研工作，它的科研工作分为基础理论和应用研究两个方面，相关工作主要由研究与发展中心承担，为全公司服务，同时对各行业共性的一些课题进行联合研究。

自 1900 年 GE 在车库里建立了第一个研发中心以来，研发中心一直是 GE 技术发展的基石，其产品创新和技术创新均来自研发中心。该研发中心是世界上规模最大、最多元化的工业研究机构之一，为公司所有业务部门提供创新技术服务，研究方向集中在清洁能源、海水淡化与水处理、材料科学、电力电子和实时控制、安防技术、影像技术和化学技术等方面。

目前，美国通用电气公司在全球有 4 个一流实验室，分别位于美国纽约州尼斯卡于纳（1900 年设立）、印度班加罗尔（2000 年 9 月设立）、中国上海（2003 年 10 月设立）和德国慕尼黑（2004 年 6 月设立）。

四、其他非营利机构

美国的非营利机构也是科研的一支重要力量，这类科研机构包括：州政府和地方政府建立的科研机构、非政府组织或私人建立的科研机构。

总部设在美国俄亥俄州哥伦布市的巴特尔纪念研究所（又名巴特尔实

验室）建立于 1929 年，是世界上最大的独立研究机构，在全球范围内的 130 个城市共雇用了约 22 000 名科学家和研究人员，每年支配着高达 65 亿美元的研发经费。作为美国著名的非营利科研机构，巴特尔纪念研究所享受免税待遇，按照公司方式运行。自 1965 年成为美国能源部国家实验室的合同承包商以来，巴特尔纪念研究所管理了美国能源部的 6 个国家实验室和美国国土安全部的国家生物方位分析与反制中心，其经费的 80% 来自政府。

巴特尔纪念研究所创立之初，主要从事金属冶炼和材料科学的研究。80 多年来，其研究领域不断扩展，涵盖了国家安全、健康与生命科学、能源、环境和材料科学等领域。巴特尔纪念研究所一直是"科学技术转化成生产力""专利转化为生产力"运动的实践者和领导者，开发的静电成像技术、去头屑洗发水、修正液、商品通用条形码等，不断改变着世界各地人们的生活，被誉为"让'沉睡'在学术刊物上的研究成果'站立'起来，成为实际运用的东西"[73]。

五、美国国家自然科学基金会

美国国家自然科学基金会（National Science Foundation，NSF）于 1950 年由美国国会创立，是独立的联邦机构，其宗旨在于促进全美科学进步，促进国家向健康、繁荣和富强方向不断发展，确保国防安全等。NSF 的成立至关重要，它支持美国各项基础研究、培养学术人才，通过发现、学习和创新来创造国家的未来。这些支持可以展现出美国经济的主要动力、增强国家安全的技术实力、维持全球领先地位的先进知识创新能力。

NSF 定位为一个有能力和有责任的组织机构，通过投资先进科学仪器设备和其他软硬件设施来建设国家级研究力量，支持优秀的科学和工程研究与教育。NSF 年度预算大约为 75 亿美元（2016 年），针对美国所有大学申请支持的基础研究，NSF 提供了大约 24% 的资金支持，其资助方式主要通过发放有限期的补助金来实现。目前，NSF 每年大约支持 12 000 个新项目，平均持续时间为 3 年，以资助那些被认为是最有前途的特定研究提案、研究机构等。这些项目中的大部分用于鼓励作出突出贡献的个人或研究团队，其他部分则用于研究中心基础建设、仪器和设施改造，保障科学家、工程师和研究生能够心无旁骛地在最前沿的知识系统中工作学习。

NSF 秉持的战略目标为"发现、学习、研究基础设施和管理"，为国家提供综合战略，推动知识前沿，营造世界一流，培养广泛博大的科学和工程人才，并致力于延展提升全体公民的科学素养。坚持新知识的持续获取，是社会知识和经济进步、公民幸福感提升的关键，而 NSF 是这个过程的重要组成部分。

NSF 所支持项目的许多发现和技术进步对于人类而言都是革命性的。在过去的几十年里，NSF 支持的研究人员已经获得了大约 223 项诺贝尔奖及其他不胜枚举的荣誉，包括那些发现部分物质基本粒子的科学家（及团队），他们有的人开创了古代文物的碳-14 测年方法，有的人分析了宇宙最早时代留下的宇宙微波，有的人解码了病毒遗传学，有的人创造了玻色-爱因斯坦凝聚态的全新物质状态。

NSF 也为科学家和工程师从事研究实验活动提供资金资助。有些研究需要使用精密设备或者大型设备，对于任何一个研究团队或研究人员来说，这些设备往往太过昂贵。NSF 需要资助共享仪器设备，比如巨型光学和射电望远镜、南极研究站点、高端计算机设施和超高速连接、海洋研究用船舶、超微敏感探测器和引力波观测站等。

NSF 的第三个重要使命是支持从学龄前一直到研究生学院甚至更高级科学与工程教育事业。通过资金和项目，将研究工作与人才教育和培养紧密结合起来，以确保在新兴的科学、工程和技术领域涌现大量人才来接续工作，并保障有足够能力的教师来培养下一代。

以下为 NSF 得到授权可以从事的主要活动：

（1）通过拨款和合同等商业模式，启动和支持科学和工程研究与计划，加强科学和工程研究的潜力，激发各级教育计划发展，并评估研究对工业发展和普遍福利的影响。

（2）在科学和工程领域设立研究生奖学金。

（3）促进美国和全球科学家、工程师之间的科学信息交流。

（4）促进和支持信息技术和其他科学方法与技术的开发和使用，并使其服务于科学研究和教育。

（5）评估各学科发展及工程的现状和需求，依据评估结果，设立研究和教育项目并与其他联邦和非联邦机构相关研究和教育计划相联系。

（6）为收集、梳理和分析美国科学技术资源数据提供一个中枢交换所，并为其他联邦机构政策的制定提供信息来源。

（7）监管大学和相关组织申请获得的科学和工程研究项目，包括基础和应用研究及研究设施的施建，每年直接向总统、国会报告基金动向。

（8）发起和支持相关国际合作、国家安全和科学技术应用对社会影响的具体科学和工程活动。

（9）向纯粹的学术界和其他非营利机构提供开展科学工程研究的启动经费，可由总统批示支持其他类型组织的应用研究花销。

（10）鼓励推行国家促进科学和工程领域基础研究和教育的政策，加强科学和工程领域的研究和教育创新，包括美国各地区的个人独立研究。

（11）支持旨在增加妇女、少数种族和其他弱势人群在科学和技术中参与程度的活动[73]。

六、美国国立卫生研究院

美国国立卫生研究院（National Institutes of Health，NIH）位于美国马里兰州贝塞斯达（Bethesda），是美国水平最高的医学与行为学研究机构，初创于 1887 年，任务是探索生命本质和行为学方面的基础知识，并充分运用这些知识延长人类寿命，以及预防、诊断和治疗各种疾病和残障。其所涉及的研究领域非常广泛，从破译生命遗传密码到寻找肝炎病因及对儿童发育行为疾病的诊疗等都是研究对象。

NIH 不仅拥有自己的实验室从事医学研究，还通过各种资助方式和研究基金支持各大学、医学院校、医院等的非政府科学家及其他国内外研究机构的研究工作，并协助进行研究人员培训，促进医学信息交流。世界一流的科学家在 NIH 的支持下自由探索科学问题，取得了辉煌的成就，极大地改善了人类的健康和生存状况[74]。

1. 历史沿革

美国国立卫生研究院初创于 1887 年，当时位于纽约州斯塔滕岛的斯塔普尔顿，是美国海军总医院（The Marine Hospital Service，MHS），现在的美国公共健康服务中心（The U.S. Public Health Service，PHS）的一间卫生学实验室，称为"Laboratory of Hygiene"，设立的目的在于效仿德国的卫生设施，为公众健康服务。首任负责人是一位懂细菌学的年轻内科医生 Joseph J. Kinyoun。实验室成立数月后，Kinyoun 取得第一个成就——用 Zeiss 显微镜在可疑患者的标本中观察到了霍乱弧菌，这也是 NIH 历史上的第一个成就。1891 年，该实验室搬至华盛顿特区，主要从事水及空气污染的各种检验。在随后的 10 年中，作为唯一的专职工作人员，Kinyoun 除了完成实验工作，还负责为 MHS 的官员讲授细菌学。1901 年，该卫生学实验室终于在法律上得到认可，国会拨款 35 000 美元，在华盛顿特区的第 25 和 E 大街为其建造了新址。1930 年，美国国会通过《Ransdell 法案》，将其正式更名为"The National Institutes of Health（NIH）"。尽管正值经济大萧条时期，基金投入有限，但是仍然反映了美国科学界对公众健康的关注程度。

从历史上看，直到 19 世纪末，生物医学一直是欧洲学派领先。美国的医学科学到 20 世纪才开始发展。尤其在第二次世界大战后，由于对生命本质、生物机体的功能及疾病发生发展机制的了解日益深入，许多疾病的诊疗技术和防治措施发生了重大变革，美国的医学科学显然已领先于世界。一般认为，美国医学的这种长足进展与以 NIH 为中心的生物医学研究所作的贡献是分不开的[75]。

2. 组织机构

NIH 目前共拥有 27 个研究所及研究中心和 1 个院长办公室（office of the director，OD），其中有 24 个研究所及研究中心直接接受美国国会拨款，用于资助研究项目。另外 3 个机构是：①临床医学中心（warren grant magnuson clinical center），是 NIH 总部的一个医院-实验室联合临床研究中心。该中心下属的来访者信息中心（the visitor information center）是 NIH 的信息联络中心，每年接待数千名来访者。②科学评审中心（center for scientific review），负责申请项目的受理和学术评审工作。③信息技术中心（center for information technology），负责 NIH 的信息管理和协调工作。

NIH 本身设有国立医学图书馆（the national library of medicine），负责编辑出版《医学索引》（*Index Medicus*），每月一期，汇总世界著名医学期刊刊登的论文，同时还提供电子版 *Index Medicus*，也称"MEDLINE"，是世界最著名的医学目录数据库。

NIH 院长办公室负责 NIH 政策和规划的实施、管理，协调 27 个研究所及研究中心的研究项目和各项活动。NIH 总部的所属实验机构（offcampus）有：马里兰州普斯维尔的 NIH 动物中心（The NIH Animal Center）、巴尔的摩的国立老年医学研究中心（The National Institute on Aging's Gerontology Research Center）、国立药物滥用研究所成瘾研究中心（The Addiction Research Center of the National Institute on Drug Abuse）、蒙大拿州汉密尔顿的国立变态反应与感染性疾病研究所 Rocky Mountain 实验室（The National Institute of Allergy and Infectious Diseases' Rocky Mountain Laboratory）及其他几个较小的研究基地。

3. 主要成就

在 NIH 工作过或接受过 NIH 资助的人中有许多是世界最著名的科学家和医生，他们中有 106 位曾荣获过诺贝尔奖。NIH 支持和涉及的研究领域也非常广泛，在近几十年取得的研究成果极大地改善了人类的生命健康状况。

（1）美国公众的头号健康杀手——心脏病，自 1977 年到 1999 年死亡率下降了 36%；

（2）同期脑卒中的死亡率减少了 50%；

（3）随着检测手段和治疗方法的不断改进，恶性肿瘤的相对 5 年存活率提高到了 60%；

（4）由于大剂量激素的应用，脊髓损伤后肢体瘫痪的发生率大大降低，严重创伤患者在伤后 8 小时内如给予激素治疗，可促进损伤平面以下知觉和运动功能的恢复；

（5）长期应用抗凝药物治疗使心房纤颤的常见并发症——栓塞的发生率下降了 80%；

（6）新的药物治疗方法使 80% 的精神分裂症患者消除了可怕的妄想和幻觉症状；

（7）随着防止肺萎陷药物的研制成功，因肺发育不全而死于新生儿呼吸窘迫综合症的患儿大大减少；

（8）经过有效的药物治疗和心理治疗，1900万名深受抑郁症之苦的患者重新看到了光明前景；

（9）新型牙齿充填材料对于保护儿童磨牙和前磨牙的咀嚼表面的有效率可达100％；

（10）1990年，NIH的研究人员首次在人类身上尝试基因治疗。

现在，科学家们在人类基因组定位、识别特定基因及其功能方面的能力已经越来越强，他们的最终目标是研发恶性肿瘤及其他众多疾病的筛查指标和基因治疗方法。

展望21世纪，NIH的战略目标是：

（1）寻找更有效的手段预防和治疗肿瘤、心脏病、卒中、失明、关节炎、糖尿病、肾脏病、早老性痴呆、传染病、精神疾病、药物成瘾、嗜酒、艾滋病及其他尚未攻克的疾病；

（2）继续改善婴儿、儿童、妇女及少数民族的健康状况；

（3）深入研究人类老化的进程及影响人类健康的生活、行为方式。

这仅仅是受NIH资助的众多研究领域的一部分。为了实现这些目标，NIH将在人类疾病的病因、诊断、预防和治疗；人类生长与发育；环境污染的生物学效应；精神障碍及药物成瘾；医学信息的收集、利用及交流等方面继续大力支持[76]。

第五节　俄罗斯的科研机构

俄罗斯拥有庞大的科研机构，截至2015年，其科研机构总数为4175个，俄罗斯22个自治共和国、4个自治区、9个边疆区、46个自治州都有科研机构。

俄罗斯的科研体系大致可以分为三大系统：联邦政府设立的科学院研究系统、工业设计研究系统和高等院校科研系统。科学院研究系统以俄罗斯科学院为代表，以理论研究见长，拥有数以千计的科学院士、通讯院士和工程院士。工业设计研究系统与工业生产部门联系密切，具有很强的技术创新能力，如苏霍伊飞机设计局、图波列夫飞机设计局等。俄罗斯的高等院校如莫斯科大学、圣彼得堡大学等，它们凭借突出的基础科研和与教学密切结合的优势发挥着独特的科研作用。

一、俄罗斯科学院

俄罗斯科学院是俄罗斯的最高科研机构，成立于 1724 年，规模庞大、科研实力雄厚，是俄罗斯的最大科研实体，也是全国的科研协调中心。长期以来，俄罗斯科学院在自然科学、技术科学、社会科学和人文科学的基础研究中取得了众多世界一流的成果，至今已有 19 位学者先后获得诺贝尔奖，其中自然科学领域的有 14 位。

俄罗斯科学院有两千多名院士和通讯院士，这些院士的平均年龄为74 岁，20 多年来他们少有重大创新成果。2010 年科学院拥有人员九万多名，但只有 55% 为学术研究人员。2000—2014 年，俄罗斯民用科研预算翻了 20 倍（其中很大部分流入科学院），但这 14 年间俄罗斯科研人员在Web of Science 收录的国际期刊上发表的论文数量并无明显提升，仅占2.1%，排名跌出世界前十。

2013 年，俄罗斯政府启动了俄罗斯科学院改革。改革后的俄罗斯科学院包括 3 个分院（西伯利亚、乌拉尔和远东分院）、13 个学部，下设 15个地区科研中心，共 500 多个科研机构，有科研人员约 5.5 万名，出版的期刊有《俄罗斯科学院学报》《俄罗斯科学》《自然》等。其原有的组织和管理职能由一个新机构——联邦科研机构管理局（FASO）承担，FASO受俄罗斯联邦政府领导，直接对原科学院下属的各类机构进行评估和管理。

二、苏霍伊飞机设计局

苏霍伊飞机设计局是俄罗斯主要的军用航空器制造商，其前身苏霍伊飞机实验设计局于 1939 年组建，以设计战斗机、客机、轰炸机闻名于世。

俄罗斯于 2006 年 11 月成立联合航空制造公司，是由俄罗斯最主要的几家航空制造公司合并而成的超大型军工企业，包括米高扬设计局、苏霍伊设计局、伊尔库特科学生产集团、伊留申设计局、雅克夫列夫实验设计局、图波列夫设计局等，计划在 2025 年之前全面扩大飞机产量。2009 年，苏霍伊公司将著名的米高扬设计局并入自己的旗下，进一步发展壮大。

苏霍伊飞机设计局研制成功的著名机种有截击机苏-9、苏-15，歼击轰炸机苏-7、苏-17、苏-24、苏-30、苏-34，强击机苏-25，战斗机苏-27、苏-33、苏-35、苏-37。2007 年 9 月 26 日，俄罗斯研制的新型苏霍伊客机"Superjet 100"亮相，这是苏联解体以来俄罗斯设计的首架新客机。

目前，除了俄罗斯空军和海军外，苏霍伊的产品还被印度、中国、波兰、捷克、斯洛伐克、匈牙利、德国、叙利亚、阿尔及利亚、朝鲜、越南、阿富汗、也门、埃及、利比亚、伊朗、亚美尼亚、乔治亚、安哥拉、埃塞俄比亚和秘鲁等国家采用。

三、莫斯科国立大学

莫斯科国立大学是俄罗斯最大的教学、科研、文化中心，创立于 1755 年 1 月 25 日，以俄国伟大的科学家罗曼诺索夫的名字命名，也称罗曼诺索夫莫斯科国立大学，以师资雄厚、设备完善、教学质量高和学术水平高而享誉世界。莫斯科国立大学在俄罗斯具有特殊地位，它是俄罗斯独立的有自治权的大学，其《章程》由俄罗斯大学理事会研究制定。

莫斯科国立大学汇聚了俄罗斯众多领域特别是数学和物理方面的尖端人才。百年来，俄罗斯涌现了上百位世界一流的数学家，其中如鲁金、亚历山德罗夫、柯尔莫戈罗夫、盖尔范德、沙法列维奇、阿洛尔德等都是响当当的数学大师，而这些优秀数学家大多毕业于莫斯科国立大学。许多科学家，如"俄罗斯航空之父"——尼古拉·叶·戈罗维奇·茹科夫斯基、实验物理学奠基人——A.G. 斯托列托夫等，都曾在该校从事教学和科研活动。该校毕业生中包括 10 多位诺贝尔奖获得者和 300 多位俄罗斯科学院院士，在超级电脑、大数据和人工智能等领域都有前沿研究，在太空研究方面，已经发射了数枚自行设计和建造的卫星。

此外，俄罗斯政府于 1993 年起开始设立国家科学中心。目前，共有 52 个科研单位获得国家科学中心资质。尽管俄罗斯近年财政困难，但仍不惜对代表国家高科技水平的国家科学中心尖端项目投入巨资。如 2010 年起俄罗斯政府在三年内对库尔恰托夫国家研究中心给予 100 亿卢布的财政支持，重点投向纳米、生物、信息技术和人工智能等领域，建造了目前世界上最大的同步加速器辐射源等具有国际一流水平的重大科学工程，为俄罗斯科学家开展优先项目研究和实现技术突破创造了支持条件[72]。

第六节　德国的科研机构

德国是西方文化的重要发源地之一，是欧盟的创始会员国之一，也是欧洲大陆主要的经济与政治体之一。德国拥有世界上最密集的科研机构、高等院校和完整的科研体系，包括著名的四大科学联合会、国家科学与工程院及 300 多所高等学府，其中有综合大学 114 所（包括全科、理工、师范等），应用技术大学 152 所，艺术、音乐院校 49 所，各州行政管理学院数十所，保证了德国在基础科学研究、技术创新和工业领域等方面处于世界领先地位。

德国科研机构的一个重要特点是鼓励科研院所、大学和工业界实行"双聘"制度，既鼓励科研机构的研究人员在大学担任教授，也鼓励大学教授为企业搞技术研发，产学研合作在世界处于领先地位。

一、德国四大科学联合会

马克斯·普朗克科学促进会（https://www.mpg.de）是一个独立的非营利性研究机构，是德国主要的国立科研机构之一，它以世界著名的物理学家马克斯·普朗克（1858—1947）的名字命名。自 1948 年成立以来，学会旗下拥有 84 家研究机构，约 23 000 名雇员，包括 13 000 名科学家，年度经费约 17 亿欧元。学会以杰出的科研人才为核心建立研究所，被视作基础研究领域的"杰出中心"，主要着眼于自然科学、生物科学和人文社会科学三大领域，致力于国际前沿与尖端的基础性研究工作。这里已经走出了 18 位诺贝尔奖获得者，在国际上享有盛誉。马克斯·普朗克协会的研究所在许多领域起到了补充大学科研的作用。

弗劳恩霍夫应用研究促进会（http://www.fraunhofer.de/）是欧洲最大的应用研究方向的科研机构，成立于 1949 年，以现代应用研究的缔造者约瑟夫·冯·弗劳恩霍夫（1787—1826）命名，目前运行了 69 个机构和研究单元，研究工作面向人们需求的领域——健康、安全、通信、能源和环境，研发人员所开展的工作对人民生活有着重大影响。其主要的研究重心是为工业部门、服务部门和公共机构提供技术研究成果和全新的产品设计。拥有 24 500 多名优秀的科研人员和工程师，年度研究总经费约 21 亿欧元，其中 19 亿欧元来自科研合同，即超过 70％的研究经费来自工业合同和由政府资助的研究项目，近 30％经费是由德国联邦和各州政府以机构资金的形式赞助。弗劳恩霍夫应用研究促进会主持了 MP3 这一大幅降低音乐储存传输数据量的音频格式的研究，该研究成果掀起了业界革命。

亥姆霍兹联合会（http://www.helmholtz.de/）是德国最大的科研联合体，其科研工作秉承于自然科学家赫尔曼·冯·亥姆霍兹（1821—1894），致力于实现国家和社会的长期研究目标，保障和提高人们的生存福利。其科研工作涵盖六大战略性研究领域：能源、地球与环境、生命科学、关键技术、物质结构、航空航天与交通。亥姆霍兹联合会包括 18 个科学技术和生物医学研究中心，拥有约 36 000 名员工，年度预算达 38 亿欧元。拥有德国电子同步加速器、德国肿瘤研究中心（DKFZ）、德国航空航天中心等。在自然科学技术项目及生物医学项目范围内，亥姆霍兹联合会各中心进行基础研究、前瞻性研究及工业前景方面的技术研究；在科研和教育方面，亥姆霍兹联合会各中心是德国大学的合作伙伴。亥姆霍兹联合会在财政上由国家资助，但学术上是独立的。

莱布尼茨科学联合会（https://www.leibniz-gemeinschaft.de）是一家德国各专业方向研究机构的联合会，总部位于德国首都柏林。莱布尼茨科学联合会的前身为经过评价后保留下来进入蓝名单的原东德的研究所，后又增加了一些西部的研究所。联合会成员包括 88 家大学的研究机构，共有约 1.86 万名员工，其中 9485 名为科学家，年度经费总量约 18 亿欧元，其中 1/3 为通过与大学竞争得来的项目经费，2/3 为政府拨款（包括联邦与州政府的拨款）。研究领域涵盖自然科学、工程科学、环境科学、经济科学、社会科学、地球科学和人文科学，基础科学研究与应用相结合，以研究主题的多样性和研究科目的交叉性为特色。

二、德国国家科学院

德国国家科学院（www.leopoldina.org）起源于 1652 年成立的利奥波第那科学院（Leopoldina），已有 360 多年历史，总部现位于哈雷。根据官网数据，截至 2020 年 5 月，德国国家科学院有 1602 位院士，包括自然科学、医学和社会科学、人文科学的著名学者。德国科学院院士由院士推荐、经几轮选举后产生，选举过程严谨而复杂。当选的院士来自全球 31 个国家，其中 3/4 来自三个德语国家（德国、奥地利和瑞士），1/4 来自其他国家，先后有 180 位诺贝尔奖获得者成为德国科学院院士。其中，不乏居里夫人（Marie Curie）、达尔文（Charles Darwin）、爱因斯坦（Albert Einstein）、普朗克（Max Planck）、歌德（Johann Wolfgang von Geothe）、洪堡（Alexander von Humboldt）等享誉全球的大师。德国联邦教育与研究部为国家科学院提供 80％的预算经费，其余的 20％由其所在的萨克森-安哈尔特州政府承担。

三、德国理工大学联盟

德国理工大学联盟（TU9）于 2006 年成立，是德国最重要的 9 所工业大学的联合平台，由柏林工业大学、德累斯顿工业大学、卡尔斯鲁厄理工学院、达姆施塔特工业大学、莱布尼茨汉诺威大学、亚琛工业大学、不伦瑞克工业大学、斯图加特大学、慕尼黑工业大学联合组成。TU9 的学科设置广泛，其中的机械工程、电子工程、生物医学、材料化学工程和能源工程在世界上享有盛誉。TU9 建立的目标就是为了提供一个标准化的教学机制，保证各大学间的资源共享，同时与上述德国非大学科研机构保持紧密合作与联系。TU9 的组成方式是固定的，此 9 所学校不会出现更迭。

四、德国大学"卓越计划"

2007 年，由德国联邦教育与研究部和德国科学基金会发起了旨在提高德国大学科技研究和国际竞争力、培养年轻科研后备力量、促进并资助在专业和研究领域有杰出表现的大学的"卓越计划"（exzellenzinitiative）。"卓越计划"的资助有三个层面：精英大学（zukunftskonzepte）、精英研究集群（exzellenzcluster）、精英研究生院（graduiertenschule）。德国精英大学的评价为滚动制，每五年评价一次，2012—2017年有11所大学拥有此头衔。德国精英大学同样也与马普促进会、弗朗霍夫促进会、亥姆霍兹联合会、莱布尼茨联合会等保持紧密合作与联系[77]。

第七节　印度的科研机构

印度的科研机构由中央政府、各邦政府、大学、企业和其他机构五部分组成，与世界上大多数国家基本类似。但在机构数量、承担的任务、研究人员和经费分布、经费来源等方面有自己的特点，其中政府的研究机构占据主导地位，在研究人员和经费等方面占整体的60％以上；企业的研究力量比较薄弱，在研究人员和经费等方面不足整体的30％。

中央政府的研究机构主要承担基础研究、应用研究和关键技术领域的研究，涉及的领域包括：国防、空间、农业、医学、海洋、环境和其他科学技术领域，以及生物、信息、纳米、新能源等关键技术领域。各邦政府的研究机构主要从事地方农业、林业、渔业、畜牧业、住房、水利和公共卫生等传统领域的研究开发工作。大学的研究机构主要承担与中央政府和各邦政府有关的研究项目，与企业的联系不多。企业的研究机构主要从事企业有关的技术开发活动，包括新技术、设计和工程、工艺、产品、测试方法、资源利用等[78]。

一、国立科研机构

印度的国立科研机构在国家科技体系中占有非常重要的地位，它们不仅承担国家科研的重点攻关项目，许多科技政策也是通过这些机构来执行。印度国立科研机构的研究人员接近6万人，约占全国研究人员的36％，研究经费却占中央政府研发总经费的80％以上。这些机构虽然隶属于中央政府，但运行管理主要分布在科技部、农业部、国防部、原子能局和空间局等科学技术相关部门，这些机构包括：印度科学与工业研究理事会、印度农业研究理事会、国防研究与发展组织、印度空间研究组织、印度医学研究理事会、原子能局所属科研机构、科技局所属科研机构、生物技术局所属科研机构、新能源和可再生能源部所属科研机构、地球科学部所属科研机构等。

二、国家科学院

国家科学院（最初称为阿格拉和奥德联邦科学院）成立于 1930 年，创始人为梅格纳德·萨哈教授（professor Meghnad Saha），其目标是为印度科学家提供国家级研讨会，并为科研成果出版和科研交流提供更多机会；组织一个科学图书馆；组织科技问题的会议和讨论，推动有关国家福利问题的科学技术研究。

科学院从 57 个普通会员和 19 个研究员开始，现如今已有来自全国各地的 1730 名普通会员和 1759 名研究员，其中包括 20 名荣誉研究员和 100 名来自不同学科的外国研究员。科学院的资金来源于印度政府科学与技术部，同时也被印度科学与工业研究部认可。

三、印度科学大会协会

印度科学大会协会由两位非常有前瞻性和远见的化学家——西蒙森教授（professor J. L. Simonsen）和麦克马洪教授（professor P. S. MacMahon）发起。大会第一次会议于 1914 年 1 月 15 日至 17 日在加尔各答举行，当时的加尔各答大学校长穆克吉（Asutosh Mukherjee）先生为总统。来自印度各地和国外的 105 位科学家参加了会议，提交的 35 篇论文被分为 6 个部分：植物学、化学、民族志、地质学、物理学、动物学。

协会现有 14 个部门（农林科学、动植物与渔业科学、人类学与行为科学、化学科学、地球系统科学、工程科学、环境科学、信息与通信科学与技术、材料科学、数学科学、医学科学、新生物学、物理科学、植物科学）和一个科学与社会委员会。

协会的主要目标是：

（1）推动和促进印度的科学事业；

（2）发表会议纪要、出版期刊、发布交易等；

（3）普及科学。

四、印度国家科学院

印度国家科学院成立于 1935 年 1 月，其建立目的是促进印度的科学，并利用科学知识服务于人类和国家福利事业。该学院的前身是印度国家科学研究所（National Institute of Sciences of India，NISI），其成立是几个组织和个人共同努力的成果，印度科学大会协会（Indian Science Congress Association，ISCA）在这个过程中发挥了主导作用。历经十年时间，印度政府才承认了印度国家科学研究所的合法地位。1945 年 10 月，经过审议和讨论，政府决定承认国家科学研究所是代表印度所有科学分支的第一个科学协会。1946 年 5 月，国家研究所的总部搬至德里市。1970 年 2 月，印度国家科学研究所更名为印度国家科学院。

印度国家科学院的主要宗旨和目标是：

（1）促进印度科学知识的发展，包括其在国家福利问题上的实际应用；

（2）充当卓越科学家的团体，促进和维护印度科学家的利益，并在国际上展示他们在该国所做的科学工作；

（3）出版许可的会议论文、期刊回忆录和其他出版物；

（4）促进和保持科学与人文的联系。

五、印度科学院

印度科学院由拉曼教授（professor C. V. Raman，诺贝尔奖获得者）于 1934 年创立，并于 1934 年 4 月 24 日在《社团注册法》下注册成立，1934 年 7 月 31 日召开成立会议，初始创始人有 65 人。就在同一天，学院召开第一届大会，拉曼被选为院长，学院章程草案获得批准通过。学院有超过 800 名研究员，45 名名誉研究员和 30 名员工。该学院的研究员有责任通过会议、讨论、研讨会、专题讨论会和出版物等方式，单独或集体地促进原创研究并向社区传播科学知识。

印度科学院建立的目的是促进纯粹的科学进步和维护应用的分支，主要活动包括出版科学刊物和特别卷，组织研究团会议和重要议题的讨论，认识科学人才，提高科学教育水平，处理科学界关心的其他问题。

六、印度国家工程院

印度国家工程院（Indian National Academy of Engineering，INAE）成立于 1987 年，由印度当时最杰出的工程师、工程-科学家和技术专家组成，涵盖了工程学科的所有领域。作为最优秀的机构，INAE 建立的目的是促进和推进印度工程技术和相关学科的实践，并将其成果用于解决国家重大问题。

工程院的主要宗旨和目标是：

（1）向印度政府、地方政府和其他方面提供工程师的意见，与其他专业机构合作处理与工程有关的所有事项；

（2）促进印度政府的国家教育政策；

（3）参加所有学术论坛，在国内外交流工程领域的研究成果和发展活动；

（4）鼓励发明、调查和研究，并促进其成果在国家经济相关部门的应用；

（5）与印度和国外的专业机构、工程科学院等进行互动。

第八节　加拿大的科研机构

加拿大的科研机构包括联邦政府资助的科研机构、大学和企业或私营科研机构等。除了企业和基金会等提供科研经费资助外，加拿大联邦政府是科研经费的重要来源。加拿大三大联邦科研资助机构是指加拿大健康研究院、加拿大自然科学和工程研究理事会、加拿大社会科学及人文研究理事会。

加拿大是科技比较发达的国家，有数据显示，在 20 个关键科学技术领域中，加拿大有 16 项处于前 20 名，4 项处于世界前五，加拿大在人工智能、临床医学、信息通信技术、天文物理、心理学及认知科学等研究领域都处于世界领先地位。加拿大自然资源储藏丰厚，石油及天然气等专业方面的研究也相对处于世界领先地位。其中，加拿大国家研究理事会、加拿大国际发展研究中心等世界知名科研机构在研究领域作出了巨大贡献。研究机构举例如下：

（1）加拿大原子能研究公司（Atomic Energy of Canada Limited Research Company）。加拿大原子能研究公司是一家高度综合的核技术与工程公司，为世界各地的核电业主提供产品与服务。该公司拥有一大批在物理、冶金、化学、生物学及众多工程领域内的世界级专家。该研发基地拥有世界上第三大的研究型反应堆。这一性能优异的研发设施为现有加拿大重水铀反应堆（CANDU）电站和先进 CANDU 反应堆的设计，提供燃料和材料等方面的实验支持，为加拿大国家研究委员会的中子散射项目提供中子，并且为世界市场提供了用于诊断和治疗癌症及其他疾病所需要的大部分医用同位素。

（2）加拿大地质调查所（Geological Survey of Canada，GSC）。加拿大地质调查所是加拿大主要的地质调查研究机构，隶属于加拿大能源矿山及资源部。GSC 的主要任务是有效地开展矿产和能源资源勘查，更好地利用土地、估算资源基础和制定政策，提供加拿大陆海全面的地质、地球物理和地球化学的资料，提供有关的技术和专门技能服务。该调查所在背斜储油理论、海底扩张作用的地磁逆转现象、含铁层和喷气相、地表物质快速踏勘填图法等研究方面都取得了重要成果。

（3）加拿大贝德福德海洋学研究所（Bedford Institute of Oceanography）。加拿大贝德福德海洋研究所始建于 1962 年，研究范围非常广，涉及物理海洋、气候变化、海洋生态、海洋化学、海洋地质和海洋观测仪器研发等领域。该所目前有超过 600 名科学家、工程师、技术人员、自然资源和环境管理者及支撑人员在不同的学科领域进行研究，已经成为加拿大最大的海洋研究中心。该所主要研究计划与项目包括：描述和模拟加拿大大陆架毗邻海洋的循环及其过程的深海研究计划和海洋监测项目。该所具有很强的科研实力，在海洋预测模型研究、鱼类与水产养殖研究等重点研究领域的部署和规划方面有其独特性和前瞻性，还建有专门的耳石研究实验室。此外，加拿大贝德福德海洋研究所近些年来也越来越偏重气候变化方面的研究。

（4）加拿大国际发展研究中心（International Development Research Centre）。1970 年，加拿大国会创立了加拿大国际发展研究中心，目的是促进和支持发展中国家为其本身利益所进行的科技研究。中心强调科学家们对国际发展的作用，鼓励第三世界国家应用它们本国科技界的人才。为发展中国家今后的研究建立扎实的基础，是该中心资助项目的一个重要目标。该中心在农业、粮食和营养科学学科重点研究谷物、农田系统及干旱和半干旱地区的绿化，在卫生科学学科集中支持五大领域的应用研究：供水和卫生、产妇和儿童健康、热带疾病和传染病、职业和环境卫生和卫生运筹学。在能源领域内国际发展研究中心的重大活动之一是协调国际能源研究小组，为发展中国家确定能源研究的优先项目，并建议如何更好地分配给国家、地区和国际研究资源。

（5）加拿大国家研究理事会（Canada National Research Council）。加拿大国家研究理事会是加拿大政府负责科学技术研究和开发的主要国家研究和技术组织。加拿大国家研究理事会在 1916 年成立，是加拿大的领先研发机构，下属 20 多个研究所和技术中心，负责执行国家科技计划，跨越多种学科，并提供多样化的服务。其研究机构和计划主要分布于三个主要领域：理学与工程学、生命科学与信息技术学、工艺学与产业支持。其中，加拿大国家研究理事会生物技术研究所是目前加拿大国家研究理事会里规模最大的研究所，在研究任务中人类健康课题占 40%，农业课题占 25%，环境课题占 10%，公共事业占 25%。

此外，加拿大还有一些非营利的私立科研机构。与常规的大学和科研机构不同，它们通过社会、科学、技术等领域科研项目合作的独特方式来吸引和资助世界各地的优秀科研人员，以激发他们的创见。例如，加拿大高等研究院（CIFAR）就属于非营利的私立科研机构，目前有超过 300 名研究人员围绕 12 个项目在开展研究，其中来自加拿大以外国家的占 1/3。

特别值得一提的是，加拿大联邦政府支持和鼓励学术成果的开放共享。加拿大规定，自 2015 年 5 月 1 日起，所有获得三大联邦科研资助机构（加拿大健康研究院、加拿大自然科学和工程研究理事会、加拿大社会科学及人文研究理事会）资助的项目，要将在同行评议期刊上发表的论文和其他研究成果于一年内在网上公布，以供公众免费获取。这将使获得联邦资助的研究成果更为公开和更易获取，从而为研究人员、企业乃至普通大众提供更多机会来创造新思想[71]。

第九节　意大利的研究机构

意大利有良好的科学传统，公元 14—15 世纪，意大利文艺空前繁荣，成为欧洲"文艺复兴"运动的发源地，但丁、达·芬奇、米开朗基罗、拉斐尔、伽利略等文化与科学巨匠对人类文化的进步作出了无可比拟的巨大贡献。进入 20 世纪，意大利先后有 9 位科学家获得过诺贝尔物理、化学、生理学或医学奖。意大利在物理与天文（如超导托卡马克、同步辐射加速器、宇宙射线的研究和大型天体望远镜的研制等）、临床医学、生物医学、化学等领域处于世界前列。高新技术领域如空间技术、信息通信、高性能并行计算机、核能等有一定的竞争力。

意大利的科研机构分为三个部分，即公共科研机构、高等院校和企业研究开发中心。公共科研机构主要从事基础研究和基础应用研究。意大利共有近 70 所大学，90％是公立大学。它们既是培养科技人才的摇篮，又是基础研究的主力。意大利企业的研究和开发力量比较雄厚，并且与公共科研机构及大学研究机构合作密切。例如：

（1）意大利国际高等研究学院（Scuola Internazionale Superiore di Studi Advanzati，SISSA）。意大利国际高等研究学院位于意大利北部的里雅斯特市，是与比萨高等师范大学（SNS）、圣安娜高等研究学院（SSSUP）齐名的精英大学，也是意大利高级指导性学术研究中心。它还是意大利最早授予博士学位的研究机构之一，等同于意大利各大学的博士学位（Dottorato di Ricerca）。研究院下设 8 个研究部门，分别是：天体物理部、认知和神经系统科学、凝聚态物理部、基本粒子部、泛函分析和应用部、数学物理部、神经生物学部、统计和生物物理部。在国家对所有大学和科研机构研究质量的评估中，SISSA 在全国排名第四，在意大利北部大学中排名第一。

（2）比萨高等师范大学（Scuola Normale Superiore）。比萨高等师范大学位于意大利中部以比萨斜塔而闻名世界的文化历史名城比萨市，是具有独立自主权的为国家培养高级科学研究人才的最高学府。学校分为文学哲学部和数理自然科学部，拥有超级计算机中心、文物信息研究中心、中世纪文化中心、语言语音实验室、历史考古实验室、古文化信息可视艺术实验室、国家纳米科技中心、物理实验室、神经生理实验室、分子生物实验室，还有图书馆、文献资料中心、出版社等。

（3）圣安娜高等研究学院（Santa'Anna Scuola Universitaria Superiore Pisa）。圣安娜高等研究学院是一所在欧洲享有盛誉的精英学院，位于意大利历史文化名城比萨市，其前身可上溯至 16 世纪。学校规模很小，却在科学研究方面走在意大利乃至世界的前列。该校政治学、法学、经济学、管理学、工程学、计算机学等均位于意大利前列。作为一所研究型大学，它更注重博士生的培养，以满足科学创新的需求。意大利只有两所大学拥有独立颁发超博士学位的资格，分别是比萨高等师范大学和圣安娜高等研究学院，它们所颁发的超博士学位称谓（perfezionamento）也有别于其他大学的博士学位称谓（dottorato），在意大利是比一般的博士学位更高的学位。

此外，意大利还有系统分析和信息科学研究所（Systems Analysis and Information Science Institute）、地球外辐射研究所（Extraterrestrial Radiation Research and Technology Institute）、国家光学研究所（National Institute of Optics）、农业机械化研究所（Agricultural Mechanization Institute）、数学和信息科学应用研究所（Institute for the Applications of Mathematics and Information Science）、系统动力学和生物工程研究所（Systems Dynamics and Bioengineering Research Institute）、控制论研究所（Cybernetics Institute）和电极加工研究中心（Electrode Processes Research Centre）。

意大利作为发达国家，不管是经济条件还是教育水平，都秉承了意大利的科学传统和精神，这些研究机构也为意大利的科学技术发展作出了巨大贡献[77]。

第十节　韩国的科研机构

朝鲜战争结束后，韩国经济落后、科技落后，在意识到科技的重要作用后，韩国政府加大了科研投入，在广泛吸收各国先进技术的基础上，把培养和增强自主创新能力作为国家的基本政策，全面推进科技人才的培养。为了增强综合国力，韩国设立了多种科研机构，韩国各大学的不断建立与发展、研究院的设立，促进了科技竞争能力的进一步提升。

韩国科技活动的特点是企业研发投入多，大学总体情况是基础研究少、应用研究多。众多私立学校拥有较大的自主权，大学科研目标以满足社会和大企业的需求为主。大学可以从企业获得较多的经费支持，科研活动也与市场更接近，教师和研究生们有更多的实践机会。另外，无论是政府还是企业，对实用型的理工类科研投入多，而软科学投入较少。韩国大企业的研发部门都与高校有众多不同形式的合作，如委托研发、共同研发新技术和产品，技术转移，共同设立研究平台等。下面简单介绍一下韩国的科研机构。

韩国科学技术研究院（Korea Institute of Science and Technology，KIST）位于首尔市北部，是韩国政府支持的最大综合性研究机构，始建于 1966 年。从成立之日起，KIST 就一直是带领韩国科学技术复兴和发展的领导性机构之一。在 20 世纪 80 年代至 90 年代，KIST 致力于高新工业核心技术的研发，为韩国前沿性产业升级作出了杰出贡献。进入 21 世纪，KIST 集中力量开发创新性和原创性的技术，为韩国乃至世界在下一时期的发展贡献力量。

韩国先进科技学院（Korea Advanced Institute of Science and Technology，KAIST）建于 1971 年，是位于大田广域市的一所公立研究型大学。KAIST 现建有尖端科学研究所、科学英才教育研究所、数学研究所、纳米科学技术研究所、机械技术研究所和人工卫星研究中心、脑科学研究中心、半导体设计教育研究中心等 9 家研究所、34 家研究中心（国家指定的研究中心有 9 家）及 62 家不同领域的研究室，堪称韩国基础和高技术研究的摇篮。该院还建有技术创新中心和新技术事业支援团及专业孵化器，迄今为止毕业生已成功创办了 580 余家高技术风险企业。

其次是韩国众多的大学，如延世大学、高丽大学、韩国中央大学、建国大学、庆熙大学、成均馆大学、西江大学、梨花女子大学、汉阳大学等。在韩国的高校中，私立大学占大多数，特别是排名前二十名的高校中私立学校占绝大多数。每个道（省）只有一两个国立大学，全国的国立大学进入前二十名的为数不多。

高丽大学是韩国最大的综合大学之一，依据韩国特点，继承、发展和独创了各学科教育，以国际化、信息化等未来发展前沿学科为目标，致力于各国学术间的文化交流。高丽大学对韩国在政治、经济、社会、文化等各领域的发展起到了积极的作用。

中韩两国产业技术创新五年规划的发展目标基本相同，但是，韩国企业的研发投入和科技竞争能力早已挤进了全球前五强。韩国有很多做法值得我们借鉴，但也有不足之处我们应该引以为戒，如区域发展不平衡的问题。我国区域科技发展不平衡的问题已经很明显，如某些地区科技资源过度集中，而有些地方大学的科研项目资助力度不够，如西部大学[72]。

第八章

世界六国院士制度

　　院士及院士制度起源于法国。法国于 17 世纪中叶最早建立院士制度，后该制度被其他国家纷纷仿效。院士是由高水平的、卓越的科学家组成的队伍，他们不仅在本领域的科学研究方面有很深的造诣，而且在政府的发展方向和重大科技问题的决策方面起着至关重要的作用。我国的院士制度起步较晚，国家科学院在新中国成立伊始便已成立，改革开放后成立了国家工程院。国家科学院和国家工程院作为在解决关系国家全局和长远发展的重大问题上的国家战略咨询机构和研发力量，需要借鉴发达国家科学院管理体制和机制的方面也很多。本章主要介绍法国、英国、日本、美国、俄罗斯和德国六个国家的院士制度。

第一节　法国的院士制度

　　法国于 17 世纪中叶最早建立院士制度，后该制度被其他国家纷纷仿效。各国相继成立（国家级性质）科学院，聘选院士。在法兰西学院过去300 多年的历史中，仅仅产生过 709 名院士，也就是说，法国平均每年才产生两名法兰西院士。

　　法兰西学院始终保持了 40 名院士这一"神奇"编制。名额如此稀贵，不难理解，为什么雨果在连续申请 4 次后才被选中，而法国著名作家左拉则连续 24 次被法兰西学院拒之门外。法国人很尊重院士，将院士尊称为"圣人"。当其 40 名院士中有人去世时，法国才会遴选新院士来弥补这一空位。不过，新院士的选举往往要在老院士去世后几个月进行。法兰西把这几个月称为"悼念期"，以表示对去世院士的尊重。

法兰西学院（L'Institut de France）成立于 1795 年 10 月 25 日，是法国独具一格、世界闻名、群英荟萃、举足轻重的学术机构。法兰西学院下设五个学术院：①法兰西学术院（L'Académie française），成立于 1635 年；②法兰西铭文与美文学院（L'Académie desinscriptions et belles-lettres），成立于 1663 年，即后来的法兰西文学院；③法兰西科学院（L'Académie dessciences），成立于 1666 年；④法兰西美术院（L'Académie desbeaux-arts），成立于 1816 年，是成立于 1648 年的绘画和雕塑学术院、成立于 1669 年的音乐学术院和成立于 1671 年的建筑学术院的组合；⑤法兰西人文院（法兰西人文科学院）（L'Académie dessciences morales et politiques），成立于 1795 年，1803 年取消，1832 年得以恢复。

法兰西学院中的法兰西学术院，设院士 40 人，开始绝大部分是文学作家，后来陆续入选为院士的也有少数哲学家、史学家、经济学家，以及知名的政治家、外交家，甚至军事家等。院士是终身制职位。只有在某成员去世留下空缺时，才通过全体成员投票选举新成员。被选为院士则意味着从此进入法国文化历史的殿堂，成为"不朽者"，名字刻在学院墙壁上，令后代永志不忘。创办者意在挑选出每一时代文学与思想界的顶峰人物，让他们共济一堂，以弘扬法兰西语言与文化。候选人可由自己申请或由社会推荐。

非常有趣的是，法兰西学术院的 40 位院士享有王室成员的殊荣，与贵族一样享有佩带宝剑的权利。如今，帝制和王室已经随风而去，而学院象征荣誉、权利与地位的院士宝剑依然作为传统保留下来，每位院士的宝剑都是自己构思、专人设计、独一无二的珍品[79]。

法兰西学术院的首位华裔院士程抱一（本名程纪贤），也是目前为止的唯一一位华裔院士，于 2002 年被选为法兰西学术院终身院士。当他被选为这个象征着法国荣誉的学术机构的院士时，全法国的华人为之振奋。他不仅是院士中的第一位华裔，也是法兰西学术院近 380 年历史中的第一位亚裔院士。时任法国总统希拉克盛赞程抱一"是我们这个时代的智者"。程抱一先生是法兰西学术院有史以来的第 705 名院士。

第二节　英国的院士制度

英国皇家学会对新院士的推选有严格的名额限制，是与法国宁缺毋滥的稀缺思路相近的国家，但是名额比法国多。

一、英国皇家学会的起源和历史

英国皇家学会（The Royal Society）始创于 1660 年，迄今已有约 360 年历史，是英国最具名望的学术机构，其院士均为尖端科学领域的领军人物。皇家学会是一个独立、自治的机构，在制定章程、选举院士时独立操作，无需政府批准，但与政府的关系又是非常密切的。政府为皇家学会经营的科学事业提供财政资助，英国女王伊丽莎白二世也是学会的赞助人。

学会的第一次会议于 1660 年 11 月 28 日召开，在此之前克里斯托弗·雷恩（Christopher Wren）在格雷沙姆学院做了一次演讲，与罗伯特·博伊尔（Robert Boyle）和约翰·威尔金斯（John Wilkins）等其他顶尖学者一起上书英国王室，很快得到了英国王室的批准。从 1663 年起，它被称为伦敦皇家学会（Royal Society of London for Improving Natural Knowledge）。学会的座右铭为"Nullius in Verba"，含义为"不相信任何人的话（take nobody's word for it）"，它表达了研究者们抵抗权威的支配、通过实验确定的事实来核实所有陈述的决心。

1850 年，当时的英国政府向皇家学会提供了第一笔资助 1000 英镑，用以资助科学研究，英国政府对皇家学会的资助制度由此确立。尽管如此，皇家学会始终保持独立运作，不对政府负责，也不接受政府领导和管理。到了 1876 年，政府的年拨款数额升至 5000 英镑[80]。现在，皇家学会每年能筹集到 4200 万英镑，大部分来自政府资助，其余部分来自多种渠道的收入，如学会的投资、遗产及个人的捐赠、出版物、工业界的研究合同等。

英国皇家学会没有自己的科研实体，它的科学研究、咨询等职能主要通过指定研究项目、资助研究、制订研究计划、通过院士与工业界联系及开展研讨会等实现。

二、院士总名额

英国皇家学会会址位于伦敦市中心区。学会的最高权力机构是理事会，共有 21 名成员，每年通过年会改选其中 10 名，21 名成员中有 5 名是学会的负责人。依据学会章程，除这 5 人外，其他 16 名理事会成员不得连续任职两年以上；学会会长及外事秘书任期为 5 年。自 1915 年以来，皇家学会的历任会长大都是诺贝尔奖获得者。现任的英国皇家学会主席是 Dr Venki Ramakrishnan，于 2015 年 12 月 1 日开始任期。他在核糖体结构方面的研究获得了诺贝尔化学奖，并于 2012 年被授予爵士头衔。

1660 年创立之初，皇家学会只有 100 多名院士，10 年后人数增加了一倍。到 19 世纪初，院士达到约 500 人，但其中真正的科学家还不到一半，一大半都是名誉院士。1731 年学会修改了章程，所有院士候选人都必须获得书面推举，并需要得到支持者的签名。到 1847 年学会才决定，院士的获选提名必须基于他们的科学成就。这样，英国皇家学会从一个"会所"转变为实际意义上的科学学会。截至 2020 年 4 月，英国皇家学会共有 1527 名院士。

三、增选名额

英国皇家学会是一个由英联邦最杰出的科学家、工程师和技术人员组成的自治团体。研究员和外国成员是通过同行评议程序，在科学卓越的基础上选举产生的。每年从现有研究界提议的大约 700 名候选人中选出最多 52 名研究员和最多 10 名外国成员。历史上大名鼎鼎的牛顿、达尔文、爱因斯坦，当代的斯蒂芬·霍金、胚胎移植及肝细胞研究权威安妮·麦克莱伦、互联网发明人蒂姆·伯纳斯·李等世界著名科学家都在其院士名册。数据显示，皇家学会的院士中有 5% 是女性，过去 10 年间当选的院士中女性占 10%。

2018 年 5 月 8 号，学会公布了 2018 年的院士名单，50 位杰出的科学家被选为英国皇家学会的院士，其中 10 位是对科学具有杰出贡献的外国成员。招收的研究员（12 名）和外国成员（2 名）中共有 14 名女性。新成员来自英联邦，包括奥克兰、墨尔本、纽卡斯尔、萨里和多伦多，以及

以色列、埃塞俄比亚、意大利和瑞士的国际机构。具体成员名单可参见
https://royalsociety.org/news/2018/05/distinguished-scientists-elected-fellows-
royal-society-2018/。

四、增选办法

（1）提名。每一位竞选者或外籍院士的候选人必须由皇家学会的两名
成员提名，并签署建议书。该建议书载有一份说明，说明提出建议的主要
理由，并可供其他研究员查阅。填好的建议书必须于每年 9 月 30 日前寄
至皇家学会。此外，英国皇家学会会长鼓励大学校长、研究理事会主席和
首席执行官向候选人提出建议，这些建议也必须在每年 9 月 30 日以前寄
至皇家学会。提名研究员有责任通知候选人他或她已获提名。提名人须与
候选人协商，确保所有与提名有关的资料均为最新资料。任何一年新提名
的人数都没有限制。在 2019 年的选举中，约有 700 名候选人竞选院士，
约 70 名候选人来自国外。候选人一旦被提名，就有资格参加七年的选举。
如在此期间未能当选，可在三年届满后重新被提名为候选人，然后仍有资
格参加为期三年的选举，这个三年周期可以无限重复。除在评审过程中私
下咨询的个人外，学会不会向其他人士提供获提名候选人的详细资料。

（2）选举。英国皇家学会理事会负责监督遴选过程。生物科学秘书和
物理科学秘书这两名干事负责这一进程的顺利进行。理事会委任十个学科
领域委员会，即分区委员会，负责推荐最具实力的候选人参选。每个候选
人由相关的部门委员会根据其完整的简历、研究成果和细节、所有科学出
版物的清单和 20 篇最好的科学论文的副本来考虑。小组委员会的成员每
年 3 月初投票产生一份初选名单。各部门委员会还推荐外国院士候选人。
理事会在 4 月确认最多 52 名候选人和最多 10 名外籍候选人的最后名单，
并在 5 月的一次会议上举行一次无记名投票。候选人如果能在出席并参加
投票的院士中获得 2/3 的选票，就能当选。这些候选人学科分布为，最多
18 个名额可以分配给物理科学，18 位来自生物科学，10 位来自应用科
学、人文科学和联合物理生物科学。

（3）任命。在 7 月的仪式上，新院士正式被协会录取，届时他们将
签署《章程》和英国皇家学会（The Royal Society）院士的义务。该义务

如下：我们在此签署，特此承诺，我们将努力促进伦敦皇家学会提高自然知识的好处，并追求该学会成立的目的；我们将尽我们所能，执行以理事会名义要求我们采取的那些行动；又遵守本会的章程和常例。只要我们中的任何一个人向我们的会长表示要退出学会，将来就可以免除这一义务。

皇家学会是英国实际上的国家科学院，在国内、国际上都代表英国科学界，学会是国际科学联合会的创始成员之一，并一直在欧洲科学基金会中发挥着积极作用。多年来，学会与英国国内及世界各地众多科学组织都建立并保持着互利合作的关系，为促进世界科学的进步与繁荣作出了巨大贡献。

第三节　日本的院士制度

日本学士院（The Japan Academy）是日本最高的学术机构，位于东京都台东区的上野恩赐公园内。1879 年 1 月 15 日，在著名思想家福泽谕吉的倡导下，日本仿照法兰西科学院成立了东京学士院。1906 年，东京学士院改称帝国学士院，1947 年改名为日本学士院，并作为日本科学委员会的附属机构。1956 年，依据日本政府颁布的《日本学士院法》（*The Japan Academy Law*），日本学士院恢复其独立身份，成为文部科学省的一个特设机构。其宗旨（aim）主要有两条：特殊优待取得突出学术成就的杰出科学家；开展有益于追求学术进步的必要活动[81]。

日本学士院由会员（members）组成，会员为终身荣誉。会员实行定员制，1879 年东京学士院定员为 40 人，1906 年帝国学士院定员为 60 人，1925 年又扩展至 100 人，1949 年日本学士院定员为 150 人，此额度后被写入 1956 年的《日本学士院法》，至今未曾变更。会员根据所属专业不同分为两个学部：人文与社会科学部（Humanities and Social Sciences），定员为 70 人；纯科学及其应用学部（Pure Sciences and Their Applications），定员为 80 人。两个学部下面的分学部也进行定员，由于遵循宁缺毋滥的原则，通常会出现缺员的现象。日本学士院的会员现只有 128 位，缺 22 人，其会员构成情况见表 8-1。

表 8-1　日本学士院会员构成情况

学　部	分学部	领域	限员	现员	缺员
人文与社会科学部	第一分部	文学、史学、哲学	30	26	4
	第二分部	法学、政治学	24	20	4
	第三分部	经济学、商学	16	14	2
	合计		70	60	10
纯科学及其应用学部	第四分部	纯科学	31	27	4
	第五分部	工学	17	14	3
	第六分部	农学	12	11	1
	第七分部	医学、药学、牙医学	20	16	4
	合计		80	68	12
总计			150	128	22

会员由日本学士院根据章程从取得杰出成就的学者中选举产生，为终身制，并以兼职国家公务员的身份获取会员年金（annuity）。会员身份既象征着国家层面的认可和荣誉，也意味着追求学术进步的责任和义务。《日本学士院法》明确规定，会员必须在总会上提交或介绍自己的学术论文。

日本学士院还为对日本学术作出杰出贡献的外籍人士授予客座会员称号（honorary members），同样采取定员制，满员为 30 人，我国的杨振宁院士是纯科学及其应用学部的现任客座会员，已故的季羡林先生曾经是人文与社会科学部的客座会员。

日本学士院的运行经费来自政府财政拨款，2011 年的年度预算接近 5.97 亿日元。日本学士院有自主管理权，实行"会员治院"，其正院长（the president）、副院长（the vice president）和两个学部的主席（the chairmen of sections）均由会员选出，院长经总会同意，可为学士院制定内部管理法规。学士院设有秘书处（executive secretary），秘书处职员定员为 11 人，秘书处处长在院长和其他官员的指导下管理学士院日常事务，秘书处职员在上司的指导下参与事务管理。日本学士院的重要事宜是以会议的形式商议和决定的，总会（general meetings）负责学士院重要事宜的商议和决定，学部会（sectional meetings）负责各自学部重要事宜的商议。

日本学士院通过举办各种学术活动（activities），为会员提供服务并促进科学技术发展：①对学术上特别优秀的论文、著作及其他研究业绩授奖（awarding prizes）；②编辑和出版学士院学刊（transactions）和纪要文集（proceedings），并发表会员或由会员介绍的论文；③实施适宜于学士院执行的鼓励学术研究的其他活动，如国际交流、公众演讲和研究经费补贴等。

日本学士院颁发的个人奖主要有帝国奖（imperial prize）、日本学士院奖（Japan academy prize）和爱丁堡公爵奖（duke of Edinburgh prize），前两个奖每年颁发一次，用于表彰取得卓越研究成就或发表特别杰出学术论文、著作的个人，截至 2019 年，已分别有 179 人和 801 人获奖；后者则每两年颁发一次，用于表彰在野生动植物保护和物种保护方面取得成就的个人，至 2018 年已有 16 人获奖。为了肯定年轻学者的工作、鼓励他们勇攀学术高峰，日本学士院于 2004 年起从日本科学促进会主办的日本学术振兴会（JSPS）奖年度获奖者当中遴选出 6 个以内的优秀者授予日本学士院勋章（Japan academy medal），至今已有 80 人获奖。

第四节　美国的院士制度

美国的院士制度迄今已有 150 多年的历史。1863 年 3 月 3 日，为满足政府对有关科学问题的独立决策建议的迫切需求，当时的林肯总统签署了成立美国国家科学院（National Academy of Sciences，NAS）的国会法令。美国国家科学院的使命是"应任何政府部门或机构的要求，调查、研究、试验和报告任何与科学有关的问题"。

随着科技在众多领域及公共生活中发挥作用的不断增大，美国政府对科学技术的需求日益旺盛，国家科学院体系不断扩大。最终，发展出另外三个平行的组织：国家研究委员会（National Research Council，NRC）（1916 年）、国家工程院（National Academy of Engineering，NAE）（1964 年）和医学研究院（Institute of Medicine，IOM）（1970 年）。

美国国家科学院、国家工程院和医学研究院都是由杰出科学家组成的独立的非营利性团体，也是荣誉性的咨询机构；美国国家研究委员会则是三大研究院的主要执行机构。美国联邦政府并不向它们提供直接拨款，但国家科学院的很多研究都是应国会和有关政府部门的要求开展的，因而可以获得这些机构相应的资助。除了为联邦政府服务外，科学院还根据一些基金会、州政府、私营机构和慈善团体的要求开展一些对国家有益的重大课题研究，这些也是其重要的资金来源。科学院可以接受捐赠，但前提是捐赠的资金不能影响科学院研究的客观性。另外，科学院通过出版等业务获得的收入也是其经费来源之一。

国家科学院、国家工程院、医学研究院这三个科学团体均由院士、名誉院士和外籍非正式院士组成，外籍非正式院士取得美国国籍即可成为院士。

院士需经选举产生。最初成立时国家科学院只有 50 名院士，后来不断有杰出的科学家通过选举成为院士，院士队伍得以逐渐扩大。每年 4 月份国家科学院在华盛顿召开一次年会。从 2012 年科学院年度大会开始，2012—2017 年，每年年度大会新增选的院士人数不得超过 84 人，外籍院士每年增选的人数不超过 21 人。根据新的规定，新增院士名额减少，2018 年及以后的年度大会每年新增选院士人数不得超过 72 人，每年新增选的外籍院士人数为院士的 25%，每年新增选的外籍院士中居住在美国的不得超过 3 名。值得一提的是，美国国家科学院现已有近 20 名中国籍院士。

美国医学研究院每年新增 65 名院士、5 名外籍院士，授予在医疗和公共卫生等多个领域成就卓著的学者。美国国家工程学院每年增选院士人数不超过上年度院士总数的 3%，授予在工程研究、实践和教育领域的杰出人才。

院士选举依据的是科学家在本领域的杰出成就，实行提名制，没有院士申请程序。按规定，院士候选人必须经过一名院士的正式提名。院士提名候选人必须以书面的形式提交提名信。书面提名信内容必须包括一份对被提名者学术成就的不超过 250 字的简要介绍，并选列不超过 12 份此人的出版物作为参考。提名还需要一份 50 字以内的提名陈述，对被提名者的学术成就给予肯定。考察院士候选人从提名开始，接下来要对被提名人的情况进行全面核实。被提名者需在学部内或者跨学部进行考察，获得学部赞成的被提名者才能进入候选人名单，提交科学院进行投票选举。投票选举需经过两轮，第一轮是倾向性投票，在年度大会之前举行，根据这一轮投票的得票多少将候选人排序；第二轮是在年度大会上进行的决定性投票。在第二轮决定性投票选举中获得 2/3 以上赞成票的候选人方可当选。名誉院士和外籍院士没有选举权，他们无权参加院士和科学院管理者选举的投票。

美国国家科学院设有数理科学、生物科学、应用和工程科学、医学科学、社会科学五个学部，涵盖了数学、天文学、物理学、化学、地质学、地球物理学、生物化学、细胞与发育生物学、生理科学、神经生物学、植物学、遗传学、种群生物学、进化与生态学、工程学、应用生物学、应用物理和数学科学、医学遗传学、血液学和肿瘤学、医学生理学、内分泌与代谢、医学微生物学与免疫学、人类学、心理学、社会和政治学、经济科学等主要学科领域。

为确保美国国家科学院体系出具的各类研究报告的真实性，树立公正的形象，获得公众的信任，国家科学院体系对于研究委员会的组成和平衡其中的利益冲突问题做出了详细规定，规定明确要求科学院体系发布的所有报告都必须符合相关程序，研究委员会的组成要避免利益冲突。这项规定认为，研究委员会成员的个人资质并不是这个过程的唯一决定因素，高素质、高水平的委员会成员是研究报告成功的必要条件，但不是充分条件。鉴于科学技术及相关问题的缜密性和复杂性，必须对委员会成员的知识、经验和视角等进行全面、认真评估，以利于委员会完成其使命。可能存在利益冲突、影响个人客观判断和给他人或其他机构带来不公平的任何人都不能参加相关的研究委员会[82]。

第五节　俄罗斯的院士制度

俄罗斯科学院（Российская Академия Наук）是俄罗斯的最高学术机构，于 1724 年 2 月 8 日在圣彼得堡成立，至今已有 290 多年的历史，目前总部设在莫斯科。俄罗斯科学院规模庞大、科研实力雄厚。长期以来，俄罗斯科学院卓有成效地推动着俄罗斯科学事业的发展，在自然科学、技术科学、社会科学和人文科学的基础研究中取得了众多世界一流的成果，至今已有 19 位院士先后获得诺贝尔奖[83]。

为提高科学机构的效率和竞争力，振兴科学发展，俄罗斯于 2013 年开启了科学院改革进程。2013 年 9 月俄罗斯总统普京正式签署改革法案，将俄罗斯医学科学院、农业科学院并入俄罗斯科学院，并宣布成立联邦科研机构管理局，管理科学院资产。2014 年 6 月 27 日，俄罗斯总理梅德韦杰夫签字批准俄罗斯科学院章程，这是俄罗斯科学院历史上的第七份章程，是改革后的俄罗斯科学院将遵循的根本性文件。根据俄罗斯科学院章程的规定，院士和通讯院士的增选为每三年一次。自 2015 年起，俄罗斯政府开始对科研机构和科研人员进行精简整合，科研经费逐步流向科研效率高的机构[84]。

俄罗斯科学院最近的一次院士增选是在 2016 年 10 月举行的，这也是科学院改革后的首次增选。俄罗斯科学院章程明确规定：必须是在本学科领域具有开创性贡献的顶尖学者才能成为院士，通讯院士则必须是在本学科领域作出突出学术贡献的学者。此次院士增选严格遵照了俄罗斯科学院章程规定的程序，首先由政府认可的科研机构、高校的学术委员会推荐候选人，已当选的俄罗斯科学院院士、通讯院士也拥有推荐权。此后，候选人名单被提交至对口的俄罗斯科学院各学部的分部，在分部进行投票，通讯院士的人选由现任的通讯院士和院士投票，而院士人选只能由现任的院士进行投票。人选应获得 2/3 以上的选票，如果多人获得了 2/3 以上的选票而名额只有一人，则得票最多者当选，如票数相同则需要进行第二次投票，重复投票最多只能举行三次。经过俄罗斯科学院各学部分部、各学部、主席团的多轮公开讨论和无记名投票筛选，在 2016 年 10 月召开的俄罗斯科学院院士大会上最终增选了 176 位院士、323 位通讯院士和 62 位外籍院士。增选后的统计分析显示，新一轮增选的院士实现了年轻化。例如，此次增选前的院士平均年龄为 76.2 岁，而此轮新增选的院士平均年龄为 69.2 岁，最年轻的院士刚满 40 岁；增选前的通讯院士平均年龄为 70.4 岁，而此轮新增选的通讯院士平均年龄为 53 岁，最年轻的通讯院士为 31 岁。

2017 年 9 月 27 日，亚历山大·谢尔盖耶夫当选为俄罗斯科学院的新一任院长。截至 2018 年 8 月底，俄罗斯科学院现有俄罗斯院士 1978 人（包括院士 875 人和通讯院士 1103 人）、外籍院士 478 人。

第六节　德国的院士制度

2007 年以前，德国的科学院体系一直由 8 个地方科学院、1 个工程院和利奥波第那科学院组成。很长时间以来，德国政府和公众都希望德国能有一家国家科学院，在一些重要的问题上向政府提供科学咨询，向公众传播知识，并在国际上代表德国。2008 年，由于利奥波第那科学院的院士来自全德，在国际上影响显著，联邦政府和州政府决定选择其作为德国的国家科学院。

利奥波第那科学院（Leopoldina）是世界上最古老的科学院，以罗马帝国皇帝利奥波德一世命名，是德国最古老的自然科学和医学方面的联合会，也是世界上存续时间最长的学术机构（研究中心），学院总部现位于德国东部城市哈雷。

利奥波第那科学院院士每年的增选名额有不超过 60 人的限制，目前由 1500 多位院士组成，包括自然科学、医学、社会科学和人文科学的著名学者。院士大多是在高校或各大研究所工作的教授或研究人员。虽然章程规定科学院每年增选院士约 60 名，实际选出只有 50 名左右，年满 75 岁则空出名额，但终身享受院士称号。当选的院士来自全球 30 多个国家，其中 3/4 来自 3 个德语国家（德国、奥地利和瑞士），1/4 来自其他国家。中国科学家路甬祥、武忠弼、卢柯、张杰等多名教授都曾先后当选德国科学院院士。

利奥波第那科学院根据不同的研究领域共设 28 个学科组和 4 个类别学部。利奥波第那科学院院士选举过程从提名候选人开始，正式提名只能由院士提交，经 3 轮选举后产生，选举过程严谨而复杂。第一轮，由本学科以无记名投票方式选举出的评审组负责人将候选人资料送交至本学科的每位院士，候选人资料包括简历、学术成果、5～10 篇在国际著名出版物上发表的重要文章和其他研究成果。所有本学科院士都要对有效候选人进行评审打分，5 分为强烈建议入选，4 分为特别优先入选，3 分为优先入选，2 分为基本入选，1 分为勉强入选，零分为专业不够格。院士要将自己的打分表和拒绝评选某候选人的理由以保密形式寄送至科学院评选委员会，院士在选举中不得投弃权票。获得 3/4 选票的候选人才有资格进入第二轮。科学院评审委员会还需听取其他学科部门院士和非院士的意见。第二轮选举在学部范围内举行，各学科评选组负责人及科学院领导成员参加此轮评选，通过评审委员的详尽讨论，最后通过投票产生正式候选人。第三轮，科学院评审委员会根据各评委的投票结果宣布当选院士名单。新当选院士需要签署承诺书，履行院士的义务。不签署承诺书者视为不接受院士称号。

利奥波第那科学院院士选举完全是以无记名方式秘密进行的。成员要匿名填写意见表，参与学科组评选、类别部评选和主席团评选的人都是不同的，学科组有 30～40 人，类别部有 10 人左右，主席团有 12 人。候选人事前根本不知道自己是否被提名，整个过程就像诺贝尔奖评选一样，接到信函通知才知道自己当选。这就避免了任何个人或小团体对选举结果施加影响。有关专家强调，选举信息透明仅限于院士评委范围内，对外界则严格保密，蒙在鼓里的反而是最后的当选者。

从利奥波第那科学院的章程中看到，德国的院士并不是中国意义上的院士称号，国家科学院实际上是一个非政府、非营利性的学术组织，德国院士称号虽然拥有最高学术荣誉，但不具有经济和行政意义。截至 2011年，共有 168 名利奥波第那科学院院士获得了诺贝尔奖，其中包括居里夫人（Marie Curie）、达尔文（Charles Darwin）、爱因斯坦（Albert Einstein）、普朗克（Max Planck）、歌德（Johann Wolfgang von Geothe）、洪堡（Alexander von Humboldt）等享誉全球的科学大师。利奥波第那科学院选举院士要保证独立性和学术性，德国院士称号突出的是学术性和荣誉性，不与任何物质利益挂钩。

第九章

世界主要国际学术组织

随着全球科研经费的不断增长，世界上有更多的科技人员参与知识创新工作，世界各国不断跨越国界开展各种形式的国际合作。国际合作能够有效提升科学研究质量，避免重复性工作，促进规模经济的形成，同时解决诸多必须通过合作才能够解决的全球性问题。作为科技界的代表，国际性科学研究理事会和科研机构有责任和义务促进科学的健康发展和推动广泛、实质和高质量的国际合作，包括推动科学按照规范的原则和方法来开展。本章主要介绍全球研究理事会、国际科学理事会、法兰西学院、英国皇家学会、日本学术振兴会、德国马普学会和美国科学促进会这些国际知名科研机构的宗旨与纲领、职能与使命和工作机制等情况。

第一节　全球研究理事会

全球研究理事会（Global Research Council，GRC）由美国国家科学基金会、德国科学基金会和中国科学院等 11 家机构发起，于 2012 年创立。成立以来，GRC 以始终保持"自愿"和"虚拟"组织为准则，不设秘书处，不收取会员费和其他费用，其产生的文件不具有法律约束力。

作为非官方科学组织，GRC 旨在探讨和寻求国际科技界能够共同接受的科学发展方略，推动和实现更多更好的国际科技合作[85]。GRC 的目标是改善各国家研究理事会之间的沟通与合作，推动高质量科研工作产生的数据和方法的共享，提供各国研究理事会和科研组织领导人定期讨论和会晤的机制，应对在研究和教育资助工作中所面临的共同挑战，寻找支持全球科技界的有效合作机制，并集中力量推动以科研质量为决策基础的原则。

GRC 设立管理委员会（governing board），委员会由积极参与 GRC 工作的国家研究理事会和科研机构领导组成，每届委员会成员不超过 11 个。下设国际指导委员会（international steering committee，ISC），负责制定 GRC 全年的活动和年度大会的相关事宜，包括协调区域会议。指导委员会负责遴选 GRC 年度大会的承办国。根据规定，GRC 年度会议为申办制，其承办机构由分别来自发达国家和发展中国家的至少两家研究理事会和科研机构联合组成，大会的参会单位应为 GRC 地区会议和 GRC 相关活动的积极参与者。

据统计，目前 GRC 成员机构所管理的资助资金占全球公立科研资助资金的 75%。自成立以来，GRC 已经发布了《科研诚信原则声明》《科学质量评估原则声明》《科技论文开放获取行动计划》《支持科学创新发现原则声明》《研究与教育能力建设原则声明》等指导性文件。

第六届全球研究理事会于 2017 年 5 月 28 日—6 月 1 日在加拿大召开，会议由加拿大自然科学与工程研究理事会（NSERC）和秘鲁国家科技与创新委员会（CONCYTEC）共同主办，NSERC 主席马里奥·平托（Mario Pinto）和 CONCYTEC 理事会成员胡安·马丁·罗德里格斯（Juan Martín Rodríguez）共同主持，围绕"基础研究与创新之间的动态互动"和"全球资助机构的能力建设及互联互通"两大主题进行了深入研讨并通过原则宣言。会议认为，当今社会，基础研究与创新间早已超越传统的线性发展关系，取而代之以多维动态互动关系。针对"基础研究与创新之间的动态互动"，会议审议和通过以下原则和行动目标：

（1）应当把科研作为支持创新与社会发展的基石；

（2）应当加强科研与创新生态系统各组成部分间的合作与对话；

（3）应当加强对科研成果影响力的评估；

（4）应当进一步加强地区间的合作与经验共享，进而推动全球范围的合作；

（5）应当鼓励人才在不同学科、部门、产业和国家间的流动与发展。

　　"全球资助机构的能力建设及互联互通"是对 2015 年第四届全球研究理事大会通过的"研究与教育能力建设"原则宣言的延续与发展，会议审议和通过了以下原则和行动目标：

　　（1）资助机构应加强共同兴趣领域的交流与合作；

　　（2）资助机构应注重发展长期与可持续的合作模式；

　　（3）资助机构对合作产生的知识、工具、经验等成果应在最大范围内进行共享；

　　（4）资助机构应确保其行动能够响应当前和未来科研及社会发展需求。

　　2017 年 5 月 29 日，时任国家自然科学基金委员会主任的杨卫院士在第六届全球研究理事会（GRC）大会上当选为全球研究理事会管理委员会委员。

第二节　国际科学理事会

　　国际科学理事会（International Council for Science）是一个非政府组织，拥有包括国家科学团体和国际科学联盟的全球会员。国际科学理事会为讨论关于国际科学政策的问题提供了一个论坛，而且它积极提倡科学自由，推动科学数据和信息的合理获取，推进科学教育。它与其他组织合作解决全球问题，担任国际机构顾问，为从伦理到环境等各种话题提供建议。

　　1931 年，国际研究理事会（International Research Council）于比利时布鲁塞尔成立，其宗旨是鼓励及推动国际科技与学术活动，促进国际科学理事会会员及各个国家会员间的合作，促进、规划、协调或参加国际科技计划推展事项，担任国际性科学议题的咨商组织，促进大众理解科学等。国际研究理事会于 1998 年 4 月改名为国际科学理事会，简称国际科联，集中了自然科学各个领域的专家及学者代表，在它所召开的各个会议中经常反映出世界各国科学界共同关心的研究问题，同时也代表了当代世界科学发展的水准与动向。

　　2017 年，国际科联（International Council for Science）和国际社科联（International Council for Social Sciences）合并为国际科学理事会（International Science Council，ISC），成为世界上成员覆盖面最广泛、学科门类最齐全的综合性科技组织，在国际科技界具有强大号召力，又称世界科学联盟。目前，ISC 拥有 143 个组织会员、39 个联合会会员和 31 个联系会员。国际科学理事会的愿景是使科学成为全球公共利益，新组织的使命是代表全球科学界发声，在引导、孵化和协调公众关切的重大国际行动中发挥领导作用。中国科协副主席、国家自然科学基金委员会主任李静海院士于 2018 年当选国际科学理事会副主席，任期为 2018—2021 年。

全体大会（general assembly）是国际科学理事会的最高决策机构，由国际科学联合成员和国家成员组成。全体大会每三年召开一次，联盟执行局提报的研究议题与项目由全体大会讨论和审议决定。

在科学道德受到挑战的新形势下，国际科学理事会于 1996 年第 25 次代表大会上正式决定建立科学道德与责任常设委员会（SCRES），其秘书处设在挪威的科研理事会（NFR），其主要职责之一是推进公众对科学责任与道德问题的认识[86]。1999 年 6 月，联合国教科文组织和国际科学理事会在布达佩斯联合召开世界科学大会，会议讨论了科学道德和科学家的社会责任问题[87]。科学道德与责任常设委员会是民办科学联盟在科学责任与道德问题上对内对外交流对话的窗口，也是讨论有关问题的枢纽。

近年来，国际社会也多次召开全球大会，讨论科学道德与学风建设问题。例如：2007 年 9 月，首届世界科研诚信大会在葡萄牙首都里斯本召开。2010 年 7 月，在新加坡召开了第二届世界科研诚信大会[88]，来自全球近 60 个国家和地区及部分国际组织的 350 多名代表出席了会议，会议形成了关于科研诚信的《新加坡宣言》。第二届世界科研诚信大会的主题是"领导工作的挑战与应对"，大会设四个分主题：国家和国际科研诚信体系建设；国际科研行为规范；关于全球负责任科研行为的培训；编辑与作者行为国际标准。

2013 年 5 月，南开大学时任校长龚克率中国科协代表团出席在加拿大蒙特利尔举行的第三届世界科研诚信大会，并在会上介绍了我国大学开展科研诚信教育的情况。来自 40 多个国家的 300 多名代表出席了这次会议，并就机构、国家和区域层面的科研诚信治理、科研诚信教育、学术与出版界的合作、学术不端案例分析，尤其是跨学科、跨机构、跨国合作中的科研诚信治理等问题进行了广泛的交流和讨论。会议就跨界合作的科研诚信责任作出要求，在上届会议《新加坡宣言》的基础上共同发表了《蒙特利尔宣言》。

　　2015 年 6 月，第四届世界科研诚信大会（WCRI）在巴西里约热内卢召开，国家自然科学基金委员会时任主任杨卫出席了第四届世界科研诚信大会，并作了题为"六项改革举措促进中国科研诚信——演变中的中国科研评估"的主旨报告。第四届科研诚信大会的主题是"改革体制，促进负责任的科学研究"。来自全球 50 多个国家的基金资助机构和学术团体领导人、大学校长、期刊主编、政策制定者和科研人员参加了会议[89]。

第三节　法国的法兰西学院

　　法兰西学院（L'Institut de France）成立于 1795 年 10 月 25 日，是世界闻名的学术机构。法兰西学院将法国各个领域的精神创造力汇集在同一规制下，在这座学院里，诗人、哲学家、历史学家、批评家、数学家、物理学家、天文学家、自然学家、经济学家、法学家、雕塑家、画家、音乐家能够互称同僚。法兰西学院院长（chancelier）为伽伯里埃勒·德·伯豪格利（Gabriel de Broglie），他于 1997 年被选为法兰西人文院院士，2001 年被选为法兰西学术院院士，2005 年 11 月 29 日被选为法兰西学院院长。

　　法兰西学院前身是路易十三的宰相黎世留于 1634 年建立的学术院。1635 年国王下令改为法兰西学术院，成为独立机构。除在法国大革命期间停办了一段时间外，一直延续到现在。如今，法兰西学院是象征法国荣誉的学术机构，原位于卢浮宫，后迁入孔蒂王宫（Palais de Conti）。

　　法兰西学院的主要职责是：①根据多学科的原则，完善艺术与科学；②作为受委托者管理数以千计的捐献和遗赠，并以此来完成第一项任务。法兰西学院下设五个学术院：法兰西学术院（L'Académie française）；法兰西铭文与美文学院（L'Académie des inscriptions et belles-lettres），即后来的法兰西文学院；法兰西科学院（L'Académie des sciences）；法兰西美术院（L'Académie des beaux-arts）；法兰西人文院（法兰西人文科学院）（L'Académie des sciences morales et politiques）。此外，法兰西学院还包括一个教学行动部和一个出版部。法兰西学院控制大约一千个基金会，还有许多博物馆和供参观的城堡。学院掌握着各种奖项和补助，一般由各院推荐可以获得奖项和补助的个人及单位，2002 年学院总共颁布的奖金和补助有 500 万欧元。

一、法兰西学术院

法兰西学术院（L'Académie française）是法兰西学院五个学术院中历史最悠久、名气最大的学术权威机构。因译法的不同，常跟法兰西学院（L'Institut de France）混淆，应注意区分。法兰西学术院设院士 40 人。

学术院院士的身份在民众眼中是最高荣誉，集中了为法语的辉煌作出过杰出贡献的诗人、小说家、剧作家、哲学家、医生、科学家、人种学家、艺术批评家、军人、政治家和宗教家。每一位院士都是所在时代文学与思想界的顶峰人物。

法兰西学术院具有双重任务：①规范法国语言；②保护各种艺术。为此，院士们要为语言的规范、明确而努力，具体地讲，就是通过编撰固定语言使用的词典来规范语言的正确运用。法兰西学术院的院士们于 1694 年编辑出版了第一部词典，此后于 1718 年、1740 年、1762 年、1798 年、1835 年、1878 年、1932—1935 年出版了其他版本。1992 年开始的第九版正在编撰过程中，现已从字母 A 出到 plébéien 一词，要到 2100 年左右出版。另外，学院每年颁发道德及文学奖若干种，例如"文学大奖""小说奖""诗歌奖"等。

中国人耳熟能详的孟德斯鸠、伏尔泰、拉普拉斯、傅里叶、小仲马、巴斯德、庞加莱等，都是法兰西学术院院士，其中华裔作家程抱一是唯一当选该院院士的华人。程抱一于 2002 年被选为法兰西学术院终身院士，是历史上第一位成为法国传说中"40 把交椅"之一的华裔院士。

二、法兰西文学院

有"小学术院"（Petite Académie）之称的法兰西文学院（L'Académie des inscriptions et belles-lettres）的主要作用是鼓励和促进历史、考古及文献研究。文学院最初是为了给国王路易十四扬名而制作建筑及奖章上的铭文和名言的研究组织，为此它要研究法国王室及古老建筑、古代及当时的奖章和其他历史珍品，因此也要关注广义的考古及历史。现如今，文学院已是国家机构，主要从事古代、中世纪、古典时期文明及欧洲之外文明的古迹、文献、语言和文化研究。

三、法兰西科学院

法兰西科学院（L'Académie des sciences）前身为 1666 年 J. B. 科尔贝尔（Jean-Baptiste Colbert）创建的学会，1699 年 1 月 20 日路易十四正式给科学院制定章程，时称皇家科学院（Académie royale des sciences），在法国王室的赞助下改组学会，改用现名并迁往卢浮宫，现坐落在巴黎中心区塞纳河南岸。在法兰西学院的五个专业学院中，科学院变革最多，规模最大。

法兰西科学院按照学部（divisions）和学科（sections）组织。现有两个学部：数学和物理科学、宇宙科学及其应用学部，包括数学科、物理学科、机械和信息科学科、宇宙科学科等；化学、生物和医药科学及其应用学部，包括化学学科，分子、细胞和遗传生物学科，集成生物学科，人类生物学和医药学科等；另有科学应用交叉学科。

四、法兰西美术院

法兰西美术院（L'Académie des beaux-arts）从皇家绘画与雕塑学术院（1648 年）、皇家音乐学术院（1669 年）及皇家建筑学术院（1671 年）发展而来，1803 年始用现名。美术院共分为八个部分：①绘画；②雕塑；③建筑；④版画；⑤音乐作曲；⑥综合类；⑦电影和声像艺术（1985 年增设）；⑧摄影（2005 年增设）。

美术院的职责是为保护、发展与弘扬法国多元艺术财富作贡献。美术院还负责管理其艺术财富，尤其是由捐献与遗赠所成立的基金会，它要按照捐献者和遗赠者的意愿，对博物馆进行行政管理并通过各种奖项扶持艺术家。

五、法兰西人文院

法兰西人文院（L'Académie des sciences morales et politiques）或称法兰西人文科学院，即法兰西精神科学与政治科学学术院。精神科学与政治科学分部在拿破仑执政时期一度被撤销，后于 1832 年恢复成立人文院，分为五个分部：①哲学；②伦理学；③立法、公法与裁决；④政治经济与统计；⑤一般历史与哲学史。法国 18 世纪启蒙思想家孟德斯鸠认为，该院的作用应该是科学地描述人在社会中的生活，由此提出政府应该具有的最佳形式。

随着时代的变迁，法兰西人文院下设分部又有所调整，现在分为六个分部：①哲学；②伦理学与社会学；③立法、公法与裁决；④政治经济、统计与金融；⑤历史与地理；⑥泛指（普通）部分。

第四节　英国皇家学会

英国皇家学会（The Royal Society），又称伦敦皇家学会，成立于 1660 年，全称为伦敦皇家自然知识促进学会，最开始是由约 12 位科学家自发组织而成，当时称作"无形学院"（invisible college），于 1662 年由国王查理二世授予皇家证书，是世界上历史最长而又从未中断过的科学学会[90]，对外代表英国科学界，发挥着英国国家科学院的作用，在世界上享有极高的声誉。在第八章中介绍过学会的起源、历史及组织机构等，本节主要针对其作用和影响展开。

一、宗旨与纲领

英国皇家学会的宗旨是促进自然科学发展，其会训为"Nullius in verba"，是拉丁文，意思是"别把任何人的话照单全收，自己去思考真理"。英国皇家学会是一个独立的、享有慈善机构特权的组织，有 1500 多名院士及外国成员。学会的院士都是来自英联邦的著名科学家、工程师和科技人员。作为一个独立自治的社团，它虽然经历过国家认证，但国家认证并非其存在的必要条件，因此无论是在制定学会章程还是在确认学会成员时，都无须获得任何形式的政府批准，从科学和真理出发，单纯追求科学知识。

二、职能与使命

英国皇家学会具有双重职责：一是在国内和国际上作为英国的国家科学院，二是作为科学组织为机构和科学家提供服务。体现在职能上主要有以下几个方面：

（1）为政府提供科学政策咨询和建议。

（2）提出英国科学界感兴趣的问题。

（3）确定科学奖学金和研究资助等优秀课题和人选。

（4）促进学校、公众、政府和议会等各界人士对科学和科学教育的认识和了解，这也是学会自成立起就具有的科学普及作用。

（5）提供支持科学研究的一系列服务，包括：

① 提供研究资助和奖学金、评奖颁奖。英国皇家学会提供基金资助支持高质量的英国科研，每年提供研究教授、高级研究员、研究员、大学研究员等 250 个研究职位，并为在科学和技术领域作出突出贡献的科学家颁发勋章，先后设立了 12 种奖章、8 种奖金，学者们可在学会公布的基金与奖项里进行申请。

② 通过会议和出版物促进科学交流。英国皇家学会于 1655 年创立了自己的出版物《哲学汇刊》（*Philosophical Transactions*），被认为是人类出版史上最早的定期科学出版物，且一直出版至今。除了科学论文外，学会每年还发表大量的会议报告和演讲报告，同时也发表学会会员传记、笔记、年鉴和年度报告等学术报告，极大地促进了科学交流。英国皇家学会开创了科学优先权和同行评审的概念，对世界期刊发展具有典范性的作用。

③ 海外服务，促进国际交流与合作。英国皇家学会面向海外，为英国及海外的科学家提供国际交换与合作机会，如鼓励科学研究和应用；确认评议优秀的科学研究；促进国际间的学术合作交流，为科学家交往提供便利条件；代表并支持科学团体；提高公共科学教育，增强公共科学意识；从事科普活动；支持科学发展史的研究。

三、地位与影响

英国皇家学会的成员不乏尖端科学领域的佼佼者，最知名的如霍金、安妮·麦克莱伦等，中国籍成员有杨振宁、杨子恒、周光召、陈竺、白春礼、李家洋。可以说，以促进科学发展为宗旨的英国皇家学会推动了整个自然科学的进程，学会的发展史代表了现代科学的发展史，学会在世界科学史上都有着重要的地位和深远影响。

第五节　日本学术振兴会

日本学术振兴会（Japan Society for the Promotion of Science，JSPS）是日本政府支持基础科学发展的重要机构。作为日本具有代表性的基金机构，JSPS 基于公平公正的审查、评价体系，资助以大学为主体的学术研究和国际交流活动[91]。

1931 年，以日本学士院院长兼学术研究会会长樱井锭二、学会研究会原会长古市公威和东京大学校长小野喜平次为首的日本科学界，向日本政府提出创立振兴日本科学的专门机构的请求，并要求该机构以英国学术振兴协会和美国科学振兴协会为蓝本，通过国家力量，将本国分散、自由的科学研究力量统一起来，从而促进和实现本国的科技进步。在日本天皇捐资支持下，1932 年日本学术振兴会成立。

成立之初，JSPS 是为奖励学术研究活动而创建的财团法人机构，并确立了两大目标：通过国家和民间财力对科学研究进行补助和支持；组织对社会及科学发展有意义的重要课题进行研究，振兴和推动日本科学技术进步[92]。1967 年，JSPS 成为特殊法人机构。1995 年，日本国会通过了《科学技术基本法》，政府对基础研究的投入力度加大，JSPS 的经费幅度也出现了显著的上升。在这 70 年间，JSPS 通过各种科研人才培育计划和国际合作交流计划，在培养本国高层次科研人才和促进科学领域的国际合作交流方面，发挥了不可替代的作用[93]。

在国立研发机构独立行政法人化改革进程中，为了追求更高的业务灵活性与高效性，进一步提高面向研究人员与各类学术研究机构的服务水平，根据《独立行政法人日本学术振兴会法》（2002 年 12 月 13 日法律第159 号）的规定，JSPS 于 2003 年 10 月 1 日改组成为受文部科学省管辖的独立行政法人机构。

日本学术振兴会的运作主要依托于日本政府每年提供的补贴，作为日本三大关键科研管理机构之一（另外两个是科学技术振兴机构、新能源和产业技术综合开发机构），JSPS 是日本负责学术振兴事务的核心机构，负责科研项目的经费分配和具体管理[94]。JSPS 管理的科学研究费补助金由文部科学省拨款，是日本政府资助范围最广、金额最多的科学研究基金，占日本政府全部竞争性科研费的 60％以上，是日本本国基础研究的主要经费来源。基金向社会公开、自由申报，主要资助以大学为主体的学术研究及国际交流活动，资助范围涵盖了自然科学、社会科学和人文科学领域的科学研究。

目前，JSPS 的主要功能是：①培养年轻的研究人员；②促进国际科学合作；③授予科学研究助学金；④支持学术界和工业界的科学合作；⑤学术表彰和科普推广；⑥收集和分发有关科学研究活动的信息。

第六节　德国马普学会

马普学会，全名为马克斯·普朗克科学促进学会（Max Planck Gesellschaft，MPG），英文为 Max Planck Society，是德国最大的国立科研学术组织，致力于自然科学、生命科学和人文科学等领域的基础研究工作。自 1948 年成立以来，至少产生了 18 位诺贝尔奖获得者。学会目前下设 84 个研究所和实验室，其中 4 个研究所和 1 个实验室分布在海外，另有 17 个与各国顶尖科研学术机构共建的国际研究中心，各研究所每年在国际刊物上发表的学术论文总计 15 000 余篇，其中不乏相关领域的高被引论文，体现了德国科学研究的国际影响力。

一、基本情况

马普学会是以注册协会形式存在的受私法约束的非营利性组织，总部位于慕尼黑。其最高决策机构是会员大会和由中央、地方、科学界和舆论界等代表组成的评议会（senate）。截至 2017 年底，学会共有雇员 23 425 人，包括 20 383 名合同制人员、1199 名学生和 1843 名访问学者，在合同制人员当中有 6772 名专职科研人员，担任所长（实验室主任）、课题组组长或科研助理，占比达到 33.2％。

马普学会的经费主要来自政府财政拨款，由联邦政府和州政府共同负担，此外，学会及其下属机构还接受公共和私人捐赠及欧盟的第三方项目资助，学会 2017 年的年度财政预算达 17 亿欧元。马普学会的现任主席是马丁·斯特拉特曼（Martin Stratmann），他是世界著名的腐蚀科学家、德国国家科学与工程院院士，他于 2014 年 6 月被任命，任期为 2014—2020 年。

二、历史沿革

马普学会的前身是成立于 1911 年 1 月 11 日的威廉皇帝科学促进学会（Kaiser Wilhelm Gesellschaft，KWG），首任主席是学会的倡导者、神学家哈纳克（Adolf von Harnack），其初衷是弥补当时大学科研领域的空白，发展新兴的跨学科研究，并且使科学家能够摆脱教学的桎梏、专心致志地从事科研活动。

1933—1944 年，学会被当时的纳粹政权所控制，其学术自主性受到冲击。"二战"以后，学会处境艰难，一度面临解散。在英国占领者的主张与推动下，学会得以整合重建，为纪念德国物理学家、量子论创立者马克斯·普朗克改为现名。1946 年 4 月，因发现核裂变而获得诺贝尔化学奖的哈恩（Otto Hahn）被任命为学会更名后的第一任主席。

三、法律规程

马普学会下设研究所众多且分散，为了确保科研质量，学会制定了一系列规章制度，包括《学会总章程》《信息安全政策与指南》《科学咨询委员会条例》《董事会管理条例》《研究小组管理条例》，以及其他有关学术评价、学术道德、性别平等、学术不端行为处理等分门别类的细则。内部质量管控机制的建立与实施为保证学会的规范运作、稳定发展发挥了重要作用。

四、学会特色

（1）独立自治。学会始终秉承着建会伊始确立的哈纳克原则，即"让最优秀的人来领导研究所"。学会章程规定，研究所能够"自由独立地从事科学研究活动"。研究所在科研管理上享有极大的自主权，可以自主决定研究方向、制定研究计划和招聘工作人员；可以自由支配经费预算，同时可以接受来自第三方的项目经费；还可以自主选择国内外合作伙伴并决定合作方式。

（2）以人为本。学会在人才管理机制上紧紧围绕"以人为本"这个中心，并体现灵活自主的原则，一旦围绕某领域专家的研究所成立，从科研设备、经费、人事管理到科技交流活动的组织，学会都会给予专家宽松的科研学术环境和充分的决策自主权。在吸引人才和提升基础研究人员质量上，学会把吸引、凝聚和培养优秀人才，尤其是极具创新能力的青年科研人才和国际知名专家作为人事工作的首要任务，并在此基础上建立起人才培训和激励制度、促进科研人员流动的措施[95]。

（3）务实高效。马克斯·普朗克曾经说过"知识要先于应用"，学会一直以来遵守这条原则，在研究所的建立、合并与撤销上具有明显的目标导向性和灵活性。新研究所的建立完全从国家战略需求出发，着眼于以应用为导向的基础性、前瞻性、综合性和交叉性研究，尤其是那些因资金、人员、设备等限制无法在大学开展的研究课题[96]，而当一个研究所已经完成了预期科研目标或在大学已广泛存在同类研究机构时，学会将及时关闭该研究所。

（4）多元合作。马普学会的成功很大程度上取决于它兼容并蓄、开放合作的发展战略。学会重视青年科技人才的培养，与德国大学联盟合作成立了马普国际研究院（International Max Planck Research Schools, IMPRS），联合培养博士研究生，吸引了来自全球85个国家的青年学者来德攻读。遴选优秀人才担任青年研究小组组长并提供资金支持，留学人员回国后还可以与马普学会继续保持合作关系，目前在亚洲、东欧、南美等地区有40多个这样的合作组织。学会尤其重视国际合作。目前有超过1/3的研究所所长、1/2的博士研究生和80%的博士后研究人员为外籍科学家。学会通过建立海外合作研究中心不断拓展国际市场，2005年与中国科学院共建上海计算生物研究所，2008年在美国佛罗里达州建立了神经科学研究所，此外还在卢森堡、意大利和荷兰建立了3家研究所。

（5）开放共享。作为一个公益性科研机构，马普学会愿意将研究成果公之于众，为社会和经济发展服务。它是开放获取运动最早的发起者和执行者。2001年12月，马普学会与开放社会研究所（Open Society Institute）在匈牙利布达佩斯召集了关于开放获取的国际研讨会，并起草和发表了《布达佩斯开放获取倡议》。2003年末，学会发起《关于自然科学与人文科学资源的开放获取的柏林宣言》（简称《柏林宣言》）签署活动，倡导科学资源的免费开放。此后，开放获取柏林会议每年定期召开，探讨更有效地推动《柏林宣言》实施的措施[97]。

第七节　美国科学促进会

美国科学促进会（American Association for the Advancement of Science，AAAS）创建于 1848 年，是世界最大的非营利科学组织。其前身是成立于 1840 年的美国地质学家协会，该协会于 1842 年更名为美国地质学家和自然学家协会。这家协会的成员于 1848 年达成一致意见，终止地质学家和自然学家协会的活动，在其基础上成立一个新的组织即美国科学促进会，旨在全面促进美国科学与工程学的发展。

美国科学促进会会员遍布世界 91 个国家，下设 21 个专业分会，涉及的学科包括数学、物理、化学、天文、地理、生物等自然科学学科和社会科学学科。现有 265 个分支机构服务于上千万会员。会员对任何想要分享科学、工程、技术方面研究成果的人开放。美国科学促进会在每年秋季举办选举会，由会员推选出该会官员，包括美国科学促进会的主席候选人、董事会成员、委员会成员。其董事会主要负责处理该会的日常事务，而委员会成员会在每年确立该会的主要政策和计划。美国科学促进会章程和细则在 1973 年由当时的委员会通过，而后陆续作出了调整。2019 年 2 月 22 日，华裔科学家朱棣文教授当选美国科学促进会主席。朱棣文主席是斯坦福大学的物理学教授和分子与细胞生物学教授，他曾在奥巴马政府期间担任能源部长四年多时间，专注于推动能源技术的进步，并使国家摆脱化石燃料的依赖。

美国科学促进会的宗旨是"促进科学，服务社会"，在全世界推进科学的发展、工程的进步、科技的创新，造福全人类。它的主要目标是：加强科学家、工程师和公众之间的沟通，促进和捍卫科学及其使用的公正性，加强对科技型企业的支持，为社会问题提供科学观点，促进在公共政策中负责任地使用科学，加强科技劳力的多元化，改善科学技术教育，增加公众对科学和技术的参与，推进国际科学合作。它主办的年会是世界上规模最大的综合性科学会议，汇集了世界多学科的科学家，研讨科技发展新趋势和有前途的发展方向[98]。第一届美国科学促进会年会于 1848 年在美国宾夕法尼亚州的费城举行。AAAS 正在实施的有 8 项科学和政策研究项目、四大国际合作计划、5 项教育计划和关于科学教育改革的《2061 计划》，同时它还管理着 7 个 AAAS 中心。

美国科学促进会出版 6 种备受推崇的同行评审期刊，是世界最大的多学科科学协会。其中，《科学》（Science）这份科技期刊，是全世界最有影响的科技期刊之一，读者逾百万。根据《期刊引用报告》（JCR），《科学》在 2017—2018 年的影响因子为 41.058。值得一提的是，美国科学促进会出版的《科学进展》（Science Advance）是开放获取期刊，其 2017—2018 年的最新影响因子是 11.511，收录各学科创新、高质量的论文。虽然这些期刊是美国科学促进会出版，但发表文章并不需要美国科学促进会的会员资格。

为了表彰科学家、工程师、作家、记者等对科学及科普的重大贡献，美国科学促进会设有一系列奖项，最近在中国广为传播的纽科姆·克利夫兰奖（AAAS Newcomb Cleveland Prize）为其中重要的奖项之一。该奖原名为美国科学促进会千元奖（AAAS Thousand Dollar Prize），后改称美国协会奖（American Association Award）。1951 年纽科姆·克利夫兰去世后，为表示纪念，又改为纽科姆·克利夫兰奖。该奖项是一个年度奖，用来奖励上一年度在《科学》杂志发表优秀论文的作者，被评选的论文必须刊登在《科学》其中的"报告"一栏中。候选人由广大读者提名，评选工作由 6 人组成的评选委员会负责。参选论文必须有原始研究数据和综合材料，必须是作者本人的工作，并且还必须是首次在《科学》上发表的。

第三篇　评　价　篇

第十章

世界顶级科学奖项

为了褒奖每个行业里最优秀的一群人，诞生了很多特定的奖项，有些奖项具有国际性、专业性和权威性，是各行各业从业者的向往。科技奖项获奖者的成果基本上代表了人类科学研究的最新成就和最高水平，获奖者是人类科技前进道路上的启明者。相对于科学成果的汇聚，这些奖项也激励人类在智力探索的道路上砥砺前行，不断创新。近年来，世界各类科学奖数量也成为全球大学和科研机构最具说服力的指标，从某些方面也被认为是一个国家科研综合实力和科技能力的体现。科技奖已经不仅仅是一份荣誉和一笔奖金，也不只是一批批的科学家和科学成果被认可，更像是精神上的指引、激励科研工作者前行的动力，其蕴含的意义早已超出奖项本身。本章将主要介绍在物理、化学、文学、医学等领域蜚声国际的科学奖项，如诺贝尔奖、埃尼奖、菲尔兹奖、克拉福德奖、德雷珀奖、沃尔夫奖、科普利奖章、图灵奖等。

第一节　诺贝尔奖

阿尔弗雷德·伯恩哈德·诺贝尔（Alfred Bernhard Nobel）于 1833 年 10 月 21 日生于瑞典的斯德哥尔摩。诺贝尔是杰出的化学家、工程师、发明家、企业家。他一生共获得技术发明专利 355 项，其中以硝化甘油制作炸药的发明最为闻名。他不仅从事研究发明，而且进行工业实践，兴办实业，在欧美等五大洲的 20 个国家开设了约 100 家公司和工厂，积累了巨额财富。

诺贝尔在即将辞世之际立下了遗嘱：请将我的财产变作基金，每年用这个基金的利息作为奖金，奖励那些在前一年为人类作出卓越贡献的人[99]。根据当时测算，他的遗产约有 3300 万瑞典克朗（约折合 920 万美元）。诺贝尔在遗嘱中还写道：将此利息划分为五等份，分配如下：奖给在物理学方面有最重要发现或发明的人，奖给在化学方面有最重要发现或新改进的人，奖给在生理学或医学方面有最重要发现的人，奖给在文学方面表现出了理想主义的倾向并有最优秀作品的人，奖给为国与国之间的友好、废除使用武力作出贡献的人[100]。

诺贝尔逝世后，根据他的这个遗嘱，瑞典有关机构于 1900 年 6 月 29 日专门成立了诺贝尔基金会，并由其董事会管理和发放奖金。1901 年，诺贝尔奖创立并举行第一次颁奖仪式，诺贝尔奖分设了物理、化学、生理学或医学、文学、和平五个奖项。1968 年，瑞典国家银行在成立 300 周年之际，捐出大额资金给诺贝尔基金，增设"瑞典国家银行纪念诺贝尔经济科学奖"，评选原则是授予在经济科学研究领域作出重大价值贡献的人，并优先奖励那些早期作出重大贡献者，该奖于 1969 年首次颁发，由此新设了诺贝尔经济学奖。

诺贝尔奖每个奖项的奖金可由两个获奖者平均分享（最多不超过三人）；如果当年无人获奖，则奖金可以留待次年；每一项奖金在五年内至少应颁发一次。由于每年要从基金利息中抽出 1/10 加入基金，另加上一部分没有发出的奖金也并入基金，基金的数目越来越大。在同一年里，各项奖金的数额是相同的，不同的年份，奖金数额有所变动。到 2001 年纪念诺贝尔奖设立 100 周年时，诺贝尔奖奖金达到 1000 万克朗（约合 140 万美元），此后便一直维持在这个水平上。

自 1901 年起，诺贝尔奖于每年 12 月 10 日诺贝尔逝世那天，举行正式的颁奖典礼。但在第二次世界大战期间，因战争原因中断了几年。诺贝尔奖评选的唯一标准是成就的大小，在每年的 9 月份，物理学、化学等几个不同专业的诺贝尔委员会向全球各地的数千名具备一定资历的学者、科学家等发出邀请，请他们推荐自己认为下一年度有望获得诺贝尔奖的候选人，候选人不受国籍、肤色和宗教信仰限制，推荐者不可推荐自己。由于许多独立人士经常推举同一个人，每年只会有 200~300 名科学家最终被提名。候选人名单必须在第二年年初提交到不同专业的诺贝尔委员会。各专业委员会在评奖专家的协助下对收到的提名进行评估，要经过初选、复选等层层选拔，专业委员会才能完成对候选人的挑选。然后，专业委员会将建议上交给相应颁奖机构，各颁奖机构通过投票选出最终获奖者。每年10 月投票结束后，立即公布获奖者。从 1974 年开始，诺贝尔基金会规定，诺贝尔奖原则上不能授予已去世的人。

2012 年，中国作家莫言获得诺贝尔文学奖，成为首个获得诺贝尔文学奖的中国籍作家。2015 年，中国药学家屠呦呦获得诺贝尔生理学或医学奖，成为国内第一个诺贝尔科学类奖项获得者。

诺贝尔奖是当今世界最有影响力的科学奖项。虽然和平奖和文学奖偶有争议，但科学奖获奖者的成果基本上代表了人类科学研究的最新成就和最高水平。

一、诺贝尔物理学奖

诺贝尔物理学奖是 1900 年 6 月根据诺贝尔的遗嘱设立的，属诺贝尔奖之一。该奖项旨在奖励那些在物理学领域里作出突出贡献的科学家，由瑞典皇家科学院颁发奖金。诺贝尔物理学奖的评奖史在很大程度上反映出20 世纪及 21 世纪物理学的主要成就和物理学的发展情况。

诺贝尔物理学奖每年的候选人由瑞典皇家自然科学院的瑞典或外国院士，诺贝尔物理和化学委员会的委员，曾被授予诺贝尔物理或化学奖金的科学家，在乌普萨拉、隆德、奥斯陆、哥本哈根、赫尔辛基大学、卡罗琳医学院和皇家技术学院永久或临时任职的物理和化学教授等科学家推荐。

自 1901 年 12 月 10 日首次颁发物理学奖，截至 2017 年已颁奖 111 次（共有 6 年未颁奖：1916 年、1931 年、1934 年、1940 年、1941 年、1942 年），共 207 人次、206 位物理学家获奖。美国著名固体物理学家约翰·巴丁（John Bradeen）是物理学领域中唯一一位两次荣获诺贝尔物理学奖的科学家，分别为 1956 年和 1972 年。

纵观诺贝尔物理学奖设立以来的近 120 年中，获奖者的男女比例严重失衡，只有两位女性物理学家获奖，一位是法国女科学家玛丽·居里，她和丈夫皮埃尔·居里因发现并研究放射性元素钋和镭而获得 1903 年的诺贝尔物理奖。另一个是美国物理学家玛丽亚·格佩特-梅耶，她和延森提出了核结构的壳层模型，能从理论上正确预言与稳定性最大的核所对应的幻数，从而使物理学进入核谱学时代，他们共同获得了 1963 年的诺贝尔物理学奖。

截至 2017 年，共有 135 项物理学成果获诺贝尔奖，按其获奖成果的学科分布归类统计，可发现诺贝尔物理学奖绝大部分成果集中于理论物理、高能物理与粒子物理、原子与原子核物理、固体与凝聚态物理、实验及应用物理五个领域。原子与原子核物理在现代物理学中占据较为重要的地位，对原子及原子核的精细研究正是近代物理学革命的导火索之一，在 20 世纪前 40 年里原子与原子核物理领域的成果是诺贝尔奖获奖成果的主力。20 世纪 80 年代以后诺贝尔评奖的另一个特征是凝聚态物理成果大量获奖，凝聚态物理有"未来物理学"之称，是目前较为前沿的物理学科且具有发展潜力，是今后诺贝尔物理奖的生长点。

在诺贝尔奖六大奖项中，物理学是华裔科学家获奖较多的领域。截至 2017 年共有 6 位华裔科学家获得物理学奖，中国科学家杨振宁、李政道获得 1957 年诺贝尔物理学奖时依然保留中国国籍，故其获奖国籍及出生国籍为中国[101]。

2017 年 10 月 3 日，瑞典皇家科学院在斯德哥尔摩宣布将 2017 年度诺贝尔物理学奖授予美国麻省理工学院教授雷纳·韦斯（Rainer Weiss）、加州理工学院教授基普·索恩（Kip Stephen Thorne）和巴里·巴里什（Barry Clark Barish），以表彰他们构思和设计了激光干涉仪引力波天文台（LIGO），并对直接探测引力波作出杰出贡献。三位获奖者中，韦斯是最早提出用激光干涉仪探测引力波并作噪声分析的，巴里什对建立 LIGO 作出了关键贡献，而索恩的贡献则在于引力波探测和 LIGO 的理论方面。2016 年 2 月 11 日，LIGO 首次宣布此前于 2015 年 9 月 14 日利用臂长达 4 千米的激光干涉仪直接探测到了离地球 13 亿光年的两个黑洞合并事件造成的引力波。2017 年 6 月，LIGO 和欧洲的引力波探测装置（VIRGO）同时宣布了第三个引力波事件。

引力波是爱因斯坦广义相对论中的重要推论。按照广义相对论计算，双星互相绕转发出引力辐射，它们的轨道周期就会因此而变短。对引力波的探测不仅可以进一步验证广义相对论的正确性，而且开辟了一个新的天文学研究领域，将为人类展现出一幅全新的物质世界图景：茫茫宇宙，只要有物质，就有引力辐射。

2019 年度的诺贝尔物理学奖授予吉姆·皮布尔斯（James Peebles）、米歇尔·麦耶（Michel Mayor）和迪迪埃·奎洛兹（Didier Queloz）。皮布尔斯是普林斯顿大学的退休教授（阿尔伯特·爱因斯坦科学教授），从事物理宇宙学方面的工作，致力于研究未被充分认识的问题。麦耶是日内瓦大学天文学系的天体物理学名誉教授，1995 年，他与迪迪埃·奎洛兹（Didier Queloz）发现了太阳系之外的第一个巨型行星。他是开发仪器高精度径向速度行星搜索器（high accuracy radial velocity planet searcher，HARPS）的团队的首席研究员，他和他的团队发现了几百颗太阳系外行星。目前，他是法国科学院和美国国家科学院的准会员。奎洛兹是卡文迪许实验室和日内瓦大学的物理学教授，是天体物理学系外行星革命的开拓者。

长期以来，人们认为太阳系是宇宙生命的唯一基础，但在 1995 年，奎洛兹教授与米歇尔·马约尔（Michel Mayor）一起发现了太阳系之外的第一个巨型行星，这一发现大大改变了这种观点。这一重大发现催生了天文学真正的革命，无论是在新仪器还是对行星形成和演化的理解方面。

二、诺贝尔化学奖

诺贝尔化学奖是诺贝尔六大奖项之一，由瑞典皇家科学院评定。按照诺贝尔的遗嘱，化学奖颁给在化学上有最重大的发现或改进的人，在整个评选过程中，获奖人不受国籍、肤色和宗教信仰限制，评选的第一标准即成就的大小。

与其他五类奖项一样，诺贝尔化学奖评选获奖人的工作也在颁奖前一年 9 月至当年 1 月 31 日进行，先由瑞典皇家科学院给那些有能力按照诺贝尔奖章程提出候选人的机构或人员发出请柬，具有推荐候选人资格的人和机构包括：先前的诺贝尔奖获得者、诺贝尔奖评委会委员、特别指定的大学教授、诺贝尔奖评委会特邀教授等，推荐人不得自荐；2 月 1 日起，瑞典皇家科学院会对推荐的候选人进行筛选、审定；10 月中旬，公布获奖者名单；12 月 10 日，即诺贝尔逝世纪念日，在斯德哥尔摩举行颁奖仪式。

众所周知，居里夫妇和贝克勒尔由于对放射性的研究于 1903 年共同获得诺贝尔物理学奖，居里夫人成为第一位获得诺贝尔奖的女性，之后又因发现元素钋和镭再次获得诺贝尔化学奖，成为世界上第一位在不同领域两次获得诺贝尔奖的人。20 多年后，她的长女伊伦娜也和丈夫约里奥因发现人工放射性物质共同获得诺贝尔化学奖。

诺贝尔化学奖最年轻的得主是日本的田中耕一，是一位既没有硕士和博士学位，也不从事学术研究的医用测试仪器研发的普通职员，因与美国科学家约翰·芬恩一同发明了对生物大分子的质谱分析法，于 2002 年获得诺贝尔化学奖，应该也是最令人意外的诺贝尔奖了。

诺贝尔化学奖被称为"最难预测的诺贝尔奖项"，像谜一样，也有人说诺贝尔化学奖"不化学"。有学者对化学奖获奖情况进行统计，发现有 1/3 是颁给了生物方面的成就，还有一部分是颁给了物理学家，这不仅与化学强大的交叉性有关，也在很大程度上体现了诺贝尔奖工作的贡献和意义。诺贝尔化学奖既可以授予技术进步在化学研究中的应用，也可授予生命科学和材料科学中化学的应用，从最近几年的化学奖授予情况也可以看出。

2017 年度的诺贝尔化学奖授予雅克·迪波什（Jacques Dubochet）、约阿基姆·弗兰克（Joachim Frank）及理查德·亨德森（Richard Henderson），以表彰他们对冷冻电镜技术发展作出的突出贡献。他们开发冷冻电子显微镜用于溶液中生物分子的高分辨率结构测定，可以使人们以原子级的分辨率观察接近生理状态下的生物大分子，深刻地影响了近年来的生物学研究。

2016 年度的诺贝尔化学奖授予让-皮埃尔·索维奇（Jean-Pierre Sauvage）、J. 弗雷泽·斯托达特爵士（Sir J. Fraser Stoddart）和伯纳德·L. 费林加（Bernard L. Feringa），以表彰他们在分子机器的设计和合成方面的贡献。他们成功地将分子连在一起，还共同设计了包括微型电梯、微型电机及微缩肌肉结构在内的所有分子机器，这些分子机器只有头发丝千分之一粗细。研究者驱动着分子系统远离所谓的平衡态，迈向全新且充满活力的化学。

2015 年度的诺贝尔化学奖授予托马斯·林道尔（Tomas Lindahl）、保罗·莫德里奇（Paul Modrich）和阿齐兹·桑卡（Aziz Sancar），以表彰他们在 DNA 修复的细胞机制研究方面作出的贡献，他们的研究描述并解释了细胞修复 DNA 的机制及对遗传信息的保护措施，这些基础研究不仅可以加深人们对自身运转方式的理解，还有助于继续研发可以拯救生命的治疗方法[102]。

2019 年度的诺贝尔化学奖授予约翰·班尼斯特·古迪纳夫（John B. Goodenough）、迈克尔·斯坦利·惠廷汉姆（M. Stanley Whittingham）和吉野彰（Akira Yoshino），以表彰他们对锂离子电池研发作出的贡献。这种可充电电池奠定了手机和笔记本电脑等无线电子产品的基础，还使无化石燃料的世界成为可能，因为它可用于从电动汽车到可再生能源储存的几乎所有领域。

三、诺贝尔生理学或医学奖

诺贝尔生理学或医学奖是诺贝尔六大奖项之一，是根据已故的瑞典化学家阿尔弗雷德·诺贝尔的遗嘱设立的，目的在于表彰在生理学或医学界有卓越发现的人。诺贝尔生理学或医学奖奖章图案是拿着一本打开书的医学之神正在从岩石中收集泉水，为生病的少女解渴。奖章上刻有一句拉丁文，大致翻译为：新的发现使生命更美好。

1. 提名规则

诺贝尔生理学或医学奖于 1901 年首次颁发，根据诺贝尔基金会的相关章程，评选由瑞典的医科大学卡罗琳学院诺贝尔大会（Nobel assembly）负责，大会由 50 名选举出来的卡罗琳医学院著名教授组成。根据诺贝尔遗嘱，在评选的整个过程中，候选人不受国籍、肤色和宗教信仰限制，评选的第一标准是成就的大小。除此之外，诺贝尔奖候选人必须在生前提名，但可在死后授予。国家和政府是不得干预奖项评选的，也不接受个人自荐。按照诺贝尔奖的规定，每年的提名者信息和评奖记录都必须保密，有效期为 50 年。

2. 评选过程

卡罗琳医学院的诺贝尔大会任命诺贝尔委员会（Nobel committee）负责前期准备工作，然后邀请生理学和医学领域的代表提名候选人，通常具有推荐候选人资格的人包括：先前的诺贝尔奖获得者、诺贝尔奖评委会委员、特别指定的大学教授、诺贝尔奖评委会特邀教授等，推荐提名从每年 9 月开始，截止日期为次年 2 月 1 日。

从 2 月 1 日开始，诺贝尔委员会对推荐的候选人进行资格确认[103]，清理不够资格的提名，将提名归为 200 人左右的"长名单"。4 月，评委会提出一份 15～20 人的复选名单（俗称"半长名单"）。5 月底，大部分人被淘汰，委员会将只剩下 5 名候选人的"决选名单"提交给诺贝尔大会。从 6 月份开始，评选委员会全体成员对 5 名候选人分别写出自己的推荐报告。9 月中旬复会，进行讨论、评议和表决。10 月中旬，诺贝尔大会最终决定得主，并对外公布。12 月 10 日，诺贝尔生理学或医学奖在瑞典斯德哥尔摩音乐厅举行颁奖仪式，瑞典国王和王后出席并授奖。

2015 年 10 月，中国女科学家屠呦呦获得诺贝尔生理学或医学奖，获奖理由是她发现了如何将青蒿素从青蒿中更高效率地提取出来，这种药品可以有效降低疟疾患者的死亡率。与她分享该奖项的是日本科学家大村智及爱尔兰科学家威廉·C. 坎贝尔（William C. Campbell）。屠呦呦是第一位获得诺贝尔科学奖项的中国本土科学家、第一位获得诺贝尔生理学或医学奖的华人科学家，也是中医药成果获得的国际认可的重要标志[104]。

近七年诺贝尔生理学或医学奖得主见表 10-1。

表 10-1　近七年诺贝尔生理学或医学奖得主

2013 年	詹姆斯·E. 罗斯曼	美国	发现了细胞囊泡运输与调节机制
	兰迪-W. 谢克曼	美国	
	托马斯-C. 苏德霍夫	德国	
2014 年	约翰·奥基夫	英国	发现构成大脑定位系统的细胞
	梅·布莱特·莫索尔	挪威	
	爱德华·莫索尔	挪威	
2015 年	威廉·C. 坎贝尔	爱尔兰	发现治疗丝虫寄生虫新疗法
	大村智	日本	
	屠呦呦	中国	发现治疗疟疾的新疗法
2016 年	大隅良典	日本	发现了细胞自噬的机制
2017 年	杰弗里·霍尔	美国	发现了控制昼夜节律的分子机制
	迈克尔·罗斯巴什	美国	
	迈克尔·杨	美国	

续表

2018 年	詹姆斯·艾利森	美国	在癌症免疫治疗方面作出贡献
	本庶佑	日本	
2019 年	威廉·凯林、格雷格·塞门扎	美国	在发现细胞如何感知和适应氧气供应方面作出贡献
	彼得·拉特克利夫	英国	

四、诺贝尔经济学奖

诺贝尔经济学奖并不属于诺贝尔遗嘱中所提到的五大奖励领域之一，而是由瑞典国家银行在 1968 年为纪念诺贝尔而增设的，因此也称瑞典银行经济学奖，它的全称是纪念阿尔弗雷德·诺贝尔瑞典银行经济学奖（The Sveriges Riksbank Prize in Economic Sciences in Memory of Alfred Nobel）。经济学奖的奖金及所有相关管理费用，并非由诺贝尔遗产支付，而是由瑞典银行捐赠，全权交予诺贝尔基金会管理。

诺贝尔经济学奖虽然不是严格意义上的诺贝尔奖，但该奖项与其他奖项一样，也是由瑞典皇家科学院组织评委会进行评选并颁发。评委会包括 5～8 名成员，从科学院院士当中选出，每届任期三年。

诺贝尔经济学奖候选人是由具备提名权的个人推荐的。推荐人需要符合以下任一条件：瑞典皇家科学院的成员（瑞典籍或外籍均可）；经济学奖评委会成员；诺贝尔经济学奖的获得者；瑞典、丹麦、芬兰、爱尔兰和挪威的大学经济学教授；根据瑞典皇家科学院当年对国家和地区的分配，至少在相关 6 所大学担任过校长、院长或主席的人；其他瑞典皇家科学院认为合适的科学家（最后两类人选必须在每年的 9 月份结束前确定）。

经济学奖候选人的提名和评选流程大致如下：

（1）评委会于评选年上一年的 9 月寄出 3000 份左右的推荐函，向推荐人征求候选人的提名，要求于次年 1 月 31 日前返回候选人名单，并列出成就说明、出版物、有关文件和推荐意见，推荐人不得推荐自己参评。

（2）评选年当年 2 月，接收推荐函截止日后，评委会根据推荐人的推荐累计数，筛选出 250～350 名候选人。3—5 月，评委会把候选人的资料发给经济学专家、金融分析师和科学院院士，让他们评估这些候选人的成就。

（3）6—8月，评委会汇总评估意见，撰写评选报告，附上推荐建议和评委会每位成员的认可签名，正式提交到瑞典皇家科学院。9月，瑞典皇家科学院的经济学分院对评委会提交的报告分别进行两次会议讨论，确定最佳人选。

（4）10月初，通过秘密投票，最终选出得票最高的候选人为当年诺贝尔经济学奖获奖者，投票结果不可改变，并于当月某个星期一公布。

（5）12月10日，在瑞典斯德哥尔摩举行诺贝尔奖颁奖典礼，瑞典国王向诺贝尔经济学奖获得者颁发奖章、证书和奖金。

提名和评选过程具有严格的保密要求，根据诺贝尔奖基金会条例规定，推荐人和被提名的候选人，以及跟提名相关的任何信息都必须保密50年，禁止在私下或者公开场合讨论。

诺贝尔经济学奖每年最多可以选出三名获奖者，不设年龄限制，但是不能颁发给已过世的人。截至2017年，共有79位经济学家获得该奖，平均年龄为67岁。最年轻的得主是美国经济学家肯尼斯·约瑟夫·阿罗（2017年2月去世），1972年获奖时他51岁；最年长的得主是2007年获奖的里奥尼德·赫维茨，获奖时已90岁。来自美国的获奖者达到54名，占据绝对优势，其次为英国7名，挪威3名，法国3名，瑞典2名，德国、意大利、加拿大等国家各1名。

2018年度诺贝尔经济学奖授予两名美国经济学家威廉·诺德豪斯和保罗·罗默，以表彰二人在创新、气候和经济增长方面的杰出贡献。2019年度诺贝尔经济学奖授予阿比吉特·巴纳吉（Abhijit Banerjee）、埃丝特·迪弗洛（Esther Duflo）和迈克尔·克雷默（Michael Kremer），以表彰他们在减轻全球贫困方面的实验性做法。埃丝特·迪弗洛成为第二位获得该奖项的女性。

近年来，诺贝尔经济学奖形成了强调理论实际应用和重视交叉学科研究的风格。2017年获奖者理查德·塞勒是行为金融领域的创始人之一，他将心理上的现实假设纳入经济决策分析中，研究人的有限理性行为对金融市场的影响。2016年获奖者奥利弗·哈特和本特·霍尔姆斯特伦关于现代契约论的最新研究成果可以指导人们在复杂的经济环境下签订最优合同。2009年获奖的埃莉诺·奥斯特罗姆是第一位获得诺贝尔经济学奖的女性，她善于将政治学、经济学和社会学整合起来，解决人类共同面临的资源问题。

第二节　埃尼奖

埃尼奖（Eni Award）是由意大利跨国石油天然气巨头埃尼公司于2007年正式设立的，是世界能源领域最负盛名的奖项，被誉为世界能源领域的"诺贝尔奖"，与计算机界的图灵奖、数学界的菲尔兹奖及沃尔夫奖等并称为领域性的最高奖项。埃尼奖通过对科研人员的表彰鼓励更多学者进一步研究能源与环境问题，传播最新的研究成果，促进能源的高效使用及创新技术的开发与应用。每年获奖的人数为4～8位，每项奖金20万欧元。

埃尼奖共设五个奖项，分别是埃尼"前沿能源奖"（Energy Frontiers Prize）、埃尼"能源转化奖"（The Energy Transition Award）、埃尼"环境先进技术奖"（The Advanced Environmental Solutions Award）、埃尼"非洲青年人才奖"（The Young Talent from Africa Award）和埃尼"年度优秀青年学者"（The Young Researcher of The Year Award）。埃尼奖科学委员会由世界上最先进的研究机构的科学家组成，分别来自斯坦福大学、麻省理工学院、剑桥大学、斯图加特大学等全球一流高校和科研机构，成员中现有27名诺贝尔奖得主。该奖项以往的60余名获奖者分别来自美国、英国、法国、德国、意大利、西班牙、比利时、希腊、瑞士、芬兰10个国家，其中包括了3名诺贝尔奖获得者。

2018年7月23日，埃尼奖组委会在意大利罗马正式宣布：根据科学委员会最终评选结果，决定将第十一届埃尼"前沿能源奖"（Energy Frontiers Prize）授予王中林院士，奖金为20万欧元（折合人民币153万元），以表彰他首次发明纳米发电机、开创自驱动系统与蓝色能源两大领域，并把纳米发电机应用于物联网、传感网络、环境保护、人工智能等新时代能源领域所作出的先驱性重大贡献。这是迄今为止获得埃尼奖的第一位华人科学家，也是在中国境内现职工作期间获此重大国际性奖项的第一位科学家。

根据组委会安排，埃尼奖颁奖仪式于 2018 年 10 月 22 日在罗马市的奎里纳尔宫举行，意大利总统马塔雷拉及意大利埃尼集团董事长、CEO 等公司高管出席颁奖仪式[105]。本届埃尼奖还评选出其他四个奖项的获奖人，来自美国伯克利大学的学者获埃尼"能源转化奖"，来自韩国先进科技学院的学者获埃尼"环境先进技术奖"，来自刚果和南非的 2 名学者获得埃尼"非洲青年人才奖"，来自意大利的 2 名年轻学者获得埃尼"年度优秀青年学者"。

王中林毕业于西安电子科技大学 78 级应用物理专业，1982 年赴美国留学。目前是中国科学院外籍院士、欧洲科学院院士、台湾中央研究院院士、中国科学院北京纳米能源与系统研究所创始所长和首席科学家、中国科学院大学纳米科学与技术学院院长、美国佐治亚理工学院终身校董事讲席教授，根据 Google Scholar 2018 年 6 月的公开数据，王中林院士的学术论文已被引用 16.15 万次以上，其 H 指数（h-index）达 207，位居全球纳米领域 H 指数及影响力第 1 名。他首次发明了纳米发电机和自驱动纳米系统技术；他是压电电子学和压电光电子学两大学科的奠基人，发明了压电纳米发电机和摩擦纳米发电机；首次提出并发展了自驱动系统；首先提出蓝色能源等概念，并将纳米能源推广为"新时代的能源——物联网、传感网络、大数据时代的分布式移动式能源"，为微纳电子系统发展和物联网、传感网络实现能源自给和自驱动提供了新途径。他所领导的中科院北京纳米能源与系统研究所因拥有原创的理论、原创的学科、原创的技术，成为世界纳米能源与自驱动系统研究领域的领头羊。

第三节　菲尔兹奖

菲尔兹奖（Fields Medal）由国际数学联盟在每 4 年举行一次的国际数学家大会上颁奖，全名是国际数学杰出成就奖（International Medals for Outstanding Discoveries in Mathematics），旨在奖励 40 岁以下有突出成就的青年数学家。

在国际数学家大会（International Congress of Mathematicians，ICM）上，最激动人心的时刻莫过于颁发菲尔兹奖。菲尔兹奖旨在表彰对现有工作具有杰出数学成就的科学家，堪称数学界的"诺贝尔奖"，而ICM 也被誉为数学界的奥运会。每届 ICM 只能选出 2～4 位菲尔兹得奖者，还需要考虑数学领域的多样性，并且候选人的年龄不能超过 40 岁。可见，这个数学界的"诺贝尔奖"竞争的激烈性甚至比真正的诺贝尔奖还要困难。

菲尔兹奖委员会（Fields Medal Committee）是由国际数学联盟（International Mathematical Union，IMU）委员会选出，通常由 IMU 的主席主持。每届委员会主席的名字会被公开，但其他成员的名字直到大会颁奖之前都是保密的。2018 年 IMU 的主席是森重文（ShigefumiMori），一名来自日本的数学家，也是 1990 年菲尔兹奖获得者之一。

一、菲尔兹奖的历史

1924 年，在加拿大举行的国际数学家大会上，根据大会秘书长、加拿大数学家菲尔兹（J. C. Fields）教授的提议通过了一项决议，每届 ICM 应该颁发两枚金牌来表彰具有杰出数学成就的贡献者。自 1924 年起，用国际数学家大会的结余经费和菲尔兹教授后来捐赠的部分经费，菲尔兹奖于 1932 年正式捐赠成立，故以其姓命名。按照菲尔兹教授的愿望，此奖既奖励已有的工作，也承认对未来成就有促进作用的工作。1936 年首次颁奖，1952 年国际数学联盟成立后，由联盟颁奖。后因数学研究内容的扩展，1966 年决定从该年开始，每届可颁发最多达 4 枚奖章。

在举行每届国际数学家大会时，加拿大多伦多的菲尔德研究所也会组织菲尔兹奖研讨会（Fields Medal Symposium）。研讨会在 11 月份举行，地点一直都在菲尔德研究所。菲尔兹奖研讨会的目标是展示当年菲尔兹奖获得者的研究工作及其深远影响，并探讨其未来的发展方向和潜在的研究领域，为下一代数学家及科学家提供更多的灵感，也向更广大的公众展示这块奖牌。

二、菲尔兹奖奖牌介绍

一整块奖牌由 14KT 黄金锻造，直径 63.5 mm，价值 5500 加拿大元。正面展示了阿基米德（公元前 287—前 212）头像和他的引语：

"TRANSIRE SVVM PECTVS MVNDOQVE POTIRI"，原文为希腊语，意思为"超越自我，掌握世界"。背面写着："CONGREGATI EX TOTO ORBE MAT-HEMATICI OB SCRIPTA INSIGNIA TRIBVERE"，大意为"向世界各地的数学家杰出的作品致敬"。

2018 年菲尔兹奖众多候选人中还有两位中国人——恽之玮和张伟，他们为 L 函数泰勒展开的高阶项提供了几何解释，其研究成果被认为是过去 30 年数论领域中最令人兴奋的突破之一。其中张伟对库达拉猜想（Kudla Conjecture）的工作让他在数论领域崭露头角。张伟出生于 1981 年，今年 37 岁，目前是麻省理工学院教授，专攻数论领域，所获奖项有 2013 年的拉马努金奖、2016 年的晨兴数学奖、2018 年的新视野数学奖等。

第四节　克拉福德奖

克拉福德奖（Crafoord Prize）是一项几乎与诺贝尔奖齐名的世界性科学大奖，由瑞典皇家科学院于 1980 年设立，基金来源于瑞典企业家、人工肾脏的发明者霍尔格·克拉福德（Holger Crafoord）及其妻子安娜-格瑞塔·克拉福德（Anna-Greta Crafoord）的捐赠。授奖学科包括数学、地球科学、天文学和生物科学，每年颁发一次，轮流奖励其中一个学科的杰出成就。第一年为天文学和数学，第二年为地球科学，第三年为生物科学，第四年开始新的一轮。奖金为 50 万美元。

诺贝尔奖是当今世界影响最大的一个奖项，尤其是在自然科学领域被公认是研究人员的最高荣誉。然而，诺贝尔奖所包含的自然科学领域极其有限，仅物理学、化学、生理学和医学（1969 年开始颁发的经济学奖也可以部分认为属于此列），而对于自然科学非常重要的数学却不在此列，当然地球科学、天文学等这些在 20 世纪取得一系列重大突破的学科也不在其列[106]。为弥补这个缺陷，霍尔格·克拉福德（Holger Crafoord）决定设立克拉福德奖，授奖范围为诺贝尔奖没有涵盖的其他几个基础科学领域。

1980 年，克拉福德捐献了 300 万瑞典克朗给基金会，也就是后来的克拉福德基金会，有时又称安娜-格瑞塔和霍尔格·克拉福德基金（Anna-

Gretaand Holger Crafoord's Fund）。基金会的目的是促进诺贝尔奖之外的几个基础科学领域的研究工作。基金会对上述研究领域的支持采取两种方式进行：一种是资助瑞典的研究人员和研究机构在这方面的研究工作；另一种是设立国际奖金（也就是克拉福德奖），每年授予在这些领域作出突出贡献的科学家，以鼓励科学研究。克拉福德奖从 1982 年开始设立，奖励类别包括数学、天文学、地球科学和生物科学（特别是与生态、进化有关的生物学）。此外，还有多发性关节炎方面的研究工作。

克拉福德奖每年颁发一次，每次只授予一个研究领域。值得一提的是，对于关节炎领域，只有在一个特别委员会证明这个领域的进展值得颁发时，奖金才会授予。克拉福德奖的获奖人数与诺贝尔奖类似，最多也是 3 人（至今仅 1999 年授予 3 人）。克拉福德奖一般在每年 9 月份的"克拉福德日"举行颁奖典礼，获奖者被授予奖金和证书。同时，与诺贝尔奖类似，获奖者被要求进行一次公众演讲，这种演讲又称"克拉福德演讲"。此外，瑞典科学院还将组织一次国际性的科学讨论，讨论的主题来自当年所选择的授奖学科。

由于克拉福德奖设立的初衷就是弥补诺贝尔奖的不足，因此除了颁发学科的不同外，其他各个方面都有许多相似之处。除了上面提及的内容之外，克拉福德奖由瑞典皇家科学院进行奖金的评定和颁发，由瑞典国王在颁奖典礼仪式中授奖。著名华裔数学家丘成桐曾在 1994 年获得克拉福德奖。

尽管克拉福德奖的设立时间还不长，但它的知名度正在逐渐上升，已经得到了世界科学界的尊重。

第五节　德雷珀奖

德雷珀奖（Charles Stark Draper Prize）是美国工程科学院根据德雷珀实验室的请求，为纪念"惯性导航之父"——查理·斯达克·德雷珀博士（Charles Stark Draper，1901—1987）在工程学诸多领域的巨大开创性成就，并增进公众对工程技术在改善人类生活与自由等方面所作贡献的了解，于 1988 年设立的美国工程学界最高荣誉。它由美国国家工程院颁发，德雷珀实验室资助，旨在奖励那些对社会产生重要影响、为改善人们生活质量作出重大贡献的工程技术成就[107]。

德雷珀奖被认为是工程界的"诺贝尔奖",该奖于 1989 年首次颁发,最初每两年评选一次。自 2011 年起,改为每年评选一次,提名人的研究范围涵盖了所有工程学的学科,无论是否为美国国家工程研究院会员,也不限国籍,均有资格参与德雷珀奖的竞选。每年的 1—4 月为提名征集期,所有提名申请应在此期间用英文书写,并通过邮寄、传真或电子邮件方式提交给美国国家工程科学院奖励办公室。提名申请需要填写完整的提名表和附件材料,其中要求不少于 3 封且不多于 6 封的推荐信,推荐信也可以独立提交,只要确保在 4 月底前收到即可。获奖者的奖励包括 50 万美元的奖金、一枚金质奖章和一份手写证书。略存遗憾的是,该奖的获奖人远不如诺贝尔奖获奖人受到大众传媒的关注。

查理·斯达克·德雷珀于 1901 年 10 月 2 日出生在美国密苏里州的一个小镇,首次就读的大学专业是密苏里矿冶学院的图书馆艺术系,两年后转学到斯坦福大学,1922 年获得心理学学士学位。随后,他在麻省理工学院先后获得电化学学士学位、物理学硕士学位、物理学博士学位,并取得学院教职,任职于航空工程系。作为麻省理工学院教员和航空航天系主任,他指导开发了一系列的仪表监测和控制程序。多年工作使德雷珀在仪器监测和控制方面具有颇深造诣,这使他在那个时代最重要的阿波罗计划中为导航、控制系统的成功研制发挥了重要作用,NASA 与德雷珀实验室订立的首份合同便是阿波罗计划的登月舱和指挥舱系统。1973 年,麻省理工学院将德雷珀在 19 世纪 30 年代的学生和技术人员团队扩建成的监测仪器实验室组建为德雷珀实验公司,成为一个独立的非营利研发组织[108]。1987 年德雷珀辞世时,他在美国、法国、英国、德国、捷克斯洛伐克和苏联共获得了 70 多项荣誉和奖项。他是美国国家工程院、美国国家科学院院士。他获得的奖项包括林登·约翰逊总统的国家科学奖章、史密森学会的 Langley 奖章、国家太空俱乐部的 Robert H. Goddard 奖杯和国家工程院的创始人奖。

以下为截至 2018 年德雷珀奖的获奖人员和相关主要成就。

(1) 第 1 届:1989 年,基尔比(J. S. Kilby)和诺伊思(R. N. Noyce),独立发明并改进了集成电路。

（2）第 2 届：1991 年，维特尔（F. Whittle）和奥海因（H. V. Ohain），独立研制出涡轮发动机。

（3）第 3 届：1993 年，拜克斯（J. Backus），创立了第一种通用、高级的计算机程序语言（公式转换程序 FORTRAN）。

（4）第 4 届：1995 年，皮尔斯（J. R. Pierce）和罗森（H. A. Rosen），发展了通信卫星技术。

（5）第 5 届：1997 年，哈因塞尔（V. Haensel），研制出一种高选择性、高效率催化剂"Platforming"。

（6）第 6 届：1999 年，高（C. K. Kao）、马乌尔（R. D. Maurer）和麦克彻西尼（J. B. MacChesney），发明了光纤。

（7）第 7 届：2001 年，塞夫（V. G. Cerf）、柯汉（R. E. Kahn）、克雷洛克（L. Kleinrock）和罗伯特（L. G. Robert），互联网的开发。

（8）第 8 届：2002 年，兰格尔（R. Langer），发展了革命性医药转运系统——生物引擎。

（9）第 9 届：2003 年，格廷（I. A. Getting）和帕金森（B. W. Parkinson），发展了全球定位系统。

（10）第 10 届：2004 年，凯伊（A. C. Kay）、兰普生（B. W. Lampson）、泰勒（R. W. Taylor）和赛克尔（C. P. Thacker），开发 Alto（第一台实用的联网计算机）。

（11）第 11 届：2005 年，艾腊吉（M. S. S. Araki）、马登（F. J. Madden）、米勒（E. A. Miller）、普拉姆（J. W. Plummer）和斯克斯勒（D. H. Schoessler），涉及开发和运行 Corona（第一个基于太空的地球观测系统）。

（12）第 12 届：2006 年，波义尔（W. S. Boyle）和史密斯（G. E. Smith），发明了电荷耦合元件（CCD，一种被广泛用于成像技术及数码照相机中核心的光敏结构的元件）。

（13）第 13 届：2007 年，蒂姆·伯纳斯-李（T. B. Lee），开发了万维网。

（14）第 14 届：2008 年，卡尔曼（R. E. Kalman），开发了卡尔曼滤波器。

（15）第 15 届：2009 年，邓纳德（R. H. Dennard），发明和推动了动态随机存取存储器（DRAM）的发展，该技术通常用于计算机和其他数据处理及通信系统。

（16）第 16 届：2011 年，阿诺德（F. H. Arnold）和斯特默（W. P. C. Stemmer），在定向进化领域的独立贡献，该技术已用于食品配料、药品、毒理学、农产品、基因传递系统、洗衣辅助设备和生物燃料。

（17）第 17 届：2012 年，黑梅尔（G. H. Heilmeier）、海福里奇（W. Helfrich）、司扎特（M. Schadt）和布罗迪（T. P. Brody），对液晶显示技术（LCD）发展的贡献。

（18）第 18 届：2013 年，豪格（T. Haug）、库珀（M. Cooper）、奥村善久（Y. Okumura）、富兰克（R. H. Frenkiel）和因戈尔（J. S. Engel），移动电话先驱。

（19）第 19 届：2014 年，谷登纳夫（J. Goodenough）、西美绪（Y. Nishi）、雅扎米（R. Yazami）和吉野彰（A. Yoshino），充电电池领域前驱。

（20）第 20 届：2015 年，赤崎勇（I. Akasaki）、克劳福德（M. G. Craford）、何伦亚克（N. Holonyak Jr）、杜普伊斯（R. Dupuis）和中村修二（S. Nakamura），发光二极管（LED）行业先驱者。

（21）第 21 届：2016 年，维特比（A. J. Viterbi），创建了供目前绝大多数收集使用的维特比算法。

（22）第 22 届：2017 年，施特斯特普（B. Stroustrup），创建了C++语言。

第六节　沃尔夫奖

沃尔夫奖（Wolf Prize）是一项具有很高声望的多学科国际奖。1976 年 1 月 1 日，R. 沃尔夫（Ricardo Wolf，1887—1981）和其夫人共同捐献 1000 万美元在以色列成立了沃尔夫基金会，其宗旨主要是促进全世界科学、艺术的发展。沃尔夫是一位发明家、外交官和慈善家，1887 年出生在德国汉诺威，并在德国获得化学博士学位。第一次世界大战前，沃尔夫移居古巴。1961 年被任命为古巴驻以色列大使，直至 1973 年的古巴外交危机，随后，沃尔夫定居以色列。

1975 年，R. 沃尔夫以"为了人类的利益促进科学和艺术"为宗旨，发起成立沃尔夫基金会，征得沃尔夫家族成员（主要是其夫人）捐赠的基金共 1000 万美元。该基金会由董事会（由 5 名沃尔夫家族成员组成）和理事会（由以色列文化教育部长负责，若干名以色列学者和官员组成）领导，下设评奖委员会，负责评奖事宜。评奖委员会主要任务是每年选聘各领域的评奖专家组成员。评奖专家组由每学科领域 3～5 人组成，每年更换。沃尔夫获奖者的遴选由各领域组成的专家组确定，专家组的决定是最终结果，不可更改。

沃尔夫奖主要是奖励对推动人类科学与艺术文明的发展作出杰出贡献的人士，1978 年首次颁奖，每年评选一次。颁奖典礼在耶路撒冷以色列议会大厦举行，获奖者本人必须参加，不能出席颁奖典礼的人一般不会得到获奖提名。沃尔夫基金会开始时分别设立了农业、物理、化学、数学和医学五个奖项，1981 年又增设了艺术奖，奖励在艺术领域的建筑、音乐、绘画、雕塑四大项目之一中取得突出成绩的人士。其中以沃尔夫数学奖影响最大，因为诺贝尔奖中没有数学奖，而菲尔茨奖虽有影响，但只授予 40 岁以下的年轻数学家，而沃尔夫奖在全世界范围内以获奖者一生的成就来评定，因此，沃尔夫数学奖堪称数学领域的"诺贝尔奖"。

根据统计，沃尔夫物理奖、化学奖和医学奖的获得者中，有 1/3 的人获得了相关领域的诺贝尔奖，因此在沃尔夫奖的这些领域，尤其是在物理和化学领域，其影响力仅次于诺贝尔奖。先后获得沃尔夫物理奖和诺贝尔物理奖的科学家有肯尼斯·威耳孙、利昂·莱德曼、马丁·刘易斯·佩尔、皮埃尔-吉勒·德热纳、约瑟夫·胡顿·泰勒、南部阳一郎、小柴昌俊等。1978 年，美籍华人物理学家吴健雄（女）获得此奖。美籍华人科学家钱永健先后获得过沃尔夫医学奖和诺贝尔化学奖。

沃尔夫奖具有终身成就性质，是世界上最高学术成就奖之一。通常是每年颁发一次，每个奖的奖金为 10 万美元，可以由几人分得。自 1978 年至 1990 年已有 24 位数学家获得沃尔夫数学奖。由于沃尔夫数学奖具有终身成就的性质，所以这 24 位数学家都是蜚声数坛、闻名遐迩的当代数学大师，他们的成就在相当程度上代表了当代数学的水平和进展。著名华裔数学家陈省身教授就曾于 1984 年 5 月获得沃尔夫奖。1991 年，台湾科学家杨祥发获沃尔夫农学奖；2004 年，有"杂交水稻之父"之称的袁隆平也获得了此殊荣；2010 年，丘成桐获沃尔夫数学奖；2011 年，美籍华人邓青云教授荣获沃尔夫化学奖。至此，除了艺术领域，华人科学家在其余的五个领域都获得了沃尔夫奖。

第七节　科普利奖章

科普利奖章（Copley Medal）是一项历史非常久远的科学奖项，也是科学成就的最高荣誉奖项之一，由英国皇家学会于 1731 年设立。基金来源于英国皇家学会高级会员杰弗里·科普利爵士（Sir Geoffrey Copley）的遗嘱捐赠，因此该项奖以他的姓氏命名，以表示对他的纪念和感谢。

科普利奖章授予自然科学研究领域杰出论著的作者。研究的主题由英国皇家学会指定，同时这些论著必须是已经发表的，或者是向英国皇家学会通报过的。评选工作由英国皇家学会理事会负责[109]。英国皇家学会成立于 1660 年，是英联邦最重要的科研团体。英国皇家学会由 21 名院士组成的理事会管理，其宗旨是促进和支持自然科学的发展。

为保证评选的公正性，英国皇家学会现任理事不能是科普利奖章的获奖候选人。此外，科普利奖章对获奖人的国籍、种族等没有任何限制，对获奖项目完成的时间阶段也没有任何限制，同一个人可以因不同的项目多次获得该奖项。这一奖章只在作者生前授予，死后不予追赠。

科普利奖章每年颁发一次，授予获奖者一枚镀金银质奖章，同时还奖给 100 英镑的一笔奖金。这笔奖金在今天看来数额并不大，可在当时却相当可观。从 1957 年开始，数额为 1000 英镑的约翰·贾菲奖与科普利奖章合并，也就是说，科普利奖章的奖金数额增加到 1100 英镑。但如果获奖人已获得诺贝尔奖，那么获奖人仍只能得到 100 英镑的奖金。现在，科普利奖章得奖者将获颁发一面银制奖牌及奖金 2500 英镑。

就奖金数额而言，科普利奖章远比不上世界上的其他许多奖项，但它是英国最古老的一项科学奖，学术地位很高，而且经久不衰。获奖者多是世界上著名的学者。第一枚科普利奖章获得者是电学研究的先驱——斯蒂芬·格雷（Stephen Gray）。现代获奖者中也有不少是诺贝尔奖获得者，如生理学家与生物物理学家安德鲁·赫胥黎（Andrew Huxley）、曾两次获得诺贝尔奖的英国生物化学家弗雷德里克·桑格（Frederick Sanger）、英国女生物化学家多萝西·霍奇金（Dorothy Hodgkin）等。

2014—2018 年的科普利奖章获得者见表 10-2。

表 10-2　2014—2018 年的科普利奖章获得者

年份	获　奖　者	国籍	主　要　成　就
2018	Jeffrey I. Gordon	美国	揭示了肠道微生物群落对人类健康和疾病的作用
2017	Andrew Wiles	英国	成功证明了费马大定理，这是 20 世纪最重要的数学成就之一
2016	Richard Henderson	英国	对发展电子显微镜技术作出了根本性和革命性的贡献，以很高的分辨率确定了溶液中生物分子的结构
2015	Peter Higgs	英国	对粒子物理学作出了重要贡献，他的理论解释了基本粒子的起源，并在大型强子对撞机的实验中得到了证实
2014	Alec Jeffreys	英国	在人类基因组变异和突变方面进行了开创性的工作

第八节　图　灵　奖

图灵奖（A. M. Turing Award）的全称为"A. M. 图灵奖"（Alan Mathison Turing Award），由美国计算机协会（Association for Computing Machinery，ACM）于 1966 年设立，用以奖励那些对计算机事业作出重要贡献的个人，是美国计算机协会在计算机技术方面所授予的最高奖项，被喻为计算机界的"诺贝尔奖"[110]。其名称取自计算机科学的先驱、英国科学家艾伦·麦席森·图灵。1966 年，A. J. Perlis 因其在新一代编程技术和编译架构方面的贡献成为图灵奖的第一个得主。图灵奖颁发的历史，实际上是计算机科学技术发展史的缩影。

艾伦·麦席森·图灵（Alan Mathison Turing）是英国数学家、逻辑学家，被称为计算机之父、人工智能之父。1931 年图灵进入剑桥大学国王学院，毕业后到美国普林斯顿大学攻读博士学位，"二战"爆发后回到剑桥。图灵曾协助军方破解德国的著名密码系统 Enigma，他对于人工智能的发展有诸多贡献，曾写过一篇名为《计算机会思考吗?》的论文，其中提出了一种用于判定机器是否具有智能的试验方法，他提出的著名的图灵机模型为现代计算机的逻辑工作方式奠定了基础。

从 1966 年颁发图灵奖至 2019 年，已有 50 多个年头，共授予了 67 位科学家。其中美国学者最多，此外还有英国、瑞士、荷兰、以色列、挪威等国少数学者。华人学者目前仅有 2000 年图灵奖得主姚期智（现在清华大学、香港中文大学任教），他的主要贡献领域为计算理论，包括伪随机数生成、密码学与通信复杂性。67 名图灵奖得主分布在几十个小领域，排在前面的领域有：编译原理、程序设计语言、计算复杂性理论、人工智能及密码学。据相关资料统计，截至 2018 年，美国斯坦福大学的图灵奖人数（校友或教职工）位列世界第一，美国麻省理工学院、美国加州伯克利大学并列世界第二，哈佛大学和普林斯顿大学分列世界第四和第五名。

图灵奖授予在计算机技术领域作出突出贡献的个人，这些贡献必须对计算机事业产生重要而深远的影响。每年，美国计算机协会将要求提名人推荐本年度的图灵奖候选人，并附加一份 200～500 字的推荐陈述，说明被提名者为什么应获此奖。任何人都可成为提名人。对于被提名者来说，至少需要 3 封推荐信。美国计算机协会将组成评选委员会，对被提名者进行严格的评审，并最终确定当年的获奖者[111]。图灵奖的奖金初期为 20 万美元，1989 年起增到 25 万美元，奖金通常由计算机界的一些大企业提供。目前图灵奖由 Google 公司赞助，奖金为 100 万美元。

图灵奖的管理机构是美国计算机学会（ACM）。ACM 成立于 1947 年，是全球历史最悠久和最大的计算机科学和教育方面的学会组织。目前提供的服务遍及 100 多个国家，会员达 80 000 多位专业人士，涵盖工商业、学术界及政府单位。它致力于发展信息技术教育、科研和应用，出版最具权威和前瞻性的出版物，如专业期刊、会议文集和新闻报道，并于 1999 年开始提供电子数据库服务——ACM Digital Library 全文数据库。

2013—2018 年的图灵奖获得者见表 10-3。

表 10-3　2013—2018 年的图灵奖获得者

年份	获 奖 者	国籍	主 要 成 就
2018	多伦多大学教师和谷歌脑研究员杰弗里·辛顿、Facebook 首席人工智能科学家和纽约大学教授 Yann LeCun、Element AI 创始人和蒙特利尔大学教授 Yoshua Bengio		提出的概念和工作使得深度学习神经网络有了重大突破
2017	John Hennessy, David Patterson	美国	开发了 RISC 微处理器及让这一概念流行起来的工程
2016	Tim Berners-Lee	英国	万维网的发明者
2015	Whitfield Diffie Martin, Hellman	美国	非对称加密的创始人
2014	Michael Stonebraker	美国	对现代数据库系统底层的概念与实践作出了基础性贡献
2013	Leslie Lamport	美国	在提升计算机系统的可靠性及稳定性领域作出了杰出贡献

第十一章

科技成果转化

科学技术是第一生产力，科技成果有效转化后才能形成真正的生产力。科学技术是推动现代生产力发展的重要因素和重要力量。现代科学技术的发展，使得科技在经济和社会发展中的作用越来越显著。促进科技成果转化、加速科技成果产业化，已经成为世界各国科技政策的新趋势。为借鉴国际科技成果转化宝贵经验，加快我国技术创新成果产业化的步伐，本章主要介绍四方面内容供读者学习了解：（1）世界知识产权服务、政策、合作与信息的全球协调机构——世界知识产权组织的宗旨、职能、组织机构及发展简史等情况；（2）国际上知识产权保护领域的公约，也是参与方最多、内容最全面、保护水平最高、保护程度最严密的一项国际协定《与贸易有关的知识产权协定》；（3）在北美大学技术转移服务方面富有影响力的组织之一——北美大学技术经理人协会；（4）促进美国科技成果转化并对美国创新发展起到很大撬动作用的《贝多法案》。

第一节　世界知识产权组织简介

世界知识产权组织（World Intellectual Property Organization，WIPO）是关于知识产权服务、政策、合作与信息的全球协调机构，总部位于瑞士日内瓦，共有 191 个成员国。WIPO 致力于利用知识产权（专利、版权、商标、外观设计等）作为激励创新与创造的手段，领导发展兼顾各方利益的有效国际知识产权制度，让创新和创造惠及每个人。

一、宗旨

WIPO 的宗旨如下：

（1）通过国家之间的合作并在适当情况下与其他国际组织配合，促进世界范围内的知识产权保护；

（2）保证各联盟之间的行政合作。

二、职能

WIPO 的职能是负责通过国家间的合作促进对全世界知识产权的保护，管理建立在多边条约基础上的关于专利、商标和版权方面的 23 个联盟的行政工作，并办理知识产权法律与行政事务。其重点投入用于同发展中国家进行开发合作，促进发达国家向发展中国家转让技术，推动发展中国家的发明创造和文艺创作活动，以利于其科技、文化和经济的发展。

三、组织机构

WIPO 的组织机构包括以下几部分：

（1）大会：作为该组织的最高权力机构，由成员国中参加巴黎联盟和伯尔尼联盟的国家组成；

（2）成员国会议：由 WIPO 公约全体成员国组成；

（3）协调委员会：由担任巴黎联盟执行委员会委员或伯尔尼联盟执行委员会委员或兼任两执行委员会委员的 WIPO 公约当事国组成，是为协调各联盟之间的合作而设立的机构；

（4）国际局：为 WIPO 的秘书处，是该组织的常设办事机构，由总干事领导并辅以两个以上的副总干事，常年负责协调由成员国组成的各个机构召开的正式和非正式会议。

此外，WIPO 管理的各项条约分别设立了各联盟成员国大会（如国际专利合作联盟大会、马德里联盟大会等）。

四、发展简史

WIPO 发展史上若干重要的里程碑如下：

（1）1883 年：《巴黎公约》。此项国际协定是帮助创造者确保其智力成果在别国受到保护的重要发端，保护内容包括：发明（专利）、商标、工业品外观设计。

（2）1886 年：《伯尔尼公约》。其宗旨是授予创作者在国际层面对其创意作品进行控制并收取报酬的权利，受保护的作品包括：长篇小说、短篇小说、诗歌、戏剧、歌曲、歌剧、奏鸣曲、绘画、雕塑、建筑作品等。

（3）1891 年：《马德里协定》。该协定的通过迎来了第一项国际知识产权申请服务——商标国际注册马德里体系。在随后的几十年里，全系列的国际知识产权服务随着 WIPO 演变并在其主导下应运而生。

（4）1893 年：成立保护知识产权联合国际局（BIRPI）。为管理《巴黎公约》和《伯尔尼公约》而设立的两个秘书处整合形成了 WIPO 的前身——保护知识产权联合国际局。

（5）1970 年：BIRPI 更名为 WIPO。《建立世界知识产权组织（WIPO）公约》生效，BIRPI 因此为 WIPO 所取代。

（6）1974 年：WIPO 加入联合国。成为联合国的一个专门机构，联合国的所有会员国都有权成为专门机构的成员，但并非必须于 1978 年启动《专利合作条约》（PCT）国际专利体系。这样方便申请人在国际上寻求对其发明的国际专利保护，帮助专利局作出专利授予决定，便于公众查阅这些发明中涉及的丰富技术信息。根据 PCT 提交一件国际专利申请，申请人可以同时在全世界大多数国家寻求对其发明的保护，PCT 已是当今 WIPO 最大的国际知识产权申请体系。

（7）1994 年：成立仲裁与调解中心。提供替代性争议解决服务，协助解决私人当事方之间的国际商业争议。

（8）1998 年：WIPO 学院开始运行。提供关于知识产权的综合课程和专业课程，在课程设置上采取跨学科的方式，目标受众是广大知识产权从业人员。

（9）2007 年：通过 WIPO 发展议程。以确保发展问题在整个组织的工作中得到考虑。

五、关于中国

我国于 1980 年 6 月 3 日加入 WIPO，成为它的第 90 个成员国。1985 年加入保护工业产权的《巴黎公约》，1989 年加入商标国际注册的《马德里协定》，1992 年 10 月加入保护文学艺术品的《伯尔尼公约》，1994 年 1 月 1 日加入《专利合作条约》。我国共加入了 WIPO 管辖的 10 多个条约。

六、数据共享

WIPO 于 2013 年 11 月 28 日启动了 "WIPO GREEN" 数据库，为寻求共享创新和环境友好型技术以应对气候变化的各种团体建立联系[112]。数据库收录有绿色技术、发明和专利，这些技术来自多种多样的机构，其中包括中小企业、跨国公司、创新者和世界各地的高等院校。WIPO GREEN 数据库和网络在新技术的拥有人和寻求绿色技术商业化、许可或者以其他方式传播绿色技术的个人或公司之间牵线搭桥，目标是加快绿色技术的创新和传播，为发展中国家应对气候变化的努力作出贡献[113]。

数据库提供范围广泛的绿色技术产品、服务和知识产权资产，还允许个人和企业挂牌公示绿色技术需求。数据库可免费查询，只需注册一次。通过网络，成员可以接触范围广泛的利益攸关方——包括中小企业、跨国公司、政府间组织、投资人和学术人员，为协作和伙伴关系创造新的机会。

WIPO 发布的年度报告显示，2018 年，产权组织 PCT 超过了创纪录的 25 万件（253 000 件）节点，比 2017 年增长 3.9%，产权组织马德里体系受理 61 200 件国际商标申请，增长率为 6.4%。产权组织工业品外观设计海牙体系在 2018 年增长了 3.7%，达 5404 件申请。在全部国际专利申请中，半数以上来自亚洲，中国、印度和韩国增长显著，推动产权组织全球知识产权服务再创纪录。

数据显示：2018 年，美国仍是提交国际专利申请最多的国家，达 5.61 多万件；紧随其后的是中国，申请量为 5.33 多万件；日本排名第三，为 4.97 多万件；德国和韩国分列第四和第五。按照目前的趋势，预计中国将在未来两年内赶超美国。值得注意的是，华为在 2018 年提交了 5405 件国际专利申请，世界知识产权组织总干事弗朗西斯·高锐说："这是有史以来，一家公司创下的最高纪录。"中兴通讯曾在 2016 年位居申请数量之首，其 2018 年国际专利申请数量排名第五（2080 件）。在提交专利申请数量前 10 位的企业中，6 家来自亚洲，2 家来自欧洲，2 家来自美国。

在上榜的前 10 所教育机构中，5 所来自美国，4 所来自中国，1 所来自韩国，这是中国高校首次晋级前十。专利申请数量排名第一的是美国加利福尼亚大学（501 件），该校从 1993 年起就一直蝉联榜首。中国高校中，深圳大学（201 件）、华南理工大学（170 件）、清华大学（137 件）、中国矿业大学（114 件）分列第三、第四、第七和第十位。

第二节 《与贸易相关的知识产权协定》简介

《与贸易相关的知识产权协定》（Agreement on Trade-Related Aspects of Intellectual Property Rights，TRIPS）是世界贸易组织（WTO）体系下的多边贸易协定。TRIPS 是各国代表经过长达 8 年的乌拉圭谈判后于 1994 年 4 月 15 日在摩洛哥草签通过，并于 1995 年 1 月 1 日起生效的，由同时成立的世界贸易组织管理。TRIPS 不仅是国际上知识产权保护领域的公约，也是参与方最多、内容最全面、保护水平最高、保护程度最严密的一项国际协定，分为八个部分，共有 73 个条约。

TRIPS 的主要特点是：①内容涉及面广，几乎涉及了知识产权的各个领域；②保护水平高，在多方面超过了过去已有的国际公约对知识产权的保护水平；③将关贸总协定（GATT）和世界贸易组织（WTO）中关于有形商品贸易的原则和规定延伸到对知识产权的保护领域；④强化了知识产权执法程序和保护措施；⑤强化了协议的执行措施和争端解决机制，把履行协议保护产权与贸易制裁紧密结合在一起；⑥设置了与贸易有关的知识产权理事会（TRIPS 理事会）作为常设机构，监督本协议的实施[114]。

TRIPS 理事会是一个争端解决机构，其基本任务是保持各国法律及其他影响知识产权措施的透明度，并负责对各国遵守 TRIPS 的状况加以监督。TRIPS 第七部分第六十八条对 TRIPS 理事会的职责进行了阐述："TRIPS 理事会应监督本协定的运用，特别是各成员遵守本协定中履行义务的情况，并为各成员提供机会就与贸易有关的知识产权事项进行磋商。理事会应履行各成员指定的其他职责，特别是在争端解决程序方面提供各成员要求的任何帮助[115]。在履行其职能时，TRIPS 理事会可向其认为适当的任何来源进行咨询和寻求信息。经与 WIPO 磋商，理事会应寻求在其第一次会议后一年内达成与该组织各机构进行合作的适当安排。"

目前，世界贸易组织 TRIPS 理事会主要是通过召开例行会议和特别会议的方式进行工作。例行会议作为成员之间就主要议题展开谈判和协商的场所，向全部成员和观察员开放，现任主席是德国的沃尔特·维尔纳（Walter Werner）大使。例会主要议题有：依据 TRIPS 有关规定对各成员国内立法通报及审议；TRIPS 与公众健康；扩大地理标识保护范围；动植物及其生产方法、植物多样性保护问题的审议及 TRIPS 与生物多样性公约（CBD）；TRIPS 下对传统知识和民俗的保护；对于 TRIPS 实施情况的审议；发达国家成员对发展中国家成员技术转让的实施情况及技术合作和能力建设；知识产权非违约之诉；电子商务与 TRIPS 关系；国际政府间组织在 TRIPS 理事会例会的观察员地位等。特别会议是在多哈发展议程多边贸易谈判框架下设立的有关 TRIPS 问题谈判的机构，其主要谈判议题为：建立葡萄酒及烈酒产品的地理标识多边通知与登记制度框架。现任主席是洪都拉斯的 Dacio Castillo 大使。TRIPS 理事会通过一系列透明机制实现对协定遵守情况的监管，例如 TRIPS 通知义务、问卷调查、成员之间问答交流等。

应该说，以世界贸易组织为核心的知识产权国际保护新体制第一次将知识产权与国际贸易联系起来，TRIPS 也第一次将版权及邻接权、商标权、地理标识权、工业品外观设计权、专利权、集成电路布图设计权、信息秘密保护权等纳入一体保护。自世界贸易组织成立以来，知识产权的国际保护出现了前所未有的新局面，尤其在具体落实 TRIPS 和监督成员履行保护义务上作出了巨大贡献。但是也有反对意见指出，该协定部分条约明显对发达国家更为有利，其条约中大部分成员并没有因此而受利，存在较为明显的不公平性。

第三节　北美大学技术经理人协会简介

北美大学技术经理人协会（Association of University Technology Managers，AUTM）是经营大学科研成果的非营利性技术转移组织之一，其目的是培训专业人员，支持能改变世界和驱动创新的学术研究和发展，促进全球先进技术转移，推动先进技术创造美好世界。

AUTM 的前身是 1974 年成立的大学专利管理者协会（SUPA），其目标是促进大学的技术转移，并通过协调技术转移相关主体间的关系协助技术转移办公室的技术成果转化工作。由于当时大学研究成果产权归属不明确，由政府资助的科技成果的知识产权归政府所有，研究人员的积极性不高，技术转移工作并不理想[116]。

1980 年美国国会通过的《贝多法案》（*Bayh-Dole Act*，又译为《拜杜法案》）是科研成果转化史上一个最为重要的法案，该法案规定：除非大学声明放弃，由联邦政府资助产生的研究发明归大学所有，大学必须申请专利并且不遗余力地实现商业化。这大大刺激了美国大学从事技术转移的热情。该法案出台后，大学设立技术转移办公室的数量大幅增加。

1989 年，SUPA 认识到其职能远远超出了专利管理的范畴，正式更名为大学技术经理人协会（AUTM），并在原有基础上不断扩展运营规模。AUTM 的组织机构包括董事会、成员大会和众多专业委员会，其中董事会和专业委员会的职责由 AUTM 会员承担，依靠成员的资助运行，成员大会主要致力于为 AUTM 成员提供参与工作的机会。

AUTM 的具体职责如下：

（1）为会员提供技术转移方面的培训，促进技术转移职业化发展。

（2）搭建技术转移网络信息平台，通过该平台可以直接连接到各个专利技术转移组织。

（3）从发明披露、专利授权、技术许可等方面对政府资助项目的机构进行年度调查。

（4）定期发行出版物、举办年会，为全球技术转移经理人和行业组织提供沟通交流的平台。

目前，AUTM 拥有来自全球 800 多所大学、研究机构、医院、公司和政府组织的 3000 多位成员，他们大多是在技术转移领域取得突出贡献的专家学者、世界一流大学的技术经理人及知识产权领域的专业人员等。成员与商业伙伴密切合作，将研究成果转移转化，每年能创造出数以千计的产品、服务和初创企业，并带来数百万美元的经济效益。AUTM 已经成长为培养职业技术经理人、统筹全球技术转移组织开展工作的主要机构之一。

AUTM 作为北美大学技术转移服务方面富有影响力的组织之一，在技术资源和技术需求间搭建了很好的桥梁，成功促进了美国高校技术成果的转移转化，为促进国民经济的发展、国家竞争力的提高作出了很大的贡献。

第四节　促进科技成果转化的《贝多法案》简介

关心和从事科技成果转化的人常常提起美国的《贝多法案》，李克强总理也曾在一次国务院常务会议上说："美国搞过一个《贝多法案》，这对美国的创新发展起到了很大的撬动作用。像这样的国际经验还要好好研究。"那么《贝多法案》是什么，让我们来了解一下。

《贝多法案》是《美国法典》第 35 编《专利法》中第 18 章标题为"联邦资助所完成发明的专利权"的《专利与商标法修正案》，是为解决和促进科研成果商业化而设立。由美国当年的国会参议员 Birch Bayh 和 Robert Dole 提出，1980 年由国会通过。

一、产生背景

1950 年，美国国会通过了《国家科学基金法案》，旨在资助不能直接用于商业目的的基础科学研究，大量的科研投入使美国在科学前沿领域处于世界领先水平。但在 20 世纪 70 年代末，人们发现大量的科研成果并没有带来高科技工业的发展，美国的科研优势并没有转化为经济优势和市场优势，美国工业在世界市场的竞争力明显减弱。此时，日本和欧洲的产业技术取得长足进步，"日本制造"和"德国制造"替代"美国制造"成为普通美国人的首选[117]。

科学研究与科技成果转化和应用的体制障碍是造成上述问题的原因之一，由政府资助的科研项目产生的专利权一直由政府拥有，复杂的审批程序导致政府资助项目的专利技术很少向私人部门转移。截至 1980 年，联邦政府持有近 2.8 万项专利，但只有不到 5％的专利技术被转移到工业界进行商业化。作为重要科研力量的美国高校在 1980 年以前每年获得的专利从未超过 250 项，从事科技成果转化的学校则更少。人们认为，政府资助产生的发明被"束之高阁"的原因在于该发明的权利没有进行有效地配置：政府拥有权利，但没有动力和能力进行商业化；私人部门有动力和能力实施商业化，但没有权利[118]。

二、核心内容

1980 年至 1987 年间，美国国会通过了多项法案以促使科研成果商业化，其核心法案即《贝多法案》。《贝多法案》的核心是将以政府财政资金资助为主的知识产权归属于发明者所在的研究机构，鼓励非营利性机构与企业界合作转化这些科研成果，以促使发明技术的应用。

法案的主要内容如下：

（1）规定联邦政府资助下产生的科技发明的所有权可以归大学，前提是大学要承担起专利申请和将专利许可授权给企业界的义务。

（2）允许大学进行独占性专利许可。

（3）规定发明人应分享专利许可收入，但未规定发明人具体应得份额。

（4）规定大学应将技术转移所得、全部专利许可所得返还到教学和研究中去。

（5）规定联邦政府留有介入权，即大学如果未能通过专利许可方式使某项发明商业化，联邦政府将保留决定该项发明由谁来继续商业化的权利，但政府的干预权限仅此而已[119]。

三、权利与义务

《贝多法案》适用于所有由政府资助的研发项目产生的发明，这里的"发明"包括所有可以申请专利或受其他知识产权法保护的成果。适用范围包括政府机构、小企业、非营利组织。小企业、非营利性组织统称为合同方或受资助单位。

受资助单位需要及时披露研发成果，选择是否保留发明所有权的权利。如果选择保留权，那么受资助单位有专利申请、声明受资助情况、实施情况，优先发展美国产业，以及将收益分配给发明人和用于科研、教育等的义务。政府则对受资助单位未保留的发明享有所有权，可以为美国利益在全世界付费实施该发明，并拥有介入权（某些情况下，联邦政府可以要求保留权利的受资助单位给予第三方实施发明的许可，或者由联邦政府直接授予第三方实施发明的许可）等[118]。

四、意义卓著

《贝多法案》被英国《经济学家》杂志评为美国过去 50 年最具激励性的一个法案，是美国从"制造经济"转向"知识经济"的标志。法案使得私人部门享有联邦资助科研成果的专利权成为可能，从而产生了促进科研成果转化的强大动力，成效显著，大学专利授予数从 1980 年的 246 件增加到 2000 年的 3109 件。该法案的成功之处在于：通过制度性安排，为政府、科研机构、产业界三方合作，共同致力于政府资助研发成果的商业运用提供了有效的制度激励，由此加快了技术创新成果产业化的步伐，使得美国在全球竞争中能够继续维持其技术优势，促进了国家经济繁荣[120]。《贝多法案》不仅仅关乎收益权是归政府还是归大学或私营机构，技术转让的核心使命是：分享成果，分享创新，从而增进社会财富。

第十二章

世界知名学术出版机构

学术传播离不开学术出版机构，本章主要介绍世界知名学术出版机构，即科学数据与分析服务商——科睿唯安公司、学术出版与信息分析服务商——爱思唯尔公司（Elsevier）、学术出版与科学传播服务商——施普林格·自然集团和威立（Wiley）国际出版公司。其中，科睿唯安是原汤森路透知识产权与科技事业部，于 2016 年正式独立，旨在通过为全球客户提供值得信赖的数据与分析，洞悉科技前沿，加快创新步伐；爱思唯尔是一家专业从事全球科学与医学信息分析的公司，创办于 1880 年，提供信息分析解决方案和数字化工具，包括研究战略管理、研发绩效、临床决策支持、专业教育等[121]；施普林格·自然集团是在 2015 年由自然出版集团、帕尔格雷夫·麦克米伦、麦克米伦教育、施普林格科学与商业媒体合并而成，致力于促进科学探索和发现，为科研共同体提供服务；威立国际出版公司创建于 1807 年，主要提供科学、技术、医学和人文社科期刊与在线学习、评估和认证相结合的解决方案，帮助高校、研究机构、学术团体、企业、政府及个人提高学术和专业影响力。

第一节　科学数据与分析服务商
——科睿唯安公司

在中国，如果说哪家公司某个产品的名声超过公司的名声，那一定是非科睿唯安公司莫属。大名鼎鼎的 SCI 和 ESI 等都是科睿唯安公司的品牌产品。如今的科睿唯安是原汤森路透知识产权与科技事业部（formerly the intellectual property and science business of Thomson Reuters），于 2016 年正式独立。汤森路透则是由加拿大汤姆森公司（The Thomson Corporation）与英国路透集团（Reuters Group PLC）于 2008 年正式合并成立的。汤姆森公司创办于 1931 年，其创始人为罗伊·汤姆森（Roy Thomson），一直由加拿大富豪汤姆森家族控股。路透集团则是世界上最老牌的通讯社之一，成立于 1851 年，创始人为保罗·朱利叶斯·路透（Paul Julius Reuter）。如今汤森路透董事长大卫·汤姆森（David Thomson）是汤姆森家族的第三代。

2016 年 7 月，接盘原汤森路透知识产权与科技事业部的是加拿大 Onex 公司（Onex Corporation）与香港的霸菱亚洲投资基金（Baring Private Equity Asia），两家均为私募基金。独立后，经过商标和域名的多轮全球筛查，新公司被命名为 Clarivate Analytics（中文名称：科睿唯安）。其中，Clarivate 这词由 Clarity（意为清晰、清楚）和 Innovative（创新的）两词组合而成。顾名思义，旨在通过为全球客户提供值得信赖的数据与分析，洞悉科技前沿，加快创新步伐。

一、业务范围

科睿唯安公司致力于为全球客户提供值得信赖的数据与分析，不断改进现有解决方案和开发新的产品与技术。科睿唯安在全世界 100 多个国家和地区拥有超过 4000 名员工。科睿唯安拥有全球领先的分析解决方案和覆盖范围广泛的数据库，深受全球知名学府、机构和品牌信赖。其主要包含六大业务领域：科学与学术研究、生命科学与制药、专利与知识产权服务、行业标准、域名与品牌保护、商标筛查与监测。

二、主要产品和服务

科睿唯安拥有超过 60 年的专业服务经验，旗下拥有众多业界知名品牌，如 Web of Science 平台（包含科学引文索引，即 Science Citation Index，SCI）、InCites 平台、EndNote、Cortellis、德温特世界专利索引（Derwent World Patents Index，DWPI）、Thomson Innovation 平台、

Techstreet 国际标准数据库等。

三、科学与学术研究

Web of Science™ 核心合集数据库收录了 18 000 多种世界高影响力的学术期刊，内容涵盖自然科学、工程技术、生物医学、社会科学、艺术与人文等领域，最早可回溯至 1900 年。Web of Science™ 核心合集收录了论文中所引用的参考文献并按照被引作者、出处和出版年代编制成独特的引文索引。此外，Web of Science™ 核心合集还收录了会议论文引文索引及图书引文索引。

SCI 简介：1955 年，尤金·加菲尔德博士在 *Science* 发表的论文中提出将引文索引（citation index）作为一种新的文献检索与分类工具，在进行了几次小规模实验性研究后，尤金·加菲尔德博士和他的团队（美国情报信息研究所（ISI））于 1963 年出版了科学引文索引（SCI）。随后，ISI 分别在 1973 年和 1978 年相继出版了社会科学引文索引（SSCI）和艺术与人文引文索引（A&HCI），从而进一步扩大了引文索引法的应用范围。

ESI 简介：基本科学指标（essential science indicators，ESI）数据库是 ISI 于 2001 年推出的衡量科学研究绩效、跟踪科学发展趋势的基本分析评价工具，是基于 ISI 引文索引数据库（SCI 和 SSCI）所收录的文献记录而建立的计量分析数据库[122]。ESI 主要的指标包括：论文数、引文数、篇均被引用次数等，ESI 为我们提供了一种动态的、综合的、基于网络的研究分析环境，其数据比较全面、客观，具有较强的参考性。

InCites™ 平台包括 InCites™ 数据库、Essential Science Indicators^SM（ESI）和 Journal Citation Reports®（JCR）。整合的 InCites™ 平台，拥有全面的数据资源、多元化的指标和丰富的可视化效果，可以辅助科研管理人员更高效地制定战略决策。

四、全球学术影响力提升服务

基于高质量的数据和专业的服务，"全球学术影响力提升服务"以更多、更快、更好、更省的方式将大学的品牌、学术成果、人才招聘、合作项目及国际会议等信息及时有效地广而告之全球学术圈的庞大目标受众。

五、生命科学与制药

Cortellis 数据库是世界上最全面的生命科学解决方案组合,为专业人士提供无与伦比的内容、智能的搜索方式、最先进的分析功能和强大的可视化工具,其范围涵盖药物管线、临床试验、专利信息、交易信息、公司介绍和会议报告等。Cortellis 竞争情报让用户知晓从临床试验到竞争定位及授权交易的决策制定;Cortellis 的交易情报信息包含 80 000 多个交易概览及 29 000 份交易合同信息;而 Cortellis 药政法规情报在不断变化的全球药政情报中持续获取最新信息。

Integrity 数据库是整合了生物学、化学、药理学数据的一站式解决方案平台,它凭借核心科研信息帮助用户甄选候选开发化合物、明晰竞品标准。与其他研发信息数据库相比,Integrity 可使用户更早地评估竞争格局,直接助力科学发现。Newport Premium 是由全球仿制药市场行业专家提供的,最具领先的产品选择、全球商务拓展和原料药(API)信息系统。全球 50 强的仿制药和原料药厂商有 80% 都信赖并在使用 Newport Premium 数据库。不同规模、不同商业模式、不同策略和不同区域范围的公司,都能通过该数据库快速扩充产品组合,找到独家原料药供应商,渗透进入新市场、筛选合作伙伴并监测竞争。

六、专利与知识产权服务

Derwent Innovation 基于德温特世界专利索引(Derwent World Patents Index,DWPI)而打造,数据涵盖来自 50 多个专利授权机构及 2 个防御性公开的非专利文献。通过提供覆盖全球范围专利的英文专利信息,DWPI 可以向用户展现出创新活动的完整图景。DWPI 还采用独特的分类代码和索引系统,技术专家采用该方法对全球各大专利授权机构和所有技术领域的专利进行人工的分类标引,遵循一致的分类原则,以实现准确、具有相关性的信息检索。

德温特专利的起源:"专利家族之父"——Monty Hyams 先生于 1951 年创办了德温特出版有限公司,他当时在伦敦郊区所居的小屋成了他的办公场所,这间小屋的名字叫作"Derwent",是小屋的前任主人取的名字，这也成为他 1951 年建立的公司名称——德温特公司的起源。Monty 招募了一批专业人员，专门进行专利文献的深加工，并从化学领域扩展到其他领域，由英国专利文献扩展到其他国家和国际组织的专利文献。

第二节　学术出版与信息分析服务商
——爱思唯尔公司

爱思唯尔（Elsevier）是一家专业从事全球科学与医学信息分析的公司，创办于 1880 年，现属于 RELX 出版集团旗下，其总部位于荷兰首都阿姆斯特丹。爱思唯尔提供信息分析解决方案和数字化工具，包括研究战略管理、研发绩效、临床决策支持、专业教育等。爱思唯尔共发行 2500 余种期刊，出版 35 000 余种图书，以及诸多经典参考书。爱思唯尔的主要产品包括 ScienceDirect，Scopus，SciVal，Reaxys，Engineering Village，Knovel 和 ClinicalKey 等，收录科学、技术和医疗研究权威文献，分析全球科研动态，并提供科研及医学的循证数据。

爱思唯尔的历史可以追溯到 1580 年，荷兰人 Lodewijk（Louis）Elzevir 创立了名叫 House of Elzevir 的家族出版企业。1880 年，现代 Elsevier 创立，并沿用了"Elzevir"的名称。自 1950 年以来，科研成果产出的体量呈现指数增长，Elsevier 进一步完善信息和数据的管理，通过电子化探索出传递期刊内容的新方法。在互联网尚未普及的时候，Elsevier 实现了在线发送论文。2018 年，爱思唯尔在全球 46 个国家和地区有 7500 余名员工，其中在自然语言处理、机器学习、检索、数据可视化、大数据和移动等领域的技术专家就超过 1000 名。爱思唯尔利用技术和大数据分析，为研究人员打造工具，帮助用户作出决策。

爱思唯尔期刊发表的科研文章数占全球总发表量的 16%，临床医学文章则超过 17%。2012—2015 年，世界各地约 300 万名作者向爱思唯尔旗下刊物投稿量达 140 万份。据估计，这占全球活跃研究者总数的 30% 左右。世界经济合作与发展组织、英国政府、世界银行、国家自然科学基金等机构均利用爱思唯尔的数据、报告和分析进行研究并评估政策。澳大利亚、意大利、葡萄牙和英国等国政府均参考 Scopus 数据做科研拨款。

爱思唯尔的核心产品和服务包括以下几种。

（1）ScienceDirect

爱思唯尔的旗舰信息解决方案，ScienceDirect 全文收录多种科学、技术和医疗研究文献，收录了爱思唯尔出版的 2500 多种科技、医学（STM）领域同行评审期刊。通过 ScienceDirect® 和 Scopus，科研人员可获取世界领先科技和医疗文献。2012—2016 年，通过 ScienceDirect® 平台，爱思唯尔为中国科研人员提供国际科研文章约 300 万篇。2016 年一年中，中国的学者下载了 ScienceDirect® 上的全文达 1.74 亿篇，相当于每秒 5.5 篇，全文下载量占全球总下载量的 17.7%。

（2）SciVal

SciVal 分析全球科研动态，对比不同研究机构表现，帮助决策者优化研究战略和资金分配。SciVal 能直观展示研究成果，帮助研究者与同行对标、建立合作关系，并分析研究趋势。SciVal 可以呈现近十万个全球研究 Topics，助力科研人员了解全球研究前沿问题。

（3）Scopus

全球最大的科研文献摘要引文数据库，拥有多种工具，能够追踪、分析和可视化研究成果。Scopus 收录全球超过 5000 家出版机构的 21 000 多种出版物，提供关于科学、技术、医学、社会科学和人文学科研究成果的较为全面的概览。

（4）Reaxys

Reaxys 数据库收录实验数据和核心文献，能够利用筛选出的数据和引文解答专业问题。Reaxys 助力化学研究，涵盖新药研发、化学研发和教学等领域，帮助用户快速准确获取科研文献、化合物性质和化学反应数据。

（5）Pure

科研信息综合管理系统，助力研究机构进行循证决策、提升协作水平、简化管理、扩大科研成果影响力。

（6）Engineering Village

Engineering Village 涵盖工程资源，能够从理论到应用、从基础到复杂深入回答热点问题。

（7）Knovel

工程类信息搜索和决策支持解决方案，帮助机构更快解决技术难题、提升科研表现。Knovel 拥有搜索和互动工具，用户能获取供应商提供的实操建议、有效公式和材料数据等。

（8）ClinicalKey

临床信息搜索引擎，能够解答临床问题，节省医护人员的时间，并根据用户需要随时提供丰富临床证据。

（9）ClinicalKey for Nursing

ClinicalKey for Nursing 为护理人员提供护理参考图书、期刊、循证护理专论、护理实践指南、药物专论和药物计算器等。

（10）Amirsys

Amirsys 是爱思唯尔旗下的放射医学、病理学、解剖学信息平台，其提供的内容包括：ExpertPath 解剖病理学数据库、STATdx 放射学数据库及 RadPrimer 放射学虚拟教学助手等。

（11）Mendeley

免费文献管理和学术社交平台，研究者和学生可以在 Mendeley 上进行撰写和协作，并管理和推广自己的研究。

（12）SSRN

预印本数据库和在线学术交流平台，由一系列研究网络组成，涵盖社会科学门类，致力于传播社会科学研究成果。

（13）爱思唯尔·大通

2011 年，爱思唯尔入主上海大通，新大通拥有资深的编辑团队，不断创建准确、有效、具有实践价值的循证数据与国内外信息。这些内容可帮助医疗健康机构及相关领域的专业人士获得更好的医疗质量、更优的工作流程，同时降低医疗成本。除了要点提示、多维度的信息查询、交互式引导及实时数据分析之外，大通还致力于提升产品的易用性及实施管理流程的便捷性，力求满足客户的专业需求。

爱思唯尔与中国科研和学术出版的合作，可以追溯到 20 世纪 80 年代初。2001 年，爱思唯尔在北京开设了第一个代表处。此后，随着服务和运营的扩展，爱思唯尔在北京和上海设有办公室。爱思唯尔在中国的合作伙伴和客户超过 600 家，包括政府部门、学术机构、科研组织、科研资助机构、医院管理部门、医疗企业及其他商业企业等。

第三节　学术出版与科学传播服务商
——施普林格·自然集团

施普林格·自然（Springer Nature）集团是在 2015 年由自然出版集团、帕尔格雷夫·麦克米伦、麦克米伦教育、施普林格科学与商业媒体合并而成。目前集团在全球约有 1.3 万名员工，遍及 50 多个国家。170 多年以来，施普林格·自然一直致力于促进科学探索和发现，为科研共同体提供服务。施普林格·自然帮助科研人员开拓新思路，为图书馆和机构提供技术和数据上的创新服务，向协会提供出版支持。

作为一家学术出版机构，施普林格·自然汇聚了一系列的品牌，包括施普林格、自然科研、BMC、帕尔格雷夫·麦克米伦和《科学美国人》。施普林格·自然还是一家教育和专业内容出版机构，通过一系列的创新平台、产品和服务向各界提供优质的内容。放眼全球，集团旗下的出版机构和书籍、期刊等资源每天都影响数以百万计的人们。

一、集团成员历史悠久

《自然》杂志（*Nature*）创建于 1869 年，是著名的科学周刊。自然科研还出版一系列冠名"自然"的订阅型期刊，如重要的多学科开放获取（OA）期刊《自然-通讯》（*Nature Communications*）、包括《科学报告》（*Scientific Reports*）在内的其他一些开放获取期刊，以及与科研机构和协会合作出版的自然合作期刊（*Nature Partner Journals*），这些期刊发表了世界上一些最重要的科学发现。在线传播方面，每月有超过 900 万独立访客通过 nature.com 获取自然科研的内容，这包括《自然》新闻和评论，以及知名的科研人员招聘平台 Nature Careers。

施普林格（Springer）由 Julius Springer 创立于 1842 年，经过 170 多年的发展成长，已成为服务全球的科学、技术和医学出版机构。拥有世界上最大的科学、技术、医学及人文社科电子图书数据库和回溯图书数据库之一，以及涵盖各学科的混合与开放获取模式的期刊。

麦克米伦于 1843 年由丹尼尔·麦克米伦（Daniel Macmillan）和亚历

山大·麦克米伦（Alexander Macmillan）两兄弟在伦敦创立。麦克米伦从一间书店起步，到 20 世纪之交已发展成为世界上最大的出版社之一。

《科学美国人》创刊于 1845 年，是美国连续出版时间最长的期刊。创刊至今，该刊发表过 150 多位诺贝尔奖得主科学家的文章，并建立起由一大批有影响力和前瞻思维的读者组成的忠实读者群。

二、集团与中国渊源深厚

早在 1907 年，麦克米伦就在中国委任了图书销售代理人，1917 年商务印书馆的西书部已开始销售麦克米伦的教科书。2004 年，麦克米伦在北京开设了代表处，2013 年在上海设立中国办公室，施普林格也于 2005 年在北京开设了新的代表处，由此揭开在中国业务发展的新篇章。

自 2006 年在上海成立首个自然合作期刊《细胞研究》以来，施普林格·自然集团已成功与中国科研机构和学会合作出版了 160 多本高质量期刊，涵盖近 50 个学科；出版了 1000 多册学术图书，1700 多位中国作者来自 400 多个科研院所及大学。

施普林格·自然集团与国内多家出版社开展广泛的出版合作，包括科学出版社、高等教育出版社、外语教学与研究出版社、人民卫生出版社、电子工业出版社等。多部图书获得或入选"中国出版政府奖""经典中国国际出版工程""图书版权输出奖励计划""中国出版协会年度输出版优秀图书奖"等奖项或计划，如"中国科技先进技术"丛书（*Advanced Topics in Science and Technology in China*）、《中国当代生态学研究》（*Contemporary Ecology Research in China*）、"中国的公共卫生"系列丛书（*Public Health in China Series*）等。

目前，施普林格·自然集团在上海、北京、香港和台北设有办公室，员工约 200 人，分属自然科研、施普林格、帕尔格雷夫·麦克米伦、麦克米伦教育、BMC 等不同品牌。

三、主要产品

1. 出版多种学术期刊

施普林格·自然出版多种学术期刊，并引领开放获取研究。集团旗下共有 3000 多本涵盖了各个学科领域的期刊，并通过以下三大平台发布科研成果，推动科研界的科学发现探索。

（1）SpringerLink.com 平台：平台上的数千本期刊，涵盖了科学、技术与医学（STM）和人文与社会科学（SSH）领域，包括 Springer，Palgrave Macmillan 和 Adis。

（2）nature.com 平台：平台上的期刊涵盖科学、技术和医学领域的最前沿研究，通过自然科研的跨学科周刊《自然》和各专业领域期刊，提供该领域高影响力的研究成果。

（3）BioMedCentral.com 和 SpringerOpen.com：提供了大量经过同行评审的开放获取期刊。

施普林格·自然目前是全球最大的开放获取出版机构之一。施普林格·自然发表的论文有 1/3 是立即开放获取（OA）的，全球发表的 OA 论文大约有 30% 来自施普林格·自然。

2. 学术图书出版

Springer 提供了全球最全面的科学、技术与医学（STM）和人文与社会科学（SSH）领域电子图书数据库。每年新增大量的参考工具书、专著、简报、会议论文、教科书和丛书等书籍，均可通过相应的网站进行访问。这包括 27.5 万种纸本与在线图书、当今最大的 STM 和 SSH 电子书数据库、超过 12 万本 STM 回溯图书，以及会议论文集、参考工具书和教科书等。

3. 数据库与解决方案

施普林格·自然还提供丰富的数据库和解决方案，以帮助图书馆获得用户友好的解决方案，帮助研究人员快速方便地获取所需的信息，从而有效展开科研活动。这包括全球最大的专注于材料科学的平台 SpringerMaterials，用于药品研发、疾病治疗与决策的数据库 AdisInsight，提供纳米材料和纳米设备索引与结构化信息的数据库 Nano 等。

第四节　学术出版与科学传播服务商
——威立（Wiley）国际出版公司

约翰威立国际出版公司（John Wiley & Sons Inc）创建于 1807 年，全球总部位于美国新泽西州的霍博肯（Hoboken）。Wiley 作为一家学术传播国际性公司，主要提供科学、技术、医学和人文社科期刊及在线学习、评估与认证相结合的解决方案，帮助高校、研究机构、学术团体、企业、政府及个人提高学术和专业影响力。Wiley 于 2001 年在北京设立代表处，历经十年的发展，团队规模不断壮大，于 2011 年正式成立了 Wiley 在中国的全资子公司：约翰威立商务服务（北京）有限公司。由于业务不断增长，2016 年 Wiley 在上海设立了分公司。

一、三大核心业务领域

1. Wiley Blackwell

Wiley 的科学、技术、医药和学术（Scientific，Technical，Medical & Scholarly，STMS）业务，也被称为 Wiley Blackwell，是为世界各国的科研和学术团体提供服务，也是面向专业领域和学术团体的全球最大出版商。Wiley Blackwell 的出版范围包括期刊、书籍、主要参考工具书、数据库和实验室指南手册等，提供印刷版和电子版。通过 Wiley Online Library 在线平台为用户提供广泛的科学、技术、医药和学术的内容，其中包括超过 1500 种期刊、400 多万篇论文、9000 多本在线图书，还有许多参考工具书和数据库[123]。查看摘要和检索均免费，签订许可协议可访问全部内容。

2. 专业发展

专业发展（professional development，PD）业务服务于专业人士和图书出版、订阅和各种媒介信息服务方面的消费者。著名品牌组合包括 For Dummies，Betty Crocker，Pillsbury，CliffsNotes，Webster's New World，J. K. Lasser，Jossey-Bass，Pfeiffer 和 Sybex。学科领域包括商业、科技、建筑、烹饪、心理学、教育、旅游、卫生、宗教、消费指南和大众娱乐。

3. 全球教育

Wiley 全球教育（global education，GE）的服务对象包括：老师、本科生、研究生、大学预科生、进阶先修课程及终身学习者和澳大利亚的中学生。通过各种媒介出版教材，特别是重要教学资源的综合在线教辅套装——WileyPLUS。Wiley 的出版物包括工程学、数学、商业与会计、地理、计算机科学、统计学、教育学、心理学和现代语言学等各个方面。

除上述业务外，Wiley Education Services 为高等学院在线学位项目及课程提供完整的平台和项目管理解决方案。已有 200 多个在线学位及课程项目与 Wiley Education Services 团队实现合作，这些在线学位项目包括工商管理、金融、医学及工程等学科类别。

二、主要特色业务平台

（1）Wiley Efficient Learning™ 集合了 Wiley 的会计、金融和商业考试备考产品，为用户提供九个学科标准化的定制化学习体验。该学习平台帮助考生在各种高难度专业考试中提高考试成绩。Wiley Efficient Learning™ 学习平台已经帮助 50 多万专业人士通过他们的商业、金融及会计考试。

（2）Wiley Online Library 是多学科的在线平台，提供 19 世纪以来的研究成果，包括生命科学、健康科学、理工科学、社会与人文科学等学科领域，并为研究人员、学生和专业人士提供一站式整合解决方案。

（3）CrossKnowledge 专注为企业和高等院校提供完整的在线学习（E-Learning）内容平台等解决方案。现在全球已有逾 500 家客户，超过 700 万在职人士使用其平台与内容，提升职业素养与能力。

（4）The Five Behaviors of a Cohesive Team™ 是 Wiley Workplace Learning Solutions 事业部与畅销书作家 Patrick Lencioni 合作的成果。他们一起创建了一个团队发展规划，旨在通过理解和应用信任、冲突、承诺、责任和结果这五项行为来提高团队效率和生产力。

（5）Everything DiSC® 是基于 DISC 模型开发的测评解决方案。40 多年来，Wiley 不断地研发 DiSC 产品。从 DiSC 中的小写字母"i"就可识别 DiSC 产品。Everything DiSC® 解决方案帮助建立更加有效的工作关系，并且可以有效地应用于各种职场解决方案中，包括提高有效销售、发展领导力及促进团队协作等。

此外还有 Wiley 论文编辑服务 wileyeditingservices. com/cn，作者资源 wileyauthors. com 等服务平台。

Wiley 还是开放获取的领先出版商，出版经同行评审的开放获取期刊，覆盖不同学科。通过 Wiley 开放获取期刊发表的科研文章，一经发表，即可被访问、阅读、下载和分享。Wiley 开放获取期刊与许多享誉盛名的期刊和学会协会合作出版，每本期刊独立编辑，拥有自己的主编和国际编委团队，经过严格的同行评审流程，遵循清晰的编辑原则和标准。2016 年，Web of Science 将 10 本 Wiley 的开放获取期刊列为各自学科分类的前十期刊，充分展现了 Wiley 对高影响力学术出版所做出的努力。

在传统期刊中，Wiley 出版的期刊也很有影响力。例如，在 2017 年期刊引证报告（JCR）中表现不俗：

(1) 1214 种期刊被 JCR 收录，占 JCR 所有期刊的 11%，Wiley 所有出版期刊的 72%。

(2) 2016 年共有 6 678 048 次引用来自 Wiley，占 JCR 中所有引用的 11%。

(3) 21 种期刊的影响因子位居学科第一。

(4) 258 种期刊的影响因子位居所在学科前十位。

欲获取更多关于 Wiley 的信息，读者可访问 wiley.com。

第十三章

世界一流大学建设简介

何谓世界一流大学，国际上并没有统一的认识和明确的界定，英文通常表达为"world class university（世界级大学）"。"世界级大学"是一个模糊的概念，取决于人们的主观认识和评价指标的设定，更多地体现为举世公认的水平、地位和卓越成就，对世界范围的人才有巨大的吸引力。它不仅要有世界一流的办学实力，悠久的历史和文化，培养出对政治、经济和社会发展作出突出贡献的人才，还需要拥有在若干领域对科学和技术进步作出重大贡献的杰出教授，享有崇高的学术声誉。判断一所大学是否为世界一流大学有一个简单标准：是否为全世界所公认。本章主要介绍在俄罗斯、法国、韩国、新加坡、中国香港、日本、沙特阿拉伯、加拿大、德国、印度十个国家和地区的高等教育发展中精英教育阶段逐渐形成并沿袭保持下来的世界一流大学的建设情况。

第一节　俄罗斯的世界一流大学建设简介

从近年各种流行的大学排行榜中搜寻，人们很难在前 100 甚至前 200 名中看到俄罗斯大学的名字。但是国际顶级奖项如诺贝尔奖、菲尔兹奖等得奖学者中，来自俄罗斯（苏联）的学者却不在少数，那么俄罗斯的高等教育体系建设是怎样的呢？谈到俄罗斯的大学建设，不可不提及苏联。苏联国民教育为俄罗斯留下了丰厚的传统和财富。高层次人才培养是战后苏联能迅速恢复国家实力、提高科技水平、称雄世界的基础。

俄罗斯继承苏联主权独立后，对高等教育的改革步伐也一直没有停止。尤其在 2000 年后，俄罗斯国内形势趋于稳定，教育秩序恢复和制度重建的实质性改革开始起步。改革人才培养体制、推进高等教育国际化；整合高校资源、构建大学金字塔结构；提升大学竞争力、加速冲击世界一流大学，可谓新世纪以来俄罗斯政府在高等教育领域进行改革、建设世界一流大学的三部曲。

一、改革高等教育体系，构建与世界接轨的培养体制

俄罗斯继承了苏联时期的高等教育体系，但其独特的制度设计很难与国际接轨。"专家-副博士-博士"培养体系与国际通行的"本科-硕士-博士"体系不匹配，高校水平国际比对困难。在教育国际化的趋势之下，俄罗斯对高教体制的改革从 20 世纪 90 年代开始起步，陆续出台了建立高等教育多级结构的系列决议。2003 年 9 月，俄罗斯加入博洛尼亚进程，参与欧洲统一的高等教育体系。2007 年 9 月，俄罗斯国家杜马审议通过《关于引入两级高等教育体制的法律》，俄罗斯开始全面实施学士-硕士两级高等教育体制，同时保留部分传统专业的 5 年制专家文凭形式，将副博士、博士教育归为大学后研究生教育阶段。至此，俄罗斯在人才培养体制上完成了高等教育国际化的第一步，使得大学生交换、学分互认、学位认证、教师流动等成为可能。

二、整合高校资源，构建大学金字塔结构

为使俄罗斯高等学校合理布局，提升高校整体实力，俄罗斯开始了高校创新结构、机构整合的工作。构建大学金字塔结构，是俄罗斯高等教育国际化的第二个大手笔，也是高水平大学建设的第二步。

2008 年，俄罗斯通过《关于莫斯科国立大学和圣彼得堡国立大学享有特殊地位》的法令，确立了这两所大学作为俄罗斯高校金字塔的顶尖地位。接下来一层是享有联邦级自主权、承载区域发展特殊使命的联邦大学；第三层是与联邦大学同时完成基础与应用领域广泛研究的国立研究型大学；第四层是承担培养各方面高端人才重任的综合性大学；第五层是以培养学士学位人才为主、硕士学位人才为辅的普通高等院校。从第三层国

立研究型大学到顶层两所顶尖大学均为重点大学，是国家通过竞争机制、重点扶持等措施努力打造的一流大学。其中，联邦大学和研究型大学是俄罗斯建设高水平大学类型创新的尝试。联邦大学是一种具有联邦地位的大学，一般是由本区域几所大学联合而成，也有以单独一所底蕴深厚的传统大学为基础升格而成。与莫斯科大学和圣彼得堡大学一样，联邦大学校长由总统任命，享有国家特殊拨款待遇。

组建联邦大学的目的主要有两个：一是改变全国高校布局不均衡的局面，从整体上提升高等教育的发展水平；二是科学整合资源，打造地方性优秀大学，吸引人才在本地求学和就业，促进地区经济的创新发展。要确保全国 9 大联邦区至少各有一所联邦大学，将其建设成地区重点高等教育中心，进而争取 5～6 年时间里有联邦大学跻身俄罗斯名校 10 强，2020 年前跻身世界高校百强。截止到 2014 年，俄罗斯已经完成了 10 所联邦大学的组建计划。

与联邦大学网的组建相比，研究型大学网的构成相对简单。这类大学由联邦政府通过大学发展规划竞争机制选拔产生，有效期为 10 年，有效期内受政府资助，享有特殊权利，主要职责是为科学、技术、工程、经济、社会领域培养人才，发展高技术产业。2008 年，俄罗斯通过《建设国家研究型大学的实施计划》，提出要建设一批具有世界水平的研究型大学，使它们成为俄罗斯高水平的科研基地和人才培养基地。该计划提出在全国重点建设 40～50 所研究型大学，目前已有 29 所榜上有名。

三、推进"5-100 计划"，加速冲击世界一流大学

2010 年以来，争创世界一流成为俄罗斯大学发展与改革的重要任务。原本秉承苏联传统、不屑参与和认可世界大学排名的俄罗斯，已经无法面对俄罗斯高等院校在一系列世界排名中所处的尴尬地位。2010 年 5 月，俄联邦政府第 354 号决议阐明，以高科技为引领的俄罗斯经济发展需要创建世界一流大学，同时肩负为国家高科技领域培养人才、推动科技创新发展的多项任务。2012 年，俄罗斯正式实施《关于国家政策在教育和科学领域中的落实措施》，首次提出 2020 年前俄罗斯不少于 5 所大学进入世界权威大学排行榜前 100 名的目标。由此而来的"5-100 计划"成为此后一

系列世界一流大学建设政策的统称。

"5-100 计划"由有意愿的高校提交书面申请和本校创新发展方案,由国际专家委员会根据选拔标准进行评分和投票。专设的国际专家委员会是处理俄罗斯高等院校国际化问题的常设咨询机构,负责研究大学选拔标准和提升大学国际竞争力的项目设置。大学的治理也采用组建国际委员会、实行专家治校的方式来进行。截至 2016 年,已经有 21 所国立高校进入"5-100 计划"支持大学成员名单。该名单实行末位淘汰的竞争机制。

"5-100 计划"的财政支持力度非常强,政府的经费投入逐年追加。2013 年,政府对入选的 15 所高校的支持经费总金额达 90 亿卢布,2014 年划拨 100.5 亿卢布,2015 年划拨 120 亿卢布支持入选的 21 所高校,2016 年划拨 125 亿卢布。

"5-100 计划"是俄罗斯冲击世界一流大学的强力之举。但自 20 世纪 90 年代以来,俄罗斯国内的巨大变革使得高等教育的恢复和建设需要更多时日。在世界各国都在争创世界一流大学的国际背景下,俄罗斯要在国际比较中胜出还有很长的路要走,或许,俄罗斯教育科学部部长里瓦诺夫的观点更为现实:"进入世界权威大学排行榜不是目的本身,真正重要的,是俄罗斯大学建立起能够担当的、新的科研与教学质量。[124]"

第二节　法国的世界一流大学建设简介

法国传统的高等教育体制存在着双重割裂的现象,一是承担大众教育任务的大学(université,相当于其他国家所称的综合大学)与肩负精英人才培养使命的大学校(grande école,又称作高等专科学校)并行发展,造成高校数量众多、分散发展,同质竞争和资源内耗现象严重;二是人才培养任务基本由大学和大学校承担,而科学研究的任务主要由国家科学研究中心等特设的大型研究机构承担,造成教育与研究的分裂。双重割裂问题导致法国大学在国际化竞争中实力涣散,在 21 世纪初期兴起的世界大学排名中表现欠佳,在国际留学市场中竞争力下滑。

为重塑法国大学的世界典范形象,提升法国大学的国际竞争力和学术排名,法国政府开始了一场改革高等教育体制、创建世界一流大学的运动,陆续出台了一系列政策与措施。2006 年 4 月，法国政府出台了《科研项目法》（*Loi de programme pour la Recherché*），提出构建"高等教育与研究集群"（Pôles de Recherche et d'enseignement supérieur）这一新型组织模式，对全法国 60 多所高等院校和科研机构进行整合，旨在实现同一区域内综合大学、高等专科学校和研究机构的优势重组，提升法国高等教育与科研机构的协调性、国际化程度和吸引力。截至 2013 年，共有 27 个"高等教育与研究集群"成立[125]。2007 年 8 月，法国政府颁布实施了高等教育改革法案《综合大学自由与责任法》（*Projet de Loi Relatif aux Libertés et Responsabilités des Universités*），进一步加强法国大学的自治权，同时鼓励综合大学与区域内大学校、企业及科研机构密切合作，从而提升大学竞争实力和发挥大学在拉动区域经济增长中的作用。2008 年 2 月，法国政府斥资 50 亿欧元开启了大学校园设施改造项目"校园计划"（opération campus），针对项目筛选的 12 个校园集群进行国际一流水平的设施改造，通过营造优越的校园环境和科研条件，提升法国大学的国际吸引力和影响力。

　　基于上述区域资源优势整合政策和校园设施国际化改造工程的实施与经验积累，法国政府于 2010 年推出了创建世界一流大学的"卓越大学计划"（initiatives d'excellence，IDEX），该计划依托法国大型国家工程"未来投资计划"（programme d'investissement d'avenir，PIA），由法国国家研究署（ANR）负责，斥资 77 亿欧元，被称为法国的"常春藤联盟"计划。"卓越大学计划"力图将法国已具备一流水平但较为分散的高等院校、"高等教育与研究集群"与科研机构进行合并转化与优势重组，为法国打造 5～10 所具有国际竞争力、能够与哈佛大学和牛津大学等名校抗衡的顶尖大学[126]。"卓越大学计划"是法国近 40 年来高等教育领域最大力度的改革，将法国创建本土世界一流大学的进程推向了新的高潮[127]。

　　与同时期其他国家的世界一流大学建设相比，"卓越大学计划"属于现行世界一流大学建设策略分类中的"协同混合式"与"择优提升式"相结合的类型，更强调区域凝聚力与科技产业创新，可谓世界一流大学建设中的法国模式。"卓越大学计划"的实施始终围绕其明确的政策目标，遵循严格的项目遴选标准，经历了系统的项目审批过程。

　　"卓越大学计划"由法国国家研究署（Agency Nationale de la

Recherché）负责组织实施，国家研究署提供资金支持，分别于 2010 年和 2011 年完成两轮项目征集，候选项目按法国省区和地域分为 17 个，其中 6 个在巴黎大区。候选项目需要提交方案详细说明高等教育、科研机构及其他利益相关者在"卓越大学计划"中人力资源及财政方面的任务分配，明确指出常年合作伙伴的政策特点，还要对具体承担任务的执行能力提供可信论据。项目评审由欧洲大学协会（EUA）主席让-马克·拉普（Jean-Marc Rapp）教授领导的国际评审团负责，评审团成员多是国际学术界及经济学界专家（国际专家及长期从事国外研究的法国专家）。项目遴选包括预选拔和正式选拔两个阶段。预选拔阶段评审团主要按照 12 项标准进行评估，涉及项目的战略、管理、控制和实施。评审团负责编制项目报告，尤其侧重于项目及相关合作伙伴的实施成效、目标水平和可信度。正式选拔阶段评审团主要考查项目目标与整体协调性、项目的卓越性、项目管理与变革发展、项目执行能力的可信度。

"卓越大学计划"第一轮选拔结果于 2011 年 7 月正式公布，波尔多大学、斯特拉斯堡大学和巴黎科技与文学联合大学三校最先从 7 所入围大学中胜出。2012 年 3 月第二轮选拔结果出炉，索邦大学、索邦巴黎西岱联合大学、巴黎-萨克雷大学、马赛大学和图卢兹大学共 5 所大学从 11 个入围项目中脱颖而出。中标项目名单公布后，督导委员会将依据项目投资署提供的行动方案，指定投资收益方并提供投资金额分配方案。项目批准后有四年试点期，这期间项目每年获赠资金以非物质财产的方式进行分配，试点期结束后如果符合规定条件，资金将最终落实到各项目点。中标项目的机构组成和资金分配见表 14-1。

表 14-1　"卓越大学计划"中标项目

大 学 名 称	机 构 组 成	资助金额/欧元
波尔多大学（Idex Bordeaux）	波尔多一大（数学、物理）、波尔多二大（生命、人类、医疗）、波尔多三大（考古、地理）、波尔多四大（法律、政治）、波尔多政治学院	7 亿
斯特拉斯堡大学（UNISTRA）	斯特拉斯堡一大（生物、化学）、斯特拉斯堡二大（管理、人文）、斯特拉斯堡三大（政治/法律）	7.5 亿

续表

大 学 名 称	机 构 组 成	资助金额 /欧元
巴黎科技与文学联合大学（PSL * Idex）	巴黎高等师范学院、法兰西公学院、巴黎高等物理化工学院、巴黎国立高等化学学院	7.5 亿
索邦大学（SUPER）	巴黎四大（语言、哲学）、巴黎六大（数学、物理）、贡比涅技术大学（工程、计算机）、欧洲工商管理学院、巴黎自然历史博物馆、国家科学研究中心、国家卫生及医学研究中心、国家研究发展署	9 亿
索邦巴黎西岱联合大学（USPC）	巴黎三大（语言、文学）、巴黎五大（医学、药学）、巴黎七大（理学、医学）、巴黎十三大（社会、法律）、巴黎地球物理学院、巴黎政治学院、公共健康高级研究院、巴黎东方语言文化学院	8 亿
巴黎-萨克雷大学（IPS）	巴黎十一大（理学、工学）、凡尔赛大学（管理、信息）、巴黎综合理工学院等 11 个高等职业学院、国立中央科学研究所等 7 个研究所	9.5 亿
马赛大学（A * MIDEX）	普罗旺斯大学（文学、艺术）、地中海大学（医学、理工）、保罗-塞尚大学（管理、法律）	7.5 亿
图卢兹大学（UNITI）	图卢兹一大（法律、经济）、图卢兹二大（文学、艺术）、图卢兹三大（理学、医疗）	7.5 亿

“卓越大学计划”通过院校集群和协同创新平台的构建，实现了一流机构与尖端学科间的强强联合，推动了高校与企业、社区的战略协作，提升了高等教育系统的开放程度，在法国教育和科学领域的现代化变革中发挥了主导作用[125]。在此基础上，法国国民议会于 2013 年 7 月正式通过《高教与研究法》，增加了创建“高校共同体”（communauté d'université et établissement，COMUE）的条款，以此取代“高等教育与研究集群”，进一步推动法国高等教育改革，增强法国高等教育的自治性、开放性、融合性和创新性，从而提高法国高等教育的整体实力，以更好地应对教育国际化趋势下的国际竞争[128]。

第三节　韩国的世界一流大学建设简介

在经济全球化与知识经济快速发展的大背景下，高等教育对经济和社会发展及国家核心竞争力的影响日益凸显。韩国历届政府一直非常重视教育事业发展，韩国国民的大学升学率曾高达 82％，是世界最高水平。伴随着经济和社会的快速发展，建设世界一流大学成为韩国政府的首要课题，韩国政府颁布实施了一系列教育政策支持并促进韩国的世界一流大学建设。

一、"BK21 工程"

"BK21（韩国研究生教育 Brain Korea 21）工程"在金大中政府和卢武铉政府时期实施，旨在建设世界一流研究型大学和地方优秀大学，培养富有创造性、高质量的人才资源以满足知识社会需要。

"BK21 工程"第一期（1999—2005 年）在研究型大学建设方面共投入 11 亿美元，用于建设世界一流研究生院，强调从应用科学、人文与社会科学、传统特色科学及新兴产业科学 4 个领域提升科研水平，12 所大学和 2 所科研院入选世界一流大学研究生院重点建设计划，通过课程体系、招生制度、师资聘用机制三方面的改革推进实施。在地方性大学扶持方面，投入 3800 万美元，加强应用专业教育和外语、信息管理等技能型教学，培养实用型人才，满足地方企业的需要。第二期（2006—2012 年）称为"续 BK21 工程"（post-BK21 project），目的在于进一步支持高水平大学建设，满足 21 世纪知识经济社会的发展。

"BK21 工程"实施期间，韩国大学的科研能力显著提高，在 SCI 国际学术期刊上发表的论文数量大幅上升，在一定程度上改变了大学的学术风气，也极大地促进了韩国大学体系改革。但由于这项计划仅代表政府意志，韩国教育部在制定政策时未公开咨询高等教育机构的意见，因而具有一定的"先天不足"和争议性，但却表达出了韩国政府对于建设世界一流大学的强烈愿望。

二、"WCU 计划"

为进一步满足国民对优质高等教育的需求，提高韩国大学的国际竞争力，李明博政府推出建设"世界级高水平研究型大学（World Class University，WCU）计划"，于 2008 年 6 月 20 日发布了具体实施方案。

韩国政府对入选"WCU 计划"的重点高校学科投资 8250 亿韩元（合

8.25 亿美元），通过聘用海外高层次权威学者，集中发展一批有关国家未来发展、具备广阔发展前景并需跨学科交叉融合的新技术和新专业，以加快培育世界级高水平优秀大学，大力提高韩国高校的教育研究质量和水平，增强韩国高等教育的国际竞争力[129]。

"WCU 计划"分三种建设方式：

（1）开设新学科院系，引进海外专家教授等领军人物，聘任其担任全日制教授，通过与韩国国内教授合作设立交叉复合型新学科，并开设相关课程；

（2）为现有学科引进海外学者，聘请 1～2 名海外学者为全职教授，负责教学和科研工作，与国内教授组建学术团队共同合作研究，推动学科发展；

（3）邀请海外顶尖学术大师（如诺贝尔奖得主，美国国家科学院院士、工程院院士等顶尖学者），与本国教授合作研究或讲授学科基础前沿课程，开设某一领域专题学术讲座。

按照学科和专业的不同，WCU 项目分自然理工科学和人文社会科学两大领域。所有申报课题都需经过量化初审、复审、国际同行评议、综合审查四个遴选阶段，定性与定量评价相结合，评价考虑专业学科特点，构建跨学科门类的评价指标体系，对于我们国家的"双一流"建设具有很好的学习借鉴意义。

2018 年 11 月底，韩国政府最终确定并公布了各校获得资助的课题数量和经费情况，共有 18 所大学（包括 4 所地方大学）的 52 个项目课题获批，共聘请 284 名外国学者，其中全日制教授 203 名，161 名外国知名学者受聘担任全日制教授并在 13 所大学新设 26 个交叉学科（全部为研究生课程）[130]。

第四节　新加坡的世界一流大学建设简介

新加坡高等教育发展的历程不长，大学数量也不算多，但少有的几所大学都在短期内实现了大学世界排名的飞速跃升，成为亚洲乃至世界顶级名校。根据 2019 年 QS 世界大学排名，新加坡国立大学排名 11，南洋理工大学排名 12。由此可见，新加坡一流大学的建设有其独到的经验，而政府的大力投入、国际化战略和以人为本的人才培养模式可谓其中的关键。

新加坡政府历来重视教育，对教育经费的投入仅次于对国防的投入，且在整个教育经费投入中，高等教育的投入占较大比重。此外，政府每年还拨出专项经费和各类研究基金支持各大高校。大学自主改革后，政府拨款 40 亿新加坡元设立教育储蓄金。为鼓励大学积极吸纳捐款，政府采取配套措施，根据捐款额数，以数倍的比例给学校资助。

20 世纪 90 年代，新加坡政府实施了一系列高等教育计划。1997 年，新加坡制定了"东方波士顿计划"，提出将新加坡国立大学和南洋理工大学建设为世界一流大学。为此，要求这两所学校全方位地向美国哈佛大学和麻省理工学院学习，并邀请国际知名高校的专家针对高校录取标准、教学科研环境、本科生课程体系和研究生教育国际合作等问题提供咨询和建议。1998 年，新加坡政府提出了"十所顶级大学计划"，在 5 年内引进了 10 所世界一流大学，并通过这些大学从欧美、亚太和东南亚地区聚集了一流的专家、高校师生。2003 年，新加坡启动了"环球校舍计划"，提出要使新加坡的所有学校成为"同类学校中的第一流"。

这一系列计划不仅增强了新加坡大学师资力量的国际化，更为大学的教学和科研发展提供了丰富的国际化资源。根据 2017 年《泰晤士高等教育》周刊评选结果，新加坡大学的国际化程度排名全球第一，主要体现在三个方面：

（1）师生来源国际化程度高。新加坡政府规定，公立大学本科生中外国学生所占比例为 20%，研究生中 60% 来自外国。在教师招聘中，新加坡政府用大量研究经费和丰厚的薪酬吸引了来自全球各地的顶尖人才。

（2）学科建设的国际化程度高。新加坡世界一流大学对课程设置采用了国际化的评价标准，实行校外评审制度和国际学术咨询小组咨询评议制度，从而促使教师改进教学、提高课程质量。

（3）国际合作项目众多。通过与世界一流大学和全球顶尖跨国公司等组织的合作，开展学位课程的联合培养、关键领域的科研合作等活动，这些高水平的国际合作为人才培养和科学研究提供了国际化的平台和视野，大大提高了人才培养和科学研究的质量。

新加坡大学注重实际的教育效果，在人才培养上以实用性为原则，以培养应用型人才为追求，同时还强调人文素质的培养。如新加坡国立大学实施了"博学计划"，通过跨学院的综合课程，提供多元学术训练，理工科学生要掌握一些人文学科的知识和思维方式，文科学生也要学习一些自然科学知识，为不同学科间搭起了沟通的桥梁，对提高学生的人文素养、培养学生的综合能力起到了重要的作用[131]。另外，新加坡大学校园基础设施一流，校园信息化程度高，使得学生的生活和学习融为一体，为培养独立与自由、严谨与自律的优秀人才提供了优越的环境。

第五节　中国香港地区的世界一流大学建设简介

众所周知，中国香港地区拥有多所世界知名高校，在新发布的泰晤士高等教育 2019 年亚洲大学排名中，香港科技大学、香港大学、香港中文大学分别位列第三、第四、第七名，充分反映出中国香港地区世界一流大学建设的卓著成效。下面来介绍一下中国香港地区世界一流大学建设的情况。

一、国际化视野和定位

作为世界重要的经济中心之一，香港一直都非常重视高等教育发展，也是世界级的高等教育中心之一。伴随着经济和高等教育的发展，香港高校以国际化视野和办学标准来定位发展战略。例如，香港科技大学在 2005 年发布的未来十五年规划中明确其作为世界级学府、中国最优秀的大学之一，要在每一个精选的科研领域走在国际前沿，对国家经济及社会发展作出贡献；香港大学直接将"亚洲的全球性大学"定位作为规划的标题，要在教学、科研、知识等方面保持卓越，要有全球视野；香港中文大学要求双语及跨文化传统的学生教育、学术成果及社会贡献均保持卓越水平，致力于成为全港、全国及国际公认的第一流研究型综合大学。

20 世纪 90 年代中后期，香港开始实施"卓越学科领域计划"，世界一流大学建设以卓越学科带动一流大学建设为战略路径，通过扶持部分学科和少数大学带动全港高等教育的发展。在引进高层次师资力量的同时，也有明确的学术研究领域和方向，重视并不断完善跨学科教育。例如，香港科技大学在 2020 年中长期战略规划中明确了纳米技术、生命科学与生物技术、电子通信与信息科技、环境及可持续发展、工商管理教育及研究共 5 个重点发展领域，支持国家和香港的创新发展；香港大学于 2014 年明确了前沿技术、环境、中国、生物医学、社群 5 个领域的 22 个主题；香港中文大学以中国研究、转化医学、信息与自动化科技、环境与持续发展为四大战略研究领域，并从其中选出 16 项优先研究的跨学科主题，着重投入教育资源，有的放矢。

二、质量评估体系完善

香港地区高校具有完整全面的质量评估系统，内部评估、外部评估及社会舆论评估三管齐下，形成了内外结合的质量保障体系。质量控制贯穿于整个世界一流大学建设过程，以保障并提升高等教育质量。香港是国际上少数的赋予高校自评资格的地区之一，拥有自评资格的高校必须拥有优良学术传统和质量保障机制，且仍要接受不定期的外部评估（比其他高校的外部课程评估更严格）。外部评估主要来自大学教育资助委员会（UGC）及其辖下的质量保证局（QAC）、联校质量检查委员会（JQRC）和学术与职业资历评审局（CAAVQ）三大机构。相关评估报告定期在官网公示并接受民众监督。

三、教育经费投入水平高

香港政府在教育经费投入上的公共财政支持力度一直处于较高水平，教育支出占总经常支出的比例稳定在 1/5 以上。除了政府公共经费的大力支持外，香港政府还鼓励多元竞争性教育经费投入，通过多种途径筹措经费，其中一项重要措施即配对补助金计划，这是香港政府在高等教育领域实施的一项竞争性、连续性的拨款政策，操作方式即院校筹得私人捐款，政府予以配对比例的补贴，比例在不同时期、不同阶段而有所不同。香港政府同时还调高了捐款免税额，既减少了政府的财政压力，也引导了高校寻找新的经费筹措渠道，实现了政府和高校双赢[132]。

香港地区世界一流大学建设战略规划目标定位清晰、战略研究领域明确、资源保障充分，对于内地高校"双一流"建设、高等教育内涵式发展具有很多有益的借鉴意义。

第六节　日本的世界一流大学建设简介

20 世纪 90 年代以来，日本高等教育进入了普及化阶段，大学的发展成为一个重要的课题。20 世纪 90 年代末开始，日本针对提升高等教育质量、增强国际竞争力进行了改革。经过数十年的努力，日本的世界一流大学建设计划已卓有成效，在 2019 年 QS 世界大学排名中，有 5 所日本大学进入世界大学 Top 100。

1995 年，日本学术审议会向政府提出了建立卓越中心（center of excellence，COE）的建议，建议指出：为了推进富有创造性的世界尖端水平的学术研究，在高水平的研究环境中汇集处于研究前沿的研究者与青年研究人员、交流科学最前沿的研究信息、触发具有独创性的思想是非常重要的，为此有必要建设高水平的研究中心[133]。

进入 21 世纪，日本政府加快了一流学科建设和尖端人才培养的步伐，相继启动了"21 世纪 COE 计划""全球 COE 计划""世界顶级研究基地建设（WPI）"等高等教育振兴工程[134]。在这一阶段，日本政府主要通过对各高校具有发展潜力的学科进行重点扶持，以学科领域为单位建设具有世界先进水平的研究基地来增强大学的国际竞争力。

2001 年，文部科学省提出了在竞争的环境下重点投资建设 30 所世界高水平大学的"远山计划"，这一计划即 2002 年正式启动的"重点支持建立具有世界水平的教育、研究基地——21 世纪 COE 计划"。"21 世纪 COE 计划"的目的是重点扶持各高校具有发展潜力的学科，培养学科带头人，建设具有世界一流水平的大学。2002—2006 年，该计划的政府预算共投入 1634 亿日元，2002—2004 年的 3 年期间有 93 所大学获准立项立了 274 个卓越中心。

由于"21 世纪 COE 计划"有力推动了日本的世界一流大学建设工作，2007 年，日本文部科学省启动了"全球 COE 计划"，继续支持日本大学建设高水平的科学研究基地。2007—2009 年，有 41 所大学的 140 个研究基地立项，根据学科特点，单个项目的投入经费从 5000 万日元到 5 亿日元不等。"全球 COE 计划"的实施重点除了提高研究生教育水平和研究水平之外，更强调国际化与国际合作研究。项目实施 5 年后，进入"全球 COE 计划"的 140 个研究基地的国际合作研究课题数达到 4964 项，比立项前增加了 33.8%；外籍教师数达 1775 人，增加了 37.1%。与"21 世纪 COE 计划"相比，"全球 COE 计划"项目数量大幅减少，但单个项目投入的经费有所增加。这显示出日本政府对于建设高水平教学科研基地、提升大学竞争力的决心进一步增强[135]。

2014 年，文部科学省启动了"全球顶级大学计划"（Top Global University Project）（2014—2023 年）。不同于以学科为单位的 COE 计划，该计划以大学整体为实施对象，以大学国际化为切入点，以建设世界一流大学为导向，旨在通过推进日本高等教育国际化的进程，带动大学的全面改革，提升日本高等教育的国际竞争力和影响力，力争到 2023 年创建 10 所世界百强大学。为此，该计划从国际化、教学教务改革及大学治理三大方面列出了任务清单，在项目周期内，给予每所大学每年约 5 亿日元的政府财政资助，并在项目实施后的第 4 年和第 7 年进行中期考核，项目结束后实施评估。最终，文部科学省确定了 13 所入选大学[134]。

第七节　沙特阿拉伯的世界一流大学建设简介

沙特阿拉伯得益于石油产业，其经济实现了跨越式发展。但是，石油是一种不可再生能源，面临着产量降低的危险，单纯依靠自然资源的经济体系将不可避免地面临衰退，甚至可能爆发危机。

沙特政府深刻意识到沙特未来的持续发展更需要知识、创新与人力资本的开发。作为中东最大的国家及伊斯兰教的发源地，沙特政府希望在阿拉伯世界建立主导地位并全面提升其国际地位及影响力，并意识到高等教育在国际合作与提升国家竞争力方面扮演的重要角色。然而长期以来沙特的高等教育遵循伊斯兰教育理念，形成了重文轻理的传统，人才培养与国内就业市场的供需严重失衡。基于上述经济转型、政治战略和高等教育自身局限的考量，沙特政府明确了高等教育改革的目标，就是让未来的沙特摆脱对石油经济的依赖，通过政治、经济、人才等领域的多元化发展来确认沙特在中东地区乃至世界上的重要地位。

2016年4月，沙特政府发布《沙特阿拉伯愿景2030》（*Saudi Arabia vision 2030*），提出建立契合就业市场需求的高等教育体系，到2030年，至少要有5所大学进入世界大学排名前200名。为此，沙特政府在国家及机构层面实施了一系列战略规划与措施，发展普通高等教育，促进大学国际化，提升国内高等教育的整体质量与开放程度；开发研究型学术文化，促使沙特大学从教学型大学向研究型大学转变；鼓励科学技术创新，将若干所研究型大学建设成为世界一流的教学研究与提供社区服务的机构；以国际标准建设本国高等学校，形成一流的高等教育体系。

针对沙特高校科研水平有限、关键领域科研人员短缺等问题，高等教育部于2009年制定了一项名为"阿法格计划"（AAFAQ project）的高等教育长期战略规划，研究高等教育面临的主要问题并制定解决方案，协助大学编制5年建设规划和25年中长期发展规划，并完善规划的实施和运行机制。作为沙特高等教育改革的统领性战略，"阿法格计划"还实施了多项具体的改革措施。

一、建立学术领导力中心，驱动高校领导力发展

沙特政府认为学术领导力是大学发展的主要动力，为此，高等教育部于2009年成立学术领导力中心（academic leadership center），开展高等教育领导力及管理方面的各类培训，帮助学术领导和关键行政人员获得建设世界一流大学体系所必需的知识和能力。项目的目标包括：开展领导力主题研究并促进其知识和信息的传播；通过服务与培训提升有效的领导力行为与实践；通过对领导力与管理信息的诊断性评价，协助管理者作出决策；协助高校制定领导力发展和机构发展规划；引导相关人员应对领导力挑战与需求。通过提供一系列服务，学术领导力中心成为驱动沙特学术领导力发展的重要机构。

二、设置政府奖学金项目，利用海外教育资源

为解决技能型人才短缺问题，提升本国青年在国际市场上的竞争力，

沙特高等教育部于 2005 年组织实施了阿卜杜拉国王奖学金项目（King Abdullah scholarship program），最初规划实施 5 年，在国王授权下已延期至 2020 年。沙特高等教育部筛选了海外 50 个国家的知名学府作为定点院校，派遣达到一定学术标准的学生留学研修并提供高额度的资助，重点支持医药学、工程学、计算机科学等与沙特经济和社会发展紧密相关的领域，已有超过 12.5 万名学生获得资助。大量在世界顶尖高校接受先进教育理念的学子，如今成为沙特高等教育改革的领导者。

三、创建私立高等院校，扩展高等教育模式

沙特向来重视私立高等教育的发展，早在 1997 年就批准建立了一批私立高等院校，通过土地租赁提供建设用地并将私立院校学生纳入国家补贴范围。"阿法格计划"提出必须进一步开放私立高等教育，创建具有宏伟目标的未来模范型大学。为此，沙特新成立了阿卜杜拉国王科技大学（King Abdullah University of Science and Technology）、费萨尔大学（Alfaisal University）和穆罕默德·本·法德王子大学（Prince Mohammad Bin Fahd University）。这批大学多采用西方发达国家的大学管理模式，课程设置大众化和国际化，关注科学前沿领域。例如，2009 年新成立的阿卜杜拉国王科技大学不仅聘请发达国家的著名教育家任校长，还从发达国家著名教授中聘请学院院长和系主任，其四个热门专业（能源和环境、生命科学和工程、材料科学和工程、应用数学和计算机科学）均使用英文授课，并通过与世界一流高校、研究机构开展合作及与世界顶级学者签署兼职协议，提升研究成果的世界影响力。

四、完善学术认证与评估，确保高等教育质量

鉴于近年来高等院校特别是私立院校数量激增，沙特政府意识到建立质量保障体系的重要性，于 2004 年成立国家学术认证与评估委员会（National Commission of Academic Accreditation and Assessment，NCAAA）。NCAAA 隶属于高等教育委员会，但在财政和管理上独立运行，其目标是为监督与评价各类高等院校设置认证标准及认证步骤，进而为其教育质量的改善提供支持。NCAAA 要求各个院校建立内部质量保障

体系，在 5 个层面设置了 11 个执行领域，且每一个执行领域下包含具体的评分标准，供院校进行质量自评。据统计，目前已有超过 90％ 的沙特高校建立了教育质量中心，70％ 的高校开展初期自评，并根据国际发展趋势及就业市场需求审查本校的战略规划与课程设置。此外，NCAAA 还联合国外机构（如英国文化教育协会）开展质量保障、质量管理及教学评价策略的培训。

"阿法格计划"在实施的过程中也遭遇了来自伊斯兰文化宗教传统和中央集权管理体制的压力，例如男女隔离的教育制度严重阻碍了沙特高校的对外开放与国际化。但是，通过一系列改革措施的推行，近年来沙特高等教育体系的整体质量与对外形象获得了极大提升[136]，如负责制定"阿法格计划"的法赫德国王石油矿产大学通过实施这一试点项目，在教育质量、科研及社区服务方面获得巨大进步，在 2016/2017 年的 QS 世界大学排名中已跃居第 189 名，居阿拉伯世界第一名。

第八节　加拿大的世界一流大学建设简介

在 2019 年 QS 世界大学排名中，人口仅有 3000 多万的加拿大有七所大学进入排行榜前 200 名，其中三所高校入选前 100 名，分别为多伦多大学（University of Toronto）、麦吉尔大学（McGill University）和英属哥伦比亚大学（University of British Columbia）。

加拿大高等教育发展受政治、经济等多方面的影响。早期的加拿大高等院校是仿照欧洲大学的模式创办的，并与宗教有着非常密切的联系。19 世纪后期到 20 世纪初，加拿大高等教育经历了一个重要的发展时期；第二次世界大战结束后至 20 世纪 60 年代，是加拿大高等教育蓬勃发展的时期；20 世纪 70 年代起，加拿大的高等教育步入了黄金发展期，形成了以公立大学为主的制度化办学方式；20 世纪后期至 21 世纪初，加拿大进入高等教育普及化阶段。目前，加拿大全国有 92 所大学、122 所大学学院，全部为省公立院校。

一、制度化、层次化和依法办学的管理体制

加拿大的高等教育分权治教，大学有较大的办学自治权和自主性。加

拿大是一个具有多元文化的联邦制国家，并没有全国性的高等教育政府部门，因此参与高等教育的机构主要包括其他联邦政府部门、高校、教育中介组织机构等。高校实行自治管理模式，学校的行政管理和教学事务由学校自行决定，省政府对此不予干涉。大学的自主权得到了充分体现，主要表现在自主招生、自主设置专业和专业方向、自主设置课程和学分、自主制定人事分配制度等。正是这种权责明确的体制，促使整个高等教育强健有力、积极向上地发展。由于联邦政府不设教育部，所以各省教育部组成了一个协调组织，称为教育部长委员会（The Council of Ministers of Education of Canada）。在联邦政府授权下，负责协调处理各省与地区间共同关心的教育问题，具体承办与其他国家的教育交流工作。

大学的高度自治的确为学术自由带来了更多可能的发展空间，使大学呈现出多样化的特点，同时也带来一些不同声音，比如缺乏系统高效、全面统一、全国性的高等教育国际化战略。因此，自 20 世纪末，加拿大各级政府为了获取更多的高等教育发言权，一方面削减了大学经费，另一方面将经费通过各种专项教育和科研基金的方式资助给大学，要求大学不断产生出新的思想和技术，培养出更多的高素质国际化人才，为提高国家在国际上的综合实力和竞争力作出贡献。

二、通过构建科研管理和经费机制推进科研创新战略

面对 21 世纪信息技术的快速发展，加拿大联邦政府通过《社会人文科学研究委员会法案》和《自然科学和工程研究委员会法案》规范加拿大科研管理，构建科研监督和科研经费机制，使其科研经费位居发达国家前列；通过《企业科研辅助计划》促进联邦政府、省级政府、企业和大学之间联合开展产、学、研实验；通过科研管理和经费机制促使各大学参与科研竞争，同时加速大学和企业合作。

三、积极推进高等学校的国际交流与合作

在加拿大，各大学、学院的留学生都有一定比例，多所大学参加了合作教育，此举促进了多国文化的交流，提升了大学影响力。同时倡导和贯彻以人为本、以学生为中心的办学理念[137]。充分考虑教师和学生的利益

和需要，调动教师和学生的积极性。

尽管加拿大一贯重视高等教育发展，但是如何使加拿大高等教育在全球化和国际化中加强包容性和多样性等问题，仍然是加拿大一流大学面临的未来课题。

第九节　德国的世界一流大学建设简介

从某种意义上讲，德国是现代大学的发源地。19 世纪末，德国超越英国和法国，成为世界科学的中心，物理、数学、化学和工程等许多科研领域都聚集了最杰出的研究人员。但如今，当人们谈及世界一流大学时，可能很难会立刻想起德国的任何一所大学。德国大学在全球排名的表现也佐证了这个现象。2004 年，时任德国联邦教育部部长的布尔曼（Bulmann）女士首次提出在德国打造数所哈佛式精英大学，希望借此培养世界一流精英人才，重塑德国大学的辉煌。为建设世界一流大学，2005 年 6 月德国启动"卓越计划"（initiative for excellence），重点扶持德国的研究型大学和科研团队。

至今，"卓越计划"已开展了两期，共三轮。第一期计划从 2006 年到 2012 年（第一轮和第二轮），投资 19 亿欧元，共资助 86 个项目，包括 39 个研究生院（graduate schools）、37 个卓越集群（excellence clusters）和 9 个未来构想（institutional development concepts）项目。第二期计划从 2013 年到 2017 年（第三轮），投资 27 亿欧元，共资助 99 个项目，包括 45 个研究生院、43 个卓越集群和 11 个未来构想项目。

"卓越计划"项目的遴选由德国研究基金会（German Research Foundation）和德国科学和人文委员会（The German Council of Science and Humanities）主持。遴选过程分初期和末期。初期各个大学需提交建议草案，之后由国际专家组成的委员会对其进行评估。根据德国研究基金会的规定，委员会由约 300 名专家组成，其中 60％来自其他欧洲国家，30％来自非欧洲国家，剩下的 10％为德国专家。申请者要先提交英文申报材料草案，接受评委会初审。通过初审者，再向评委会提交正式报告。评委会将根据项目的创新性、实现目标的可能性、学科现有优势和特色、可持续性研究、地域科研能力和国际知名度等方面对申报项目进行评审[138]。

"卓越计划"的资助内容分三部分："研究生院计划""卓越集群计划""未来构想计划"。"研究生院计划"资助一些优秀的博士生，努力促使他们成为年轻科研后备力量；为博士研究生进行国际化、跨学科的研究提供良好的科研环境，从而提高德国博士生培养的总体水平。"卓越集群计划"聚焦于提升大学的研究潜力，支持大学建立具备国际竞争力的卓越机构及培训机构。同时，扩大德国相关大学的科研网络和合作，利用德国大学校外研究机构实力强的特点，加强促进大学与校外研究机构、应用技术大学及经济界的合作。"未来构想计划"帮助德国顶级大学拓展各自强势学科的国际竞争力，并最终奠定德国高校在国际竞争中的优势。计划最多资助10所大学的尖端特色科研，当选条件是大学至少入选一个研究生院、一个卓越集群。例如，海德堡大学（Heidelberg University）提出发挥综合性大学的潜力，强调跨领域对话的重要性。

2015年，在"卓越计划"第二期即将进入尾声时，德国政府委托国际评审专家委员会对"卓越计划"近10年来的实施情况进行综合评价，并为下一阶段"卓越计划"的规划提出依据[139]。在第三轮中，有11所大学被授予"精英大学"的头衔。它们分别为：慕尼黑大学、慕尼黑工业大学、亚琛工业大学、柏林自由大学、海德堡大学、康斯坦茨大学、德累斯顿工业大学、柏林洪堡大学、不莱梅大学、科隆大学、图宾根大学。

2016年1月，国际评审专家委员会从大学特色、大学治理、学生数量和教学质量、科研后备人才、大学在科研体系中的融合和国际化6个方面对"卓越计划"实施前后进行了比较并形成报告。研究发现，"卓越计划"的影响是积极的：①激发了德国大学的竞争文化和机制，打破了德国大学传统的均质化结构；②为德国大学注入了科研活力，提高了科研论文的发表数量；③打破壁垒，推动了大学与科研院所的深度合作；④世界大学排名表现有所提高，提升了德国大学的国际地位。

经过多次协商与讨论，联邦政府与州政府于2016年4月达成一致，第二期"卓越计划"结束后继续支持下一轮"卓越计划"，并公布了具体方案。资助领域发生变化，不再资助"研究生院计划"，更尊重科学发展规律，取消资助期限，给予更长远、持续的支持。更重视中期评价，给予充分的时间进行改革和调整。但"卓越计划"也面临着不少挑战。由于坚持平等的原则早已在德国高等教育的理念中根深蒂固，因而力图在大学间"制造"分化的"卓越计划"在下一轮实施中依然面临着严峻的挑战。如何平衡追求科研卓越与重视教学、人才培养之间的关系，如何处理好公平与公正的关系都将是"卓越计划"要面对和解决的问题。

第十节　印度的世界一流大学建设简介

根据联合国 2016 年的统计，中国和印度共拥有世界 1/3 的人口，两国经济发展迅速，都是世界上增速最快的经济体之一。印度和中国一样是世界高等教育大国，高等教育规模位居世界第三。在经济全球化和高等教育国际化的背景下，印度开始重视高等教育发展，通过建设世界一流大学来提升国际竞争力是印度高等教育发展的目标之一。

印度有长达两个世纪的英国殖民历史，直到 1947 年才获得独立。因此，印度的高等教育有着深深的英国殖民烙印，印度大学的教学语言主要是英语。独立之前，印度只有 20 所大学、500 所学院，不到 21 万名学生。独立之后，印度高等教育得到了快速发展，印度大学拨款委员会 2014—2015 年度报告统计显示：自独立至今，印度大学和科研机构数量增长了 40 倍，学院数量增长近 82 倍，入学人数增长了 127 倍。印度在其"十一五"高等教育规划（2007—2012 年）中明确提出，要建设 14 所世界一流大学（后改名为创新型大学），致力于达到世界一流大学标准，这标志着印度的世界一流大学建设计划被正式提上日程。

根据规划（2007—2012 年），印度政府按照世界一流大学标准，给予选定大学相应资金和教学科研支持，建设 14 所创新型大学，增强印度大学的全球竞争力，使印度成为全球创新中心。为促进这一计划的实施，印度分别开展了"卓越潜力大学资助计划"（universities with potential for excellence，UPE）、"卓越潜力学院资助计划"（colleges with potential for excellence，CPE）、"卓越潜力学科资助计划"（colleges with potential for excellence in a particular area，CPEPA）等致力于提升高等院校科研水平的高等教育发展计划。

印度根据国家评价委员会资格认定标准，从不同层次选取了符合标准的大学、学院和学科进行重点资金支持建设，以求不断提升整体科研实力，推动世界一流大学建设。

一、"卓越潜力大学资助计划"

遴选"在教学和科研活动中取得显著进步，具有发展成为世界一流大学潜力"的大学，由大学拨款委员会为其提供资助。通过促进入选大学改进教与学的方法、设计友好型的课堂组织形式、改变评价方法等，实现教学、科研目标，使这些大学成为追求卓越、具备世界一流大学水平的大学，在国际竞争中占有一席之地。入选大学要具有保证大学整体科研活动良好运行的内部质量保障体系，并拥有高水平的研究活动，追求卓越，进行校企合作与社会拓展。另外，由国家评价委员会认证等级为"A"的大学可自动成为"卓越潜力大学资助计划"的资助对象。

该计划的目标为：在教学、培训、科研与管理等方面实现卓越发展，以应对未来的挑战；加强学术与基础设施建设，为实现在教学、研究、社会服务上的卓越与创新发展提供保障；提升本科生和研究生的学习与教学水平；基于灵活的模块学分认定系统与国际通用的创新举措，促进与国家层面及地方层面社会经济发展需要相关的科研项目发展；促进与国家其他中心、部门、实验室的联络与合作；鼓励开展任何有助于实现上述目标的活动。

二、"卓越潜力学院资助计划"

印度除了对重点大学进行资助建设以外，有相当部分的学院也有着较高的教学科研水平。这些学院通过创新的方式利用人力、物力资源，达到较高的教学与科研水平，具有达到学术卓越的潜力。国家认定在教学、科研、社会服务中已达到较高水平并有达到卓越水平潜力的学院，并为"卓越潜力学院资助计划"选定的学院提供发展基金，加强基础设施建设，帮助其达到更高的学术标准。资助建设的学院需建校 10 年以上；得到《大学拨款委员会法》相关条款承认；由国家评价委员会进行认证，且在申请

"卓越潜力学院资助计划"第一期国家评价委员会认证等级至少为"B"。得到认证的学院当中，优先发展自治学院，学院教师在"卓越潜力学院资助计划"进行期间不得进行调动，校长需定期换届，农业、医药、口腔、护理和制药类的学院不予考虑。

该计划的完成目标为：加强学术基础设施建设，为实现与国际标准相当的教学、科研、社会服务发展水平提供保障；基于灵活的模块学分认定系统与国际通用的创新举措，提升本科生和研究生的学术水平；提升与国家和地方社会经济发展紧密相关的学术项目的质量；提升学院本科教学水平；加强与其他高等教育部门、国家实验室、中心的联络与合作；推广以技能为导向的项目合作。

三、"卓越潜力学科资助计划"

印度除重点资助建设潜力大学和学院外，另从"卓越潜力大学资助计划"中挑选出 12 所大学，致力于最大化地提升特定学科的科研水平。重点在于促进学科内部、多学科、特定研究项目的发展。对于选定的大学，鼓励并推动相关部门进行合作研究，促进志同道合的教职工进行项目合作。选定领域或学科所属部门，要有高水平的硕博士学位授予项目；制定促进三个以上系进行合作的行动计划，对学科内部和多学科合作进行专家认证并确定协调者；至少要得到一个印度大学拨款委员会所属部门的认证；每个系至少有一名教职人员得到学术组织的认可。

该计划的完成目标为：完善学术科研的设备与基础设施建设，为实现卓越发展提供保障；提升本科生/研究生教学评价过程、研究工作、社会服务的质量并制定相关标准；提高与国家和地方社会经济及其他发展需要相关的学术项目的质量；加强与其他高等教育部门、国家实验室、中心的联络与合作；鼓励大学通过创新科研工作，填补现有知识的缺陷，成为国家特殊领域的智库储备。

四、更多方式

印度建立世界一流大学的另一重要途径是鼓励大学与社会机构合作，实行跨学科、跨领域研究，形成大学之间的国际化合作模式，提高本国高等教育的国际竞争力。2015 年，印度开始推行"留学印度"（study in India）政策，同时修订相关法律，为国外高校在印度建立海外分校提供便利。印度允许外国高校在印度建立分校，但外国高校要符合相应条件：至少有 20 年的建校历史；建校不以营利为目的；得到本国或国际认证机构认证；至少在三大世界大学排名（THE，QS，ARWU）的其中之一位列前 400；提供与本国高校质量相当的项目和课程。例如，卡帕罗集团是英国一个经营钢铁、工程和宾馆的公司，它与美国卡耐基梅隆大学合作在印度建立了一所新校。印度鼓励国外高校在印度建立分校的目的在于吸引来自亚洲以外地区的留学生，实现高等教育国际化，还可以走出目前因印度学生出国留学人数上升而带来的人才外流困境。

近期，印度在建设世界一流大学方面又有了新动向，印度政府表示将设立一个教学和科研的监管机构并制定详细的计划，推动 10 所公立大学和 10 所私立大学成为世界一流大学。20 所高校的选择可以参考印度的国家大学排行榜（The National Institutional Ranking Framework，NIRF）。入选成为"世界一流大学"的高校，将享有行政、学术和财务自由，可以决定自己的费用结构，不再受大学教育拨款委员会和大学教育赠款委员会的管制，可以开设符合国际高端教育标准的新课程。此外，还可以在不需要政府许可的情况下聘请外籍教师、招收外国学生并与外国大学合作。

第十四章

世界主要国家的科技评估

科技评估既是科技管理的工具，对科技活动进行决策、规划、管理、监督的手段，也是学术共同体对科技发展内在的、基本的学术认识活动，对科研产出和影响的价值判断。科技评估作为科技活动的指挥棒，是保障科技质量和提高科研水平的重要抓手，是建设良好科研环境和推动科技发展不可或缺的政策工具。世界各国的科技评估体系各具特色，不同国家虽然在评估机构的设置、第三方和市场参与程度方面有很大不同，但在科技评估立法依据和社会监督方面大致趋同。评估活动都基本上覆盖了政府制定的科技发展战略、科技规划与计划的实施、基金项目、管理机构等科技创新活动，科研人员、科技人才、经费等资源要素的配置与科技成果转化的经济和社会效益等。总体上，科技评估活动覆盖的对象多样，可应用于基础研究、应用研究、实验开发、成果转移转化等创新阶段，涉及参与科技创新活动的各类主体，包括政府、研发机构、社会和市场等多个层面。

第一节　法国的科技评估

法国历来重视国家财政投入的产出效益，从 20 世纪 50 年代起就开展科技评估活动。1987 年底，法国将国家级计划（除国防、航空和空间计划以外）和政府部门组织的有关研究与发展的重大项目重新组织，归纳成生物工程、医学研究、电子信息技术等 11 项科技计划，统称"国家发展计划"。这 11 项计划由研究技术部统一归口管理，每项国家计划均成立一个科学委员会，委员会委员都是科研单位、大学或企业界的专家学者。政府用来支持国家科技研究与发展计划的经费每年以研究与技术基金的名义发放。基础科学研究方面的项目，即使列入国家计划，其经费大部分仍由参加该项目的各合作单位提供。自 1988 年，拨给国家计划资金的 3/4 用来支持具有明确工业化目标的科技开发项目，且要求参加计划项目的企业同时拿出对等的资金补充项目开发经费。除此之外，法国还建立了一套监督体系，经过多年发展，已形成了比较完整的科技评估体系。

一、科技评估体系

1. 国会科技选择评价局

为了独立地评价政府对科技政策的重大方针，法国国民议会于 1983 年成立了一个属于自己的评价机构，名称为国会科技选择评价局，以便对国家总的科技发展方向进行评价，并为政府选择科技发展方向提供论证。

国会科技选择评价局由参议院和众议院中部分议员组成的专门委员会、委员会附属秘书处和办事机构构成。多数成员在科技方面具有丰富经验，下设的科学理事会由 15 名非国民议会议员的科学家组成。评价局负责将科学技术评审的结果报告议会以帮助决策，职能包括搜集信息、实施研究计划和进行评估。评估费用完全由政府承担，除人员工资外，评估经费每年 500 万法郎，以保证整个评估过程的独立性。评估范围仅限在能源、环境、新材料和生命科学四大领域。

在评价局内部指定专门人员担任评估报告的起草负责人，报告起草负责人向议会评价局提交可行性报告，报告起草负责人具有很大的法律权限，可以检查全部国家机构的任何层次和部门，可以接触行政部门的任何资料（国防和涉及国家安全的资料除外）。报告所得结论可以在立法和预算讨论中直接运用。

2. 国家研究评估委员会

国家研究评估委员会成立于 1989 年 5 月，主要承担评估政府的科研政策、计划、项目、法规，评估公共研究机构，制定有关科技评估的政策、规定，认定评估事务所和人员的资格，培训评估人员的工作。委员会由 10 名委员组成，1 名是总统指定的国家顾问，1 名是国家审计署的代表，其余 8 名由部长会议任命，其中 4 名来自法兰西科学院和国家科学技术高级委员会，4 名来自社会、经济、文化、科技界。在委员会周围还有一个评估专家网（包括国外专家）配合委员会工作。评估费用由政府全部承担，除工资外，年度工作经费约 350 万法郎。

法国国家研究评估委员会具有很高的权威性，负责确定评估方法，挑选委员会以外的专家，制定详细的招标规则。评估过程中成员发表各自观点并进行辩论，得出集体意见作为评估结果。整个评估过程采取异议制方式，允许被评估机构阐述其观点甚至对评估结论提出异议。被评估机构必须根据评估报告的建议采取措施，并向政府主管部门报告。

3. 科研机构及高等教育机构内部的评估体系

法国各科研机构内部均设立相应的评估机构，并已形成对实验室和人员的完善的、制度化的评估体系。评估采用的主要形式是评价委员会按学科和学科组分类，委员会中 2/3 的成员从研究人员中选举产生，另外 1/3 由科研机构负责人任命或聘请国内外专家。

评价委员会定期（一般为 4 年）对本机构的实验室和研究人员进行评价，其主要职能是进行机构内部的自我评价，一是评价自己的发展方向，科研选题是否得当，国家科研投入的情况；二是评价机构的内部设置是否合理有效（包括老实验室的运行和新实验室的建立）；三是评价研究人员是否称职尽责。

二、科技评估的法律依据

法国政府把科技评估作为政府科技管理的重要环节，并作出了法律规定。1985 年法国政府颁布法令（第 85-1376 号），从法律上确立了科技评估的地位。第 5 款"研究政策与技术开发的评估"中第 14 和 15 条规定："法国研究与技术开发计划根据各自的指标受到评估。评估的指标和评估方法在计划实施之前就已确定——公共研究机构按照定期评估的程序开展评估。"法律明确规定，国家级的科技计划、项目未经科技评估不能启动，评估师必须对其所做的评估负法律责任，若存在违法行为将受到法律的制裁。

基于这样的法律规定，法国的科技评估报告人有着特殊的权力，他可以对国家机构的任何地方进行检查，可以接触所有行政部门的资料（除涉及国防和国家安全资料外）。在执行公务遇到困难时，他们还可以享有议会调查委员会的特殊权力。这样形成的报告结果，将直接用于立法讨论和预算参考。评估过程中，报告人如果认为有必要，还可以组织听证会向新闻界开放，以收集一些与问题相关的个人及组织的意见，并将听证会的小结作为报告的附件体现在报告中。

三、法国的科技奖励

法国的科技奖励制度与科研人员评职称、科技项目经费划拨是截然分开的，仅仅是鼓励科技创新、奖励科技人员的一种激励手段，表现出明显的分散性、非系统性、多层次性，具体表现为：人物奖多于成果奖、自然科学奖多于技术发明奖、民间奖多于政府奖、纯精神奖励很多等特征。

以法国科学院为例，其在章程中明确规定了科技奖励的一般程序。评奖委员会由科学院会员组成，涉及应用方面的大奖，评奖委员会则由科学院会员和其内部的应用委员会成员共同组成。评奖委员会属临时性机构，由科学院执行局（由院长、副院长、两位终身秘书组成）在征求各学部意见后推荐初步名单，再通过科学院内部保密委员会的选举产生最终成员，每年选举一次。评奖委员会按照研究领域分成若干专业评选委员会，各委员会平均每年召开2～3次会议进行评选。评选委员会召开会议需要达到法定人数的2/3才算有效，形成评委会最终意见，并送交科学院的保密委员会。保密委员达到法定人数的40%即可进行表决，确定奖项的归属。

四、法国科技评估的特点

1. 注重事前评估

按照时间顺序，可以将科技评估分为事前、事中和事后评估三类，我国的科技评审主要是事中、事后评估，而法国更重视事前评估。为了科学地制定科技战略、重点项目计划立项和政策而进行的事前评估（或称预测）需要依靠可靠、完善的科技指标，以反映法国各领域的科技实力状况及变化。

2. 严格评估师从业资格

法国所有的评估人员都必须从国家研究评估委员会处取得从业资格。

法国有专门的评估师培训学校，大学毕业生要经过专门的学习、通过严格的考核才能成为评估师。国家研究评估委员会制定了有关法规以规范评估师的行为，评估师必须遵守。评估师必须对其所做的评估负法律责任，若存在违法行为，将受到法律的制裁。而评估一经做出，就会受到政府、社会的广泛承认，税务部门将以此为依据计算税额。

3. 评估透明、公正、有序

在法国，科技评估的活动和结果都不是封闭运行的，而是形成了全社会广泛认同的透明、标准的评价程序和办法。评估委托方和接受方可以交涉、协调，如果双方存在争议，还可以委托其他机构重新评估，评估结果高度透明：一方面，被评方可以实时查询；另一方面，在国家保密制度范围内，很多结果经委托方允许，可以成为公开的文献和资料，供公众查询[140]。

第二节 英国的科技评估

早在 20 世纪 70 年代，英国政府就成立了由专家学者组成的中央政策监督委员会，委员会兼具中央政府科技评估的职能，也包括协助内阁部长研究科研发展战略，制定科研发展规划和政策。对科研计划执行的评估与检查则由发布部门管理和实施。英国的科技评价体系经过多年的起伏发展，至今已相对成熟，以提高科研质量为宗旨[141]，以科研成果学术性评价制度作为国家科技成果评价的主要制度。高校的科研评价结果作为衡量高校学术水平和研究生教育质量的核心内容，也直接影响高校项目经费拨付。

英国先前的科技评价采用"科研评估机制"（research assessment exercise，RAE），随着文献计量的不断发展与广泛应用，2014 年英国开始实施"研究卓越框架"（research excellence framework，REF）的科研质量评价新体系，以数据分析为基础，其评价内容更侧重于科研成果的质量和影响力，更强调科研活动对经济、社会和知识传播的贡献，使得评价体系更加客观与科学。

REF 评价体系考察科研质量、科研影响及科研环境活力，即设立成果的产出、影响和环境三个类别的评价指标。

（1）产出指标在总评价中所占权重最大，高达 65％，考察研究是否原创、原创程度及研究成果的重要程度、表现的严谨性；

（2）影响指标在总评价中所占权重为 20％，考察被评对象——科学研究对经济、社会、文化的影响程度和重要性；

（3）环境所占权重为 15％，考察的是科研成果的活力和可持续性对广泛学科和研究基础的活力及可持续性的贡献。

将科技成果评价按照启动期、执行期和评价结果应用期三个阶段来划分，英国科技评价各阶段的工作内容如下。

（1）启动期，成立同行评议小组，设置 4 个主专家组，主要负责制定标准并确定工作方法，并由 4 个政府资助的机构公开提名专家组成员。主专家组由 4 个主专业主席、23 个国际成员和 17 个用户成员组成。每个专家组下设若干子专家组（由 77％的研究人员和 23％的用户共同作为评审专家），在 4 个主专家组的领导和指导下对 36 个评估单元（36 个学科专业成果）进行评估。由大学提供评估资料，要求被评估对象提供人员基本信息、研究产出（包括发表的出版物及其他可以评价的产出详情、使成果产生影响的模板和案例研究背景、方法、支持影响的战略和计划）、环境资料（包括从事研究工作的相关经费、设备保障、人文环境等资料）和研究环境情况（包括概况、研究战略、研究人员组成、收入、基础设施和社保、合作与对学科的贡献等）共四个部分的基本资料[142]。

（2）执行期，由中介机构来实施，政府不会参与其中，通过同行评议、文献计量方式进行评价。

（3）最后生成评估报告并予以公布，从研究成果的渊源、重要性和研究性水平上出发，分为四颗星（引领世界）、三颗星（达到世界水平）、两颗星（获得世界认可）、一颗星（国家平均水平）及无类别（质量低于国家平均标准或没有达到此次评价指标的要求）5 个等级。同时也会发布评价阶段专家组的会议记录，公布专家评审工作的过程，评价结果直接决定科研经费的分配。

2019 年初英国发布了 REF 的细则——《科研评价标准和工作方法》（*Panel Criteria and Working Methods*，以下简称《评价标准》）。规定：任何评估小组（四大类学科主评估组下，划分为 34 个小学科评估小组）

对科研成果进行评估时，不得考虑发表该成果的期刊的影响因子，不得考虑期刊的档次和级别。

英国发布的相关报告显示，在已知处于英国《研究卓越框架（2021）》（简称 REF 2021）范围内的各项研究成果中，有 61% 达到了开放获取存储、发现和访问要求。

第三节　日本的科技评估

日本的科技评价始于 20 世纪 40 年代末，起初是技术项目评价。直到 20 世纪 60 年代，日本政府推出一系列政府主导的大规模研究开发项目，日本才开始出现科技评价机构，建立科技审议制度。1983 年，日本科学技术会议政策委员会下设了技术评价分委员会。1986 年，日本科学技术会议政策委员会编制了《研究评价指南》，敦促国立研究机构引入定量评估方法，把评价分为三种：机构评价、项目或课题评价、人员评价。随着《科学技术基本法》《科学技术基本计划》的制定，日本政府于 1997 年出台了《国家研究开发评估实施办法纲领指南》（以下简称《纲领指南》）。2012 年 12 月，日本第四次修订此《纲领指南》，把研究开发评价工作的重要性和必要性提升了一个新的高度。《纲领指南》包含了研发制度评价、研发计划评价、研发项目评价、研究人员业绩评价和研发机构评价 5 个方面。现在日本最高的评价机构是综合科学技术会议中的评价调查委员会，各个省府也有自己的评价机构，如文部省的学术审议会，但它们的评价原则、方法和标准都要参照《纲领指南》制定。

日本的科技评价机构较多，较重要的有近 20 个，大致分为四个层次[142]。①综合性科技评价机构和由国家直接管理开发的事业评价机构：主要评价大规模的国家研究开发课题。②专业性评价机构：这类机构往往附属各省厅。③企业型评价机构：由公司主办或单独设立为评价公司。④研究机构内设评价机构：主要评价的是政府投资的研究项目。

日本科技评价体系非常开放与透明，对于评价者的选择原则上要选择第三方来担任，这些专家既不能属于任何被评价机构，也不能属于其中一个评价委托机构。在社会关注的研究课题的评价人员中会适当加以补充反映公共意见的人士，在一些评价中，有时会请外国专家参与评价。为增加评价的透明度，会将评价过程和评价结果公布于众，主要以网络发布和记者会的形式进行。

课题的性质和涉及的研究领域各不相同，决定了所采用的评价方式也不相同。课题由竞争性资金资助的，事前评价一般作为主要的评价方式；评价国家特大型重要科技计划项目时，评价者必须由第三方来担任并进行外部评价；对于一般性的课题，必要的评价也是需要的；对于重大的研究开发成果，不仅要做好事前评价和事中评价，还要做好跟踪评价工作。

研究经费的分配、评价研究的资助方法的确定、研究开发计划的修订、研究开发课题的安排和改进及研究机构的管理等，都需要充分地利用评价结果。但是为了确保真实地反映评价结果，必须要跟踪调查研究工作，这样才能保证顺利开展政府研究课题，择优分配并有效使用研究经费。因此，业务评价工作需要支付一部分的研究经费，设置专门的评价部门，引进和培养相关人才。

日本的评价体系通过具体的制度将科技评价融入日常的科技管理中，从而提高了管理的成效和科技创新力度，不单纯是为了评价而评价的体系[143]。

第四节　美国的科技评估

近年来，科技评价已成为许多国家现代科技管理的必要手段和科学决策的重要依据。美国作为科技大国，是开展科技评价和推进科技评价制度化建设最早的国家之一。在建立和完善基于同行评议制度的科研项目资助与管理体系，推进政府科技管理绩效评价与科技发展战略及财政科技预算结合等方面积累了丰富的经验，有效提高了政府科技管理的水平和效益，保障了美国科学与技术发展目标的实现。

一、评价机构

美国科技评价体系中的评价主体可分为三类：①国会、联邦政府的科技评价机构；②社会科技评价机构；③美国学术机构。

美国没有统一的科技管理机构，一直保持着一种多元化、分散式体系，分属各个不同的职能部门，根据各自使命进行科研开发与管理。因此，美国政府中并没有一家负责全面管理科技评估的机构，也没有任何一个政府部门负责对评价机构的认证。但国会和政府设置了一些诸如美国国会技术评价办公室（OTA）、国会预算办公室（CBO）、国会研究服务部（CRS）、美国总审计署（GAO）等的科技评价办公室，它们主要是为国会和政府机构提供服务，另外各个政府部门也设立了同样性质的评价办公室来评价本部门的科研工作。

美国政府同时也委托一大批高水平、相对稳定的社会咨询评价机构，包括企业和营利机构，承担具体的评价活动。政府只是出资，由其他机构、部门负责评价活动。美国科技评价中的这种出资人和执行人相分离的制度，在一定程度上保证了评价的公平性和合理性。世界技术评估中心（World Center for Technology Assessment）就是其中一家有代表性的非营利评估组织。

综合性的学术组织包括专业性学术社团的联合体，通常具有完善的组织网络、雄厚的研究资源、成熟的运作机制和显著的社会影响力。美国国家科学院、国家工程院、医学研究院三院一会体系的常设机构——国家科学院理事会（NRC）是美国科学技术评价体系中及其重要的组成部分。NRC往往只接受国会或联邦政府委托，展开对重大科学研究项目的评价活动[144]。此外，美国国家航空航天局（NASA）、美国国立卫生研究院（NIH）、美国国家自然科学基金会（NSF）、美国国家标准与技术研究院（NIST）等机构都有自己的评估体系。

二、评估的法律依据

美国科技评估史上具有里程碑意义的是 1993 年国会通过的《政府绩效与成果法案》（*Government Performance and Results Act*，GPRA），该法案要求联邦政府各部门必须制定各自五年工作目标的战略规划，将战略目标分解成年度执行计划，对年度计划执行结果进行评价并将执行情况报告，并对它们加以评估，以应对不断变化的形势和外界期望。该法案明确规定，联邦政府部门需对工作效率负责，并要取得可测算或可评估的成果

（业绩）[145]。白宫行政管理和预算局则根据各个机构的绩效评估结果与新的规划分配新财年的财政预算。

三、美国科技评估的一般步骤

美国科技评估一般采取如下步骤：

（1）评估项目的前期论证、筹备阶段。根据被评估项目的原始资料，论证自己的评估机构是否有能力承担此项任务，然后由评估机构组建评估小组，聘请专家。

（2）基础准备阶段。评估小组制定评估方案，同时遵循一定的方法，制定相应的评估指标，选择指标处理方法，设计详细的调研提纲。

（3）数据和资料的收集阶段。主要收集相关数据和资料。

（4）数据和资料的分析整理阶段。主要是分析和整理收集到的相关数据和资料。

（5）综合汇总阶段。专家根据分析后的数据起草评估报告，举行听证会，讨论评估报告，通过后签字生效，并根据具体情况决定是否公开发行。

四、美国常用的科技评价方法

美国常用评价方法有以下几种。

（1）文献计量分析：对出版物、论文引用情况及专利等的计量技术分析。

（2）经济回报率分析：统计科学研究的经济回报率。

（3）同行评议：科学共同体进行自我评价和纠正的一种方法，是很多联邦机构对科学研究进行事前、事中和事后评价的最主要的方法。

（4）案例分析：对重大科学事件和科学应用过程进行分析。

（5）回顾性分析：用回顾历史的方式进行评价。

（6）指标分析：主要由某领域内国际或国内学术界和产业人士在定量数据和定性分析的基础上对科学研究进行客观评价。

五、科研项目的事后评估

科研项目事后评估是指将开题时的研究预测和课题论证，研究过程的计划执行、进展及阶段性的结果，甚至对研究项目最终的验收或评审等过程作为一个整体进行评估[143]。评估大多根据阐述基础理论的论文发表及被同行引用情况进行评议。应用性研究则通过专利审查、合同验收或根据在实践中的使用情况给出客观评价。

第五节　德国的科技评估

德国的科技计划管理模式属于联邦分权制，即国家通过多种渠道支持科技事业，政府部门负责宏观控制，通过经费控制投资导向，通过指标体系评价学术部门的工作。德国建立了比较完整的科学评估组织体系，包括联邦层面的科学顾问委员会、科研教育资助机构和大学、研究机构等。

德国的科技计划项目是根据政府的发展战略和经济、社会发展需求来确定的，因此，在项目的安排上具有鲜明的针对性和明确的目标，即必须有助于增强经济竞争力，能保证创造未来的就业岗位，对生态环境有保护作用，能保持在国际上本领域的领先水平[146]。

德国建立了一整套完整的项目审批制度：政府提出研究框架→项目单位申报→中介咨询机构提供服务、帮助筹划申报方案→评估机构进行审查、评估、提出批准方案→政府组织专家委员会研究审批。期间大量的工作由中介组织负责。这些中介机构多是非营利性的公益机构，对政府和公众负责。中介组织的内部按专业门类设立相应的委员会或部门，保持对口专业领域的权威地位，掌握最新的研究动态，对对口领域的上报项目进行管理。

一、德国的科技评估体系

1. 德国科学顾问委员会

德国科学顾问委员会成立于 1957 年，是联邦政府与州政府的主要评估机构和独立的科学咨询与科研政策机构，由联邦政府和州政府共同支持和承担费用。主要任务是对高等院校和科研机构的组织结构、工作效率、管理能力、财政状况、发展方向等问题提出权威性评估报告及改进措施和建议。委员会成员来自科技界和政府，由联邦政府任命派遣。成员每届任期三年，最多可任职两届。

在评估过程中，评估机构成员必须遵守严格的回避制度，不得参加与自己有利害关系的相关单位的评估工作。德国科学顾问委员会的评估实践奠定了其在德国科研机构和高等院校评估中的重要地位,其权威性得到了德国高等院校和科研机构决策者的广泛认同。

2. 科研教育资助机构

科研教育资助机构包括德国科学基金会、德意志学术交流中心、洪堡基金会等机构。机构邀请一些专家学者对本机构资助的项目进行评估。为了保证评估工作的公正性,组织和实施评估时,力求邀请无利益关系的外部专家参加评估。

3. 大学和科研机构

马普学会、弗劳恩霍夫学会、亥姆赫兹联合会和莱布尼兹科学联合会等大型研究机构会对其所属研究所或研究组进行评估。值得指出的是,评估在功能上分为内部评估和外部评估,前者通常指为了改进机构内部管理、提高资源使用效率而进行的评估,兼具问题诊断功能,后者通常是为资源分配提供决策依据。

二、德国科技评估原则及程序

评估原则包括 4 个方面:①公开透明。评估委员会成员开始评估时,必须知道评估的标准、程序、方法和评估专家组成员职责。参与评估的成员需事先将这些评估程序和方法向被评估的科研机构进行解释。②充分参与。评估者和被评估者必须充分参与评估活动。评估专家必须全程参与评估,听取被评估机构的评估报告陈述、邀请被评估机构代表参加讨论及找被评估单位人员单独谈话。③真实可靠。被评单位的数据、档案、成果应该保持原始状态,体现其真实性,不得修改或篡改。被评估单位不得针对评估进行"突击性"准备,以避免提供虚假信息。④公开一致。评估方法必须得到参与评估专家的一致认同。如果评估专家在评估过程中产生异议,应该让被评估机构进行解释或申辩,但被评估机构没有否决权。

除此以外,德国科技评估还关注以下两点。①重视报告的建议功能。评估报告一经通过,不得修改。评估报告必须附有建议书,建议书应该直接与被评估单位见面,评估小组可以听取被评估单位的反馈,但不会按照他们的反馈意见修改建议书。②慎选评估专家。评估工作成功与否在很大程度上取决于评估专家的素质和质量，选择优秀评估专家是评估工作的重点，并会根据评估工作需要和预算约束情况适当邀请国外评估专家参与。

评估程序是评估结果公正合理的重要保证。德国科技评估程序主要包括以下 6 个方面：①建立独立的评估小组或评估委员会，邀请来自国内外的专家学者参加。②认真分析评估内容，提出可行性依据，选择主要评估方法。③制定评估工作计划，提出调研提纲。④设计调查问卷，分析调查结果。⑤被评估单位提交自估报告，评估专家进行实地考察和分类访谈与座谈。⑥评估专家充分讨论，不断修改完善评估报告，提出评估报告和评估结论与建议，提交评估委托者。

三、德国科技评估的内容及主要标准

科技评估的内容涉及科研能力与科研绩效、教学质量与水平、科研服务与咨询能力、人员和经费管理等。

（1）对科研活动的计划进行评估。被评估机构科研计划的相关性及其重点是否明确，科研工作是否具有创新能力，科研计划中远期规划是否符合研究机构发展方向，与国内外同行科研能力进行比较是否有差距。这项评估工作通常由国外一流学者完成。

（2）对科研活动产出进行量化评估。特别关注发表的论文与著作、组织的会议、专利等。对从事自然科学、医学、经济学和社会科学研究的科研机构，着重评估其在学术期刊上发表论文的数量；对从事人文科学研究的科研机构，着重评估其出版的专著和在专业期刊、非专业杂志和论文集上发表论文的数量；对从事工程科学研究的科研机构，除评估其专业论文的数量外，尤其注重其申报专利的数量和工业产出的具体例子。此外，本单位科学家应邀到重要的国内外国际学术会议上作学术报告及举办重要的国内和国际学术会议也是重要的评估内容。

（3）对科研活动的质量进行评估。评估包括：检查被评估机构是否经常性地进行自查和外查，是否存在着走过场的现象；管理机制和监督机制是否完善；科研人员的资历和素质是否得到保证，检查研究所领导成员的任命、科研人员的培养，包括博士生的培养和科研人员在大学获取授课资格，甚至调查其学历的真伪；科研人员在科研机构中的流动程度，必须拥有一定

数量和有期限规定的科研人员，应该占该机构科研人员总数的 30％以上。

（4）对科技合作活动进行评估。评估包括：被评估机构与国内外高校和其他科研机构的合作情况；检查科研人员参与高校的教学和企业合作的程度；被评估机构派遣或者为其他高校和单位选派、受聘的教授职务或领导职务的情况；科研人员在国外科研机构作学术交流情况；科研人员到重要学术团体或国际组织任职的状况；评价在国内外学术界的地位。

（5）对科研成果应用进行评估，主要是针对那些基础研究或应用基础研究机构。评估包括：检查科研成果和技术转让的能力；申请知识产权保护和专利的状况；创建独立的创新企业；通过委托研究或合同研究项目所获取的科研经费比例；创业人员的状况等。

四、德国科技评估结果的实践

这里举 2 个例子来说明科技评估结果的应用实践。

2006 年，德国开始在部分高校实施"精英计划"。参加该计划的评估专家有 85％来自国外。目前，德国大学已经进行了两次评估，第一次评估有 3 所大学达标；第二次评估有 6 所大学达标，通过评估的大学得到了联邦政府大幅度增长的经费。

2007 年，德国科学基金会和中国国家自然科学基金会委托中德评估专家小组，完成了对中德科学中心评估工作，评估历时 2 年，评估小组采用 SWOT（强项、弱势、机遇、威胁）方法，完成了一份近百页的评估报告，全面客观地对该机构成立以来的运行方式、资助领域、管理结构、受资助人和被否决人的反馈意见、数据处理等工作进行了分析和判断，梳理了该机构的绩效评估和实践活动，肯定了已经取得的成绩，提出了 12 条改进建议。德国科学基金会和国家自然科学基金会根据报告建议对该中心加大了支持力度[147]。

第六节　韩国的科技评估

20 世纪 80 年代，韩国的科技评估以研究课题评价为中心。1998 年，韩国政府对《科学技术创新特别法》修订后，评估的对象主要是政府资助的大项目和大的研究机构。随后，按照《政府特殊法》的要求，设立了韩国科学技术评价与规划院（KISTEP），作为政府支持的研究所，开展对韩国国家研究开发计划和政府研究机构的评价。2001 年 7 月，随着韩国《科学技术基本法》的生效，KISTEP 的任务和职能进一步加强。

随着研究开发（R&D）事业的扩大和多样化，韩国政府于 2005 年颁布了《国家研究开发事业成果评价及成果管理法》（简称《研究成果评价法》），提出以结果为中心的科学技术评价模式，即以组织的发展方向和战略目标为核心制定项目目标，并客观测评项目目标达成程度，重点考察科研成果的应用效果及所带来的效益和竞争力等，如论文被引情况、产学研结合程度及技术转化并产业化后给企业带来的效益和竞争力等。

2008 年，韩国政府对《国家研究开发事业成果评价及成果管理法》进行了修订并执行，对国家所有 R&D 事业开始全面实施以结果为中心的评价，科技评价从先前以研究的必要性及研究能力等过程评价为中心，向以成果目标的适宜性和实现目标的可能性（包括研究能力）等结果评价为中心转移，评价体系得以逐步建立并完善。

韩国目前的科技评价体系大致分为面向管理的评价、面向市场的评价和企业内部评价三大评价体系。

（1）面向管理的评价，包括科技计划评价和科技项目评价两个方面，是指对政府部门组织人员制定国家科技计划和实施计划过程开展的评价。

（2）面向市场的评价，包括科技成果价值评价和成果经济效益评价两方面，即为促进科技成果尽快转化为产品，由政府认定的中介机构根据市场需求对研究成果进行评价。

（3）企业内部评价，由企业组织人员进行中试阶段方案评价、中试结果评价、产业化方案评价和产品投入市场后的投入产出效益评价。

《国家研究开发事业成果评价及成果管理法》为韩国科技评估提供了充分的法律依据，同时，为了提高国家 R&D 事业的监督、管理效率，韩国政府加强了国家科学技术委员会的职能，该委员会是韩国国家科学技术政策的最高议事机构。政府将原科学技术革新部更名为教育科学技术部，负责研究和企划国家科学技术政策、制定和调整国家 R&D 事业分配方案、调查和分析国家 R&D 事业。将 R&D 预算及评价工作移交给企划财政部，负责制定评价标准等。调整后的机构之间分工明确，新的机构设置使得科技管理与评价分离，机构间既可以相互独立有序地开展工作，同时也便于上级部门协调和统一管理[148]。

需要注意的是，韩国现行的大学科研评价采取"大学综合评价认定制"，考察大学质量管理体系和大学成果测量体系两部分内容。评价指标包括教育、科学研究、社会服务、教授领域、设施与设备、财政与管理等。其科研评价结果分为 A～E 共 5 个等级，评价等级直接决定科研经费分配。

韩国科技评估指标经历了逐步完善的过程，以结果为中心的评价注重整体创新实力，科研评价指标增加了"产学研结合"，推动了科技成果转化和校企合作，但是也存在一些问题，如评价指标相对广泛、过程繁杂重复、评价成本很高等。

第七节　加拿大的科技评估

加拿大联邦国库委员会于 1977 年在政府文件中提出对科研项目进行评价，号召各联邦政府机构建立科研评价渠道，并对所有计划进行循环评估。20 世纪 80 年代初期，联邦政府科技计划评估逐渐开始推行。联邦政府于 1996 年出台的《科技发展战略》中明确规定，联邦政府中从事科技活动的部门要根据产出建立评价指标，建立相关评价机构，同时也应当保持联邦政府与其他机构的联系和咨询机制。

加拿大主要科技评估组织包括议会、总审计署、国库委员会，以及70 多个联邦政府部门和机构。科技评估主要集中在科技计划和项目评估，在不同时期也进行一些科技政策评估。加拿大的科技评估工作由联邦部门和机构根据国库委员会制定的政策进行实施，各项计划在建立之初要建立一套评估框架，确定业绩目标、监控要求及未来计划的评估要求[149]。

加拿大采用的科技评估方法很多，如同行评议、用户调查、利益成本分析、案例分析、局部指标、综合局部指标及业绩框架等。其中，业绩框架方法主要用于评估政府部门及机构的运作和管理效率[150]。20 世纪中期，同行评议成为加拿大自然科学和工程研究理事会、加拿大自然资源部和国家研究理事会等科技部门与机构对研发质量进行评估的通用方法，主要在科技质量和项目与产出相关性等方面提供专家意见。

1969 年成立的加拿大国际发展与研究中心（IDRC）一直以科技服务于国际发展为宗旨，通过合作研究，援助发展中国家的科学研究，并提高自身的研究与开发能力。IDRC 资助的项目主要集中在有关发展中国家乡村的开发研究上，包括社会科学、农业、畜牧业、林业、自然资源的利用和土地开发、地方小工业和乡镇企业等，每年的经费由加拿大国会批拨。IDRC 自成立起，不断进行各项政府项目和委托机构的科技评估工作，其评估工作不仅限于具体的计划或项目，也对其自身内部在合作执行项目中的能力进行调查和审议。同时，还非常重视对执行项目的合作机构进行评估，以便更好地执行项目，并提高执行项目机构自身的能力，评估成果将有助于更加合理地进行计划分配，改进计划的质量和项目管理。

加拿大国家研究理事会（NRC）是加拿大政府负责科学技术研究和开发的主要国家研究和技术组织，也是加拿大最早开始进行评估的联邦政府机构之一，主要对加拿大经济发展的技术领域的计划进行评估。NRC 主要采取业绩框架法和业绩指标对其下属 19 个研究所及有关 5 年计划的运营和业绩进行监督和评估，并据此向议会递交年度报告，以及申请下一个 5 年计划的经费[151]。NRC 制定的业绩评估指标包括资源投入信息、杰出人物和杰出雇员、卓越性和领先性、技术集群、对加拿大的价值、国际影响 6 个类别。

总体来说，加拿大的科技评估历史较长、体系健全、管理专业化，对加拿大的科技进步作出了重要贡献。

第八节　澳大利亚的科技评估

澳大利亚联邦政府负责制定国家科技政策和重大科技发展计划，资助科研机构和大学，在科技决策和管理中起主导作用[152]。澳大利亚的科技评估也由政府主导，其评价结果影响各参评高校科研经费的分配[153]。澳大利亚的科技评估经历了一系列演变，各政府部门都有自己的评估机构，统筹安排自己部门的评估计划和实施，形成了较完善的科技评估体系。

澳大利亚科研投入以政府拨款为主，在基础学科和前沿学科的支持力度较大。1988 年，澳大利亚联邦政府成立了澳大利亚研究委员会（ARC），负责科研经费的分配，其科研经费分配机制主要包括：①通过 ARC 等部门评估进行科研项目拨款；②设立澳大利亚研究生科研奖学金，支持高校的教育培训；③基于科研量进行绩效评价。

1999 年，澳大利亚政府发布了《知识与创新：研究和研究培训的政策声明》白皮书，明确 ARC 作为独立机构对澳大利亚的科研绩效进行国际比较，并评估国家科研资助的成效。为此，ARC 应用综合指数（包括科研投入和科研产出两方面）成为科研绩效评价的标准，ARC 负责实施了科研机构资助计划和研究培训计划两个政府资助项目的评估。在综合指数评价的影响下，澳大利亚 SCI 论文数量不断增长。

2009 年，ARC 对外公布了《卓越科研评估（ERA）提交文件指南》《ERA 评价指南》《ERA 指标评价（基准）方法》，开始采用 ERA 开展学科评估与学科发展战略研究、资助类型的评估与研究、管理政策的评估与研究。通过对高等教育机构的科研活动进行质量评价，保证了科研绩效产出的最大化，使澳大利亚的科学研究具有国际可比性，并在盘点各机构在各学科领域中的优势的同时，发现研究潜力和未来可能发展的新兴研究领域。

ERA 通过专家评估和同行评议，主要对科研质量、科研数量及活动、科研应用、科研声誉四个方面进行客观、公正的评价。评估后公开发布《年度评估报告》，作为改进管理和对具有国际竞争力的学科和院校增加资助的依据。ERA 的评价结果不会直接影响澳大利亚高校在竞争性科研经费项目上的经费分配，但对补助性科研经费项目的经费分配有影响。只有参与 ERA 评估的高校，才有资格得到"高校可持续研究卓越计划"的资金资助，政府根据 ERA 的评估结果决定如何分配"研究大宗拨款经费"。

第九节　荷兰的科技评估

荷兰拥有欧洲乃至世界名列前茅的高水平大学和科研院所，其 13 所研究型大学几乎全部排在世界大学排行榜前 200 名的位置，此外，荷兰国家科学研究组织（NWO）和荷兰皇家艺术与科学院（KNAW）下设不同学科领域的研究院所，其科研水平和综合实力同样具有较强的世界竞争力。这与荷兰高效的科研管理制度和独特的科研评估模式密不可分。

荷兰国家科学研究组织（Netherlands Organization for Scientific Research，NWO）是荷兰的国家科研委员会和科研经费划拨单位，主要职能是资助有利于经济和社会发展的科研活动，其资金主要来自荷兰教育和文化与科技部，用于资助荷兰 13 所大学的科研项目和科研人员，几乎涵盖所有科研领域。同时，NWO 还直接管理 8 家跨学科研究所，每个研究所都与荷兰的大学有着紧密的合作关系，1/3 以上的固定研究员是大学的教授。

荷兰从 20 世纪 80 年代开始探索科学研究的合理评估，并于 20 世纪 90 年代建立了国家层面的科研评估制度。1985 年，荷兰发布了《高等教育：质量与自治》政策白皮书，为科研评估奠定了自主参与、内外结合的总基调。1993 年，荷兰大学协会（VSNU）设计并发布了《标准评估协议》（Standard Evaluation Protocol，SEP），成为高校和科研机构定期开展评估的纲领性指南。从此，所有公共资金资助的高校和科研机构每 3 年进行一次内部评估，每 6 年接受一次外部评估，从而形成了内外部双循环的动态评估模式。

SEP 协议明确了评估目的是改进科研质量和公共责任，评估的对象除了科研项目和科研人员之外还包括领导的管理水平、机构的战略规划和政策、科研工作的组织情况。除了评估科研本身，还涉及科研对社会经济的影响，并对多学科和跨学科的科研项目加以关注。评估既是总结性回顾，也是前瞻性分析，强调在了解过去的基础上规划未来。

SEP 协议还对评估等级、指标体系、评估流程、工作方法进行了详细的规定，为开展科研评估提供标准参照。该协议每 4～6 年即修订一次，在评估的理念、目标、维度和方法上进行持续改进，最新的一版是 2015 年发布的第五版，由荷兰大学协会、荷兰国家科学研究组织和荷兰皇家艺术与科学院联合制定，将全面指导 2015—2021 年这六年间开展的新一轮外部评估，其评估结果将对荷兰国家层面的科研投入、战略选择和机构层面的学科发展、科技创新产生重大影响。

一、评估模式与流程

在荷兰的科研评估体系中，科研机构负责其内部评估并自主选择外部评估机构，外部评估机构通常是经过认证的第三方独立评估中介，负责组织外部评审委员会进行同行评审，例如主要致力于高校科研评估的荷兰大学质量保障协会（Quality Assurance Netherlands Universities，QANU），它成立于 2004 年，主要接替荷兰大学协会开展质量保障方面的工作。政府（主要是政府下属的官方机构高等教育视导团）负责指导评估，对整个评估体系和环节进行引导和监督，而不直接参与评估过程[154]。

在内部评估阶段，科研机构需要就过去 6 年取得的成果及未来 6 年的行动计划开展自我评估，撰写简明的自评报告并准备相关文件，自评报告的内容包括：①介绍基本概况，描述过去和未来的发展战略；②选取能够体现自身优势的指标，提供相应数据并说明选取原因和意义；③提交叙事报告，选取一个最具代表性的案例，说明其社会影响；④开展 SWOT 分析，审视自身优势和不足，分析外部机会和威胁，进而判断战略规划的可行性。

外部评估阶段主要由事先准备、实地考察、确定结果、公布结果 4 个程序组成：①科研机构的董事会全权负责确定评估计划、安排评估日程、任命评估委员会并确定其职能，在组建评估委员会时，董事会通常会就成员人选咨询 QANU 这样的第三方机构以确保委员会的公正性、独立性和专业性。②评估委员会制定细化的评估方案，在收到自评报告 1～2 个月后开展实地考察，通过访谈等方式核实自评报告中的要点信息。③评估委员会在实地考察后 8 周内通过集体评议作出初步评估决议，就三个一级指标给出量化评价等级和定性的评价与建议，评估等级共分为"卓越""优秀""良好""欠佳" 4 个级别，评估委员会需要在实地考察后 12 周内向科研机构董事会提交最终的评估报告。④科研机构董事会需要在外部评估结束后的 16～20 周内表明立场并于 6 个月内在官网上公布最终的评估报告，还需要不定期发布持续改进情况并接受公众问责。此外，NWO，KNAW，VSNU 也会定期监督科研机构的后续改进行动。

二、评估指标体系

荷兰最新一版 SEP 构建了由两大维度、六项一级指标、若干二级指标组成的指标体系（见表 15-1 和表 15-2）。该指标体系不仅可以面向科研机构进行整体评估，也可以针对机构内部某一科研单元（research unit）如科研团队或专业进行评估。指标的呈现方式可以是定量的数据，也可以是定性的案例叙事和 SWOT 分析，还可以采取定量定性相结合的方式。例如，在评估研究成果质量时主要考虑成果数量、引用量等数据；在评估社会相关性时除了考虑服务社会大众的科研产品数量及这些成果被特定目标群体使用的情况外，还需要以叙事的方式呈现一个最具代表性的科研成果的社会影响力的案例；在进行战略可行性的 SWOT 分析时，既可以提供定量数据也可以通过访谈、座谈等形式搜集定性评价，或把二者结合起来。另外，该指标体系具有参考性而非强制性，即科研机构或单元在撰写自评报告时可以从框架内选取最能体现自身优势和绩效表现的指标提供数据，以展现其在提升科研综合实力、辐射社会影响及推动自身和整个荷兰科研系统可持续发展方面作出的成绩与贡献。

表 15-1　SEP2015—2021 评估指标体系——科研综合实力

一级指标	二级指标	评 价 内 容	自评报告呈现方式
研 究 成 果质量	面向同行的标志性科研成果	研究论文、著作、博士论文，其他成果如仪器、设备、数据库、软件工具、设计产品等	指标数据
	标志性成果利用率	成果引用率，数据库、软件工具的同行使用情况，研究设施的同行利用情况，科学或学术期刊上的同行评价情况	
	标志性成果认可度	科学或学术奖励，个人获得的科学资助，受邀进行学术演讲情况，受邀成为科学委员会或编委会成员情况	

续表

一级指标	二级指标	评价内容	自评报告呈现方式
社会相关性	面向社会大众的标志性科研成果	政策咨询报告、面向非学术群体的专业论文、为大众提供的讲座或展览等成果推广活动	指标数据＋案例叙事
	标志性成果利用率	专利和许可证书、与社会各界合作的项目、横向课题等	
	标志性成果认可度	公共奖项、社会投资、在社会公共咨询机构任职的人数等	
战略可行性	组织内部的优势、劣势	员工的背景和经历、组织治理模式、组织管理水平、基础设施建设情况、财政状况	SWOT 分析
	外部环境的机会、威胁	技术进步的方向、新的政策或立法、政府的支持、社会文化模式、竞争对手等	

表 15-2　SEP2015—2021 评估指标体系——可持续发展能力

一级指标	评价内容	自评报告呈现方式
博士培养	博士项目的相关制度与政策文本； 博士研究者的选拔和录取流程； 博士项目的培养方向和结构； 评估单元对博士项目的监管和质量保障机制； 导师对博士研究者开展科研的指导及未来就业的指导； 博士研究者的学习年限、获得学位比例、未来就业的去向等	指标数据
科研诚信	评估单元内主导的研究氛围； 学者间交流、互动的方式； 对强化科研诚信、道德、自我反思的关注程度及采取的措施； 数据处理、数据存储及数据管理的相关制度； 当研究结果严重偏离主流科学语境时所采取的应急措施； 评估单元自身面临的难题及解决策略等	指标数据

一级指标	评 价 内 容	自评报告呈现方式
组织多样性	评估单元自身多样性及其组织文化多样性的特点； 对于保持组织多样性的关注度； 提升组织多样性的目标及采取的行动措施； 确保选举委员会和评估委员会中人员多样性的相关制度和措施	指标数据

三、评估特点

1. 重视科研质量的同时也强调社会影响

荷兰科教部门认为，科研成果在保证学术影响的同时还应该通过知识创造更大的社会价值，因此尝试将社会相关性纳入评估体系，通过对社会影响力的组成要素进行尽量清晰的界定，促进研究者和应用者之间的互动，把握研究的社会影响力发生路径，促进研究者更加有意识地为经济社会发展创造更多高质量研究成果[155]。

2. 以未来的可持续发展为评估导向

评估的目的不仅仅是问责，更重要的是提升，为科研机构的发展提供意见和建议。战略可行性这一指标的设置和 SWOT 分析工具的应用可以帮助机构反思目前状况、预测未来前景并制定相应的战略规划。同时，对科研诚信政策与整体研究环境的考查也促进评估重心从量到质的移动，有利于构建更加健康、可持续的科研生态。

3. 评估兼顾标准化与个性化

评估协议作为开展评估活动的标准参照，对评估流程和操作方法进行了详细的规定，保证评估活动有条不紊地进行，提高评估的效率与质量。同时，在评估内容方面充分尊重评估对象多样化特点，强调个性化评估，避免了将基础研究和应用研究混为一谈，一刀切式的评估，有利于在不同维度上定义优秀，让科研机构更好地发挥自身特色。

第十节　以色列的科技评估

以色列国土面积狭小，自然环境恶劣，但是拥有雄厚的科技实力，享有"创新之国""中东硅谷"等美誉。以色列是世界第二大高科技公司聚集地，研发投入占国内生产总值（GDP）的比重达到 4.5%，从事研究开发的人员占全国总人口的 9.2%，人均科技论文数量和质量均居全球第一，是名副其实的创新驱动型国家和知识密集型经济体。在建设科技强国的过程中，以色列打造了一套自上而下的科技管理体系，完善了以产业需求为导向的创新政策体系，建立了多层次推进产学研合作的科技计划体系[156]。

国家科学技术委员会是以色列在国家层面的科技管理机构，负责顶层规划科技战略与科技政策，并对下级的政府科技部门进行监督。在科技政策推动方面，形成了自上而下的科技管理体系。

第一级为跨部门科技委员会，主要职责是推动政府各部门开展合作，联合全国各界力量，构成国家科技发展决策的管理机构，全方位促进创新活动，为重大技术开发和提高创新能力提供保障。委员会主席为科技部部长，负责制定科技发展方针和战略，总理主持的内阁会议对这些方针和战略拥有最高决策权。

第二级为科技部和首席科学家办公室。科技部主要负责科技政策管理，统筹协调科技事务，整合科研资源，促进科技战略的实施。其下设部长、总司长、副总司长三级架构。首席科学家办公室（The office of the chief scientist，OCS）是以色列国家科技管理体系中独特的职能机构，是科技管理工作的具体执行机构，主要负责各个领域的科技项目管理、科研经费分配、代表政府协助企业开展商业性的研究开发，促进大学和国家实验室资源共享，为科研人员技术成果转化提供风险投资，协助开展技术研发的国际合作[157]。

目前，以色列在科技部、工贸部、农业部、通信部、教育部、卫生部、能源与水资源部、环境部、公安部、移民部、交通部、国防部、住房与基础设施部 13 个部委分别设立了首席科学家办公室，其总部设在工贸部内。首席科学家由首席科学家办公室所在部委的部长提名，任期 4 年，通常为科技创新领域或风险投资领域的领军人物，他们必须在岗位上全职工作，享有极高的荣誉。

首席科学家办公室虽然人员规模不大，但是具备完整的组织架构与多样化的专业科研小组，如科技部首席科学家办公室为首席科学家配备了首席科学家秘书、副首席科学家和联络办主任，副首席科学家直接联系生命科学、材料科学、社会科学、应用工程、应用物理和数学、医学科学、科学和社区发展、农业和环境 8 个科研组。此外，以色列还建立了首席科学家论坛，负责研究完善国家创新体系，商议科技创新政策重大问题，推进科技规划、立项和评审。论坛成员由政府聘任的全体首席科学家组成，科技部部长兼任论坛主席。

首席科学家办公室在科研项目管理中发挥着至关重要的作用。由于首席科学家们都是各个领域的学术权威，能够对科研项目的学术价值和应用前景做出专业的判断，同时他们在科研管理上拥有绝对的话语权，独立于行政部门开展工作。具体到科研项目管理方面，首席科学家办公室负责起草相关部委科技研究与发展政策草案，制定项目申请、管理及评估的规范和制度，发布科研项目计划指南，落实研究项目计划，监督、追踪研究项目的执行情况，并最终对各项目进行评估。

以农业部为例，农业部首席科学家办公室不但管理农业部资助的科研项目，对于农业部以外的其他部门资助的农业类科研项目，由工贸部首席科学家办公室负责协调，归口到农业部首席科学家办公室进行管理。每年项目申请指南发布后，以色列农业研究组织及相关的研究所、实验站和推广中心向该部的首席科学家办公室递交项目申请，首席科学家将这些申请向全国农业科技管理委员会报告，由管理委员会负责审批。项目立项后，每年都要向首席科学家办公室提交年度报告，评估工作由全国农业科技管理委员会完成并决定是否继续资助。对于已完成的项目，无论是否取得预期成果，都要进行评估。这种统一高效的管理方式很好地解决了行政与学术脱节的问题，极大地维护了学术权力的权威性。

首席科学家办公室还肩负着科研成果转化、推广和应用的责任。农业部的首席科学家办公室下设 7 个专业委员会，分别与全国农业技术推广服务中心下设的 14 个国家级专业委员会建立业务对口关系。每年召开 8～12 次农业科技信息交流研讨会，会上每位首席科学家办公室成员都需要提交所获得的最新科研成果信息和实际问题的解决方案供大家交流讨论[158]。

首席科学家责任制在科技管理体系中的应用是以色列充分发扬科学家精神的一种体现，为优先发展领域的精准定位、科研资金的合理分配和创新成果的高效转化提供了有力保障，是以色列在推动国家创新发展过程中保持核心竞争力的有效措施。

第十五章

世界主要国家的高等教育质量保障体系

随着世界各国经济和社会文化水平的发展，全球高等教育逐渐由精英教育走向大众化教育，由大众化教育走向普及教育。高等教育质量保障机制是确保大众化高等教育健康发展的必要途径。世界各国都在大力发展高等教育的同时，注重高等教育质量保证体系的建立和完善。在高等教育的精英化教育阶段，教育质量保障主要以大学为主，社会关注度不高。当高等教育进入大众化阶段后，对于如何保障高等教育质量的社会关注度逐渐提高。改革开放后，中国在社会进步、经济发展、制度创新等方面取得了举世瞩目的成就，特别是 1999 年启动的高等教育大扩招及 2002 年我国高等教育进入大众化阶段，高等教育的观念与制度、规模与质量、理论与实践也在这期间创新发展，积累了值得总结的经验和教训。目前，我国高等教育及其质量保障活动在很大程度上还处于国家层面，是由政府主导的、有计划、有目的、自上而下开展的官方行为。世界上主要发达国家进入高等教育大众化阶段比较早，因此，它们的高等教育质量保障体系历史悠久，其发展经历了从学校内部自律的质量保障，到依据法律文件和设置相应机构与第三方评估认证、市场监管、舆论监督、再反馈到学校加强内部质量的保障机制建设，值得我们参考和借鉴。

第一节　法国的高等教育质量保障体系

法国高等教育较为发达，在质量保障方面一直进行着积极探索。作为欧洲大陆中央集权的民主国家之一，法国高等教育有着显著的国家性标志：政府是高等教育的主要投资者，负责高等学校校长的任命和教师的雇佣。法国高等教育行政主管部门是法国国民教育、高等教育与研究部，简称法国教育部。

法国政府针对各类高校设置了不同的官方评估机构，对院校和学历文凭进行评估、认证和监管。公立大学颁发学士（licence，BAC＋3）、硕士（master，BAC＋5）和博士（doctorat，BAC＋8）学位，均为法国国家文凭（diplômed'etat）。颁发国家文凭的资质经国家高等教育和研究委员会（conseil national de l'enseignementsupérieur et de la recherche）评估。

工程师学校属于法国独具特色的大学校（les GrandesEcoles）体系。工程师职衔委员会（commission des Titresd'Ingénieurs）定期对工程师学校进行评估，评估合格的学校可颁发工程师文凭（diplômed'ingénieur，BAC＋5），该文凭属于法国国家文凭。根据法国《教育法》规定，获颁工程师文凭的学生同时获得硕士学位。

私立商业管理学校经法国国家商业管理文凭认证委员会（commission d'évaluation des formations et diplômes de gestion，CEFDG）评估合格，可颁发国家核准文凭（diplômeviséparl'etat）。该类文凭既有学士层次（BAC＋3），也有硕士层次（BAC＋5）。

法国高等教育质量评估主要依靠研究与高等教育评估高级委员会和工程师职衔委员会2个委员会来执行。

一、法国研究与高等教育评估高级委员会

法国研究与高等教育评估高级委员会（HCERES）是一个独立的行政机构，不受任何利益相关方的影响，评估报告向社会公开。HCERES 理

事会由 30 名来自不同国家、不同领域的专家组成。HCERES 采取适当的措施以保证评估过程的透明度、公开性和评估结果的质量。

HCERES 职能包括：

（1）对高等教育机构及其集群、科研实体、科学合作基金及法国国家研究机构或其他实体所开展的研究活动进行评估；

（2）应研究单位的监管机构要求，在对该单位进行批准之前，对其进行评估或对第三方的评估结果进行认证；

（3）对高等教育机构提供的项目及学位进行评估，或对第三方的评估结果进行认证；

（4）确保高等教育及研究机构或个人依法开展的所有任务被纳入评估；

（5）确保与科学、技术和工业文化传播有关的活动都被纳入高等教育机构和研究者个人的职业发展；

（6）对投资项目和接收公共资金的个体进行事后评估，以确保资金用途确为科研和高等教育。

HCERES 评估主要分为三个层面：机构评估、附属研究实验室评估和教学评估。评估的学科比较广泛，除商科和工科相关专业外，均由 HCERES 负责评估。HCERES 每年要对多达 50 个高等教育机构或研究实体、630 个科研单位、600 个学士学位点、300 个硕士学位点、70 个博士学位点进行评估。

二、法国工程师职衔委员会

法国工程师职衔委员会（CTI）是法国工程师专业认证领域最具权威的机构，成立于 1934 年，其使命是引导工程师教育的发展方向，保证工程师教育的质量，并保证工程师教育与欧洲及国际的工程师教育保持一致。CTI 在 2005 年成为欧洲高等教育质量保障组织（ENQA）的成员，其认证标准符合欧洲标准，认证结果与 ENQA 相互承认。CTI 有 32 名委员，来自高校和企业的委员各占一半，由法国教育部任命，任期 4 年。

CTI 职能包括 7 个方面：

（1）对工程师学校进行 5 年一次的认证；

（2）对外国的工程师学校进行认证；

（3）制定工程师文凭（学位）授予（培养）标准和培养模式；

（4）为法国教育部提供工程师教育的建议；

（5）支持工程教育质量保障的发展；

（6）所有与法国工程学位和工程师职衔相关的学术和专业活动，如与国外机构合作的学历互认；

（7）为法国和法国之外的工程师项目制定认证标准。

法国设有教育督学、研究与高等教育评估高级委员会、工程师职衔委员会等较为完善的高等教育及工程师教育质量保障体系和机构，对全国所有高校开展定期评估认证，且各评估和认证机构分工明确、分类指导清晰、流程规范，是法国高等教育质量得以保障的重要因素。评估和认证机构有明确、细化的标准，不同评估机构针对的评估对象、评估目的和评估内容各不相同并各有侧重，成为协调政府、高校和社会三者关系的重要手段。

高校在校内设立专门机构或指定专人组织自查，与评估认证机构及教育部保持沟通，并针对评估结果进行分析，督促相关部门就具体问题进行整改，推动质量的持续提升。评估认证结果的出版和公开也可以指导和督促学校进一步改进工作，制定学校发展的长远规划和政策，更是全社会对教育系统的有效监督。

需要注意的是，目前一些私立商业管理学校针对外国学生开设了一些未经法国国家商业管理文凭认证委员会评估的课程，并自行颁发所谓的"BBA"和"DBA"文凭，这类文凭均不被法国政府认可。

第二节　英国的高等教育质量保障体系

英国的高等教育质量一直位于世界前列，有多所世界一流大学，这些都离不开科学、成熟的高等教育质量保障体系，本节对英国的高等教育保障体系进行简要总结与概述。

一、发展历程

英国高等教育质量保障体系历史悠久，其发展经历了从学校内部自律的质量保障到外部统一评估监管、再回归到学校内部质量保障机制的过程。

剑桥大学、牛津大学这样的古老学府在过去一直采用校内自治的方式，自主管理高校事务，这是最早期的内部质量保障体系。从 20 世纪 60 年代起，英国的高等教育开始从精英教育向大众教育转型，职业学院、继续教育学院等的陆续建立和学生数量的日益增多使得政府和社会也越来越关注高等教育的质量问题。1994 年成立的全国学位授予委员会（CNAA）即旨在解决大众化高等教育发展中出现的问题，成为英国第一个高等教育保障组织，但它只对职业学院、继续教育学院等进行质量审查、监督、控制，大学依旧享有自治的特权。

伴随着经济问题凸显和高等教育大众化进程加快，高等教育出现经费不足问题，严重影响到大学的教育质量。因此，由当时的大学校长和副校长委员会（CVCP）及大学拨款委员会（UGC）共同组成了学术标准小组，以开展对高等教育的评估。之后英国政府也颁布了一系列改革举措，明确了大学和非大学分别进行拨款和质量保障的体系。但由于这两个独立的质量保障体系不能满足国家的发展需求，1997 年，质量评估委员会和高等教育质量保障委员会合并成立了高等教育质量保证署（QAA），是英国高等教育质量保障体系发展中取得的一个重要成果，在此之前还成立了高等教育基金委员会（HEFC）负责拨付经费。

二、体系构成

英国的高等教育质量保障体系由三部分组成，即内部质量保障体系、外部质量保障体系和社会及新闻媒体监督。

内部质量保障体系指的是高校自身对教育质量的考核与监督，通过构建全面的质量管理制度、设置机构和管理人员、开展学校和学科自评三种方式进行质量控制。

外部质量保障体系则指政府、高等教育质量保障署和高等教育基金委员会的监督，其中政府主要通过立法、拨款等方式间接参与高等教育管理，高等教育质量保障署和高等教育基金委员会则按照国家有关法律和政府相关政策对高校教育质量进行评估和审计[159]。

随着社会关注度及新闻媒体的发展，社会和新闻媒体对高等教育质量的监督作用也日益凸显，以《泰晤士报》《金融时报》等大众媒体影响最大，《泰晤士高等教育》更是会定期发布世界大学排名即 THE 世界大学排名，与 QS 世界大学排名、U. S. News 世界大学排名和软科世界大学学术排名（ARWU）是公认的四大权威世界大学排名。

另外，近些年来，英国已将学生体验调查作为高等教育质量保障新体系的重要组成部分，强调通过学校和学生的互动来保障和提升高等教育质量。

三、质量评估模型

高等教育基金委员会于 2016 年提出了一个新的质量评估操作模型，其核心环节有四个：①建立了高等教育体系的单一准入途径；②针对高等教育体系的新成员加强监管和审查的发展阶段；③取消周期性的同行评审，将高等教育机构自己设定的年度审查作为质量保障的关键机制；④在完成日常监控的同时，提出处理严重问题的方法，即必要时实行审查和干预。

英国的高等教育质量保障体系经过长期的发展已得到世界其他各国的认可，具有很高的借鉴意义。英国的整个保障体系很全面，参与的主体多元化，评估组织、方法和标准都体现出专业性，同时，配有完备的法律和政策保障。但是，也存在着如何保证质量标准的可比性及在高等教育国际化过程中如何保障国际教育质量等争议。

第三节　美国的高等教育质量保障体系

全美在联邦教育部统计系统的具有学位授予权的大学共有约 4100 所。美国高校种类繁多，办学形式多样。美国拥有发达的高等教育系统，2018年泰晤士高等教育世界大学排名显示，世界排名前 100 名的高校中，美国有 44 所，几乎占据了半壁江山[160]。这与其完善的高等教育质量保障体系是密切相关的。美国高等教育质量保障体系具有悠久的历史，其形成与发展根植于美国社会政治、经济、文化和高等教育体系的土壤中，同时，也正由于其体系的不断完善，美国高等教育质量得到保证，从而促进了美国社会的发展。

美国高等教育质量保障体系的结构是多层次的，它没有统一管理高等教育质量的全国性机构，联邦政府、州政府、认证机构和大众媒体等在各自职责范围内开展工作，积极发挥各自的作用，互相协调，共同保证高等教育质量。

一、政府管理机构

美国教育的行政管理机构按照自上而下的顺序大体上分为四个层次：美国联邦教育部代表国家对整个教育行业实行宏观调控；州教育部代表各州政府管理本州的教育事业；学区的教育管理机构负责管理辖区内各级各类的具体事务；学校或教育机构对本学校或本机构的运作和发展进行自我管理[161]。

联邦教育部主要职责有四个方面：①为实施联邦政府对教育的财政投入制定相关政策，分配政府资金，监督其使用、执行；②对全美的学校教育进行数据统计，宏观调研，把握全国教育发展的全局状况；③研究确定发展的主要成就和存在问题，向总统提出教育改革的思路和建议；④履行和实施联邦立法，保障联邦政府教育资金分配的公正性、公平性。

州教育部主要职责包括：管理辖区内的各类学校，为学校、教育机构和受教育者个人提供各种所需信息，组织交流，对州内学校办学状况进行考察评估，解决教育纠纷，保障学校、教育机构和受教育者的合法权益。

美国共有15 000多个学区，各学区有自己的教育管理机构，主要负责本学区内各类学校的日常事务管理，不负责学校的审批设置工作。

学校或教育机构进行自我管理。美国的学校在招生、资金筹措、专业设置、课程安排、教师聘任等办学的各个方面都享有较大自主权。绝大多数学校实行董事会监督下的校长负责制。董事会制度是高校内部治理结构的基石，它通过保持信托的完整、聘任校长、筹措与管理学校资源、审批规划和预算、监控学校运作等方式确保高校内部治理体系平稳运转。董事会通常下设执行委员会、教育事务委员会、学生事务委员会等，直接参与招生、教学、就业指导、毕业生质量跟踪等人才培养的各个环节。

二、高等教育认证认可制度

高等教育认证是美国保证和提高高等教育质量的一种特殊的教育管理和质量保证模式。认证制度在美国联邦政府和各州政府关于高等教育的决策中发挥主要的影响作用。认证制度是保证各专业人才质量的基本办法，各州对医生和公立学校教师之类的专职人员的质量判断主要取决于他们是否在大学内完成经认证的课程。认证制度是公众了解高校的重要途径。公众普遍认为，通过认证的高校质量高于未通过认证的。通过认证过程，高校可以广泛听取外部意见和建议，促进学校持续发展和提高。认证制度也是保持和发扬美国大学核心价值的重要途径，如大学自治、实施通识教育、教师学术自由、合作和共同管理等美国高等教育的核心价值。

认证制度主要包括专业认证和院校认证两种类型。专业认证是指对某一专业的评估，通常与国家专业协会挂钩，由专业职业协会与相关领域的专家一起对专业开展认证工作。目前，全美专业评估机构有美国商学院认证委员会（ACBSP）、美国工程技术认证委员会（ABET）等近70个委员会。院校认证是指对整个学校进行评价。美国按区域划分了六个区域认证机构，分别为高等教育委员会（HLC）、南部院校协会（SACS）、西北高校委员会（NWCCU）、西部高校联盟评鉴委员会（WASC）、美国中部诸州高等教育委员会（MSCHE）和新英格兰院校协会（NEASC）。

院校认证评估涉及学校、专业建设发展的方方面面。机构认证主要评估指标包括：办学宗旨、师资队伍建设、教学计划、条件保障、教学设施、学生入学及学位授予、研究生培养、科学研究、学校组织及行政管理等全方位评估。专业认证主要评估指标包括：教师学术水平、教学经验、实践能力、对教学及学生的热心程度、学生的入学条件、毕业要求、学位授予标准、本专业所需的软硬件条件、课程设置、教学计划、改革目标等方面[169]。

为了保证认证机构工作的科学性和民主性，美国联邦教育部和民间性质的高等教育认证委员会（CHEA）对认证机构实行认可制度，它们定期评估认证机构，协调认证机构共同存在的问题。认证机构只有通过它们的认可，才有资格认证高校。

认可模式分为 5 个基本步骤：①制定认证标准，由认证机构和高校共同协商制定；②自评，高校根据制定的认证标准进行全面的自我检查，评估学校取得的成绩和存在问题；③实地考察，由认证机构选派专家，访问和评估申请认证的高校；④认证机构的决策，认证机构决定是否授予院校专业的认证地位；⑤再评估，认证机构定期评估高校或专业教育机构，审查学校是否发生变化，是否继续满足认证标准。

三、大学排名

《美国新闻与世界报道》周刊于 1983 年推出世界上第一个大学排行榜，依据卡内基分类法将美国 1308 所院校分为 5 类，并采用问卷调查法，每类排出前五名。其后，又在问卷调查的基础上，增加了客观量化评价指标，并逐渐固定在学术声誉、生源质量、师资实力、财政资源、学生保持率 5 个方面。经过多年的努力，该排行榜以其规模较大、数据来源可靠、具有较高参考价值等优势，逐渐成为美国大学评价中比较权威的大学排行榜，被广大美国公众普遍接受。此外，美国大学排行榜还有佛罗里达大学人文与社会科学研究中心发布的最佳研究型大学排行、普林斯顿大学发布的大学排行榜、美国研究型委员会发布的大学排行榜，这些排行榜从不同角度、不同层次反映了美国高校的学术质量和实力，在评价指标、评价内容、评价方法等方面日益成熟[162]。

当代美国高等教育发展强调从封闭的课堂教学解放出来，通过开放化的教育教学与管理体系加强学校与社会之间、校际之间、国际之间的经验和学术交流，培养社会所需要的各类人才。美国官方和非官方机构均积极参与高等教育质量保障研究、认证机构的国际协作，促进美国高等教育保障监督体系的国际通融性，进一步提升美国高等教育的国际竞争力[163]。

第四节　加拿大的高等教育质量保障体系

自 20 世纪 90 年代加拿大财政紧缩引发高等教育质量危机，加拿大各界对高等教育质量问题倍加关切，采取了多种措施评估和监控高等教育质量，形成了由政府、社会组织及高等院校组成的高等教育质量保障体系，确保了高等教育质量的稳步提升。

由于加拿大实行联邦体制和教育分权体制，联邦政府立法将教育行政管理权赋予各省，由各省政府自行确立教育标准，制定教育政策。因此，加拿大目前没有全国性的负责高等教育质量保障的政府机构，也未在联邦层面上形成统一的高等教育质量保障体系，主要通过各省行政机构、大学联盟、社会组织等保障高等教育质量。

一、各省高等教育质量保障机构

加拿大各省政府通过立法建立了高等教育质量保障机构。如安大略省高等教育质量评估会负责对私立大学、应用艺术和技术学院的申请进行评估并接受部长的咨询，允许在安大略省建立私立大学，给予安大略省应用艺术和技术学院应用型学士学位授予权；阿尔伯塔省学校质量委员会负责协助省教育部长管理本省高等教育事务，并向部长提供对新学位项目评审和已有项目改革的建议；不列颠哥伦比亚省学位质量评估委员会主要为该省高等教育质量评估标准和程序的确定、实施提供建议；沿海诸省高等教育委员会下设各类委员会，其中教育学术咨询委员会和质量保障监督委员会直接负责保障高等教育质量。

二、大学联合组织

为保障高等教育质量，加拿大目前共建立了 3 个区域大学联合组织：①魁北克省大学校长联盟，主要通过新专业评估委员会和专业评估审计委员会开展工作，负责评审新的学位培养项目和对已有专业是否具有制度化的政策、政策的可行性及实施状况进行评审。②安大略省大学联合会，安大略省所有公立大学都已加入该联合会，该联合会通过对本科专业、研究生培养和学术项目的质量进行周期性评估，促进该省高等教育质量。③马尼托巴省和萨斯喀彻温省的大学审计委员会，监控提供本科教育的高等教育机构在学术审核上的频率、质量、效果和功效，并为成员机构学位项目的优化实施与审核提供建议。

三、专业认证机构

加拿大普遍通过外部的专业组织进行学位认证，这种专业认证机构一般由省政府管理部门或省政府授权，主要负责确立教育标准并审定教育机构是否达到标准。经省政府允许后，大学可邀请专业机构对相关专业进行认证。专业认证机构每年都会在获得大学许可后向社会公开最新的大学信息和专业信息，这些数据可作为教育行政部门和高等教育机构进行课程和专业调整、学生选择就读院校和专业的参考[164]。

四、全国性非政府组织

加拿大与高等教育相关的全国性非政府组织也在一定程度上起到了保障高等教育质量的作用。如加拿大高等院校联合会（AUCC）和加拿大社区学院联合会（ACCC）都对会员有明确的入会标准（AUCC 成员要满足的一系列会员资格标准包括学术自由、科研水平及学术贡献等），符合其基本标准的机构才有机会成为会员学校。

五、大学排名

自 1991 年起，加拿大《麦克林》杂志每年都对加拿大的大学进行排名和评价，为学生和家长提供大学的有关信息。在 2005 年加拿大大学排名中，《麦克林》公布了用于排名的 6 项评价指标，包括学生情况、课堂情况、师资队伍、财政状况、图书馆和声誉。虽然该杂志的大学排名并不具有权威性，也未必反映了各大学人才培养质量的真实水平，但它对加拿大高等教育的人才培养质量起到了一定的监督和引导作用[165]。

第五节　意大利的高等教育质量保障体系

意大利通过教育立法构建了高等教育质量保障体系，使评价和认证工作有法可依，并采用内外部相结合的质量保障措施，在保护院校自主权的同时也从外部进行间接控制。通过信息化建设和信息的全面公开及政府、专家、院校管理层、教师、学生甚至国外相关人员的广泛参与，从侧面保证了评价的公正准确并促进了国际合作与比较。

作为博洛尼亚进程的发起国之一和首届部长会议的举办国，意大利遵循该进程在欧盟层面所制定的统一质量标准和指导方针，制定了高等教育质量改革计划，对高等教育学位体系进行了重大调整，引入了欧洲学分转换体系，逐渐构建起以法律为基础、内外部结合、信息技术支持、广泛参与的高等教育质量保障体系。

一、以法律形式建立高等教育质量保障体系

20 世纪 90 年代初以来，意大利政府出台了一系列大学管理的改革法令，在授予大学更多自主权的同时制定相应的评价和认证标准，保障高等教育质量。1993 年颁布的第 537 号法令规定在每所大学内部建立内部评价小组（internal evaluation unit，IEU）；1996 年的部长法令规定在国家层面建立大学评估监察机构（observation），按照大学三年发展规划评价大学的教学与研究活动。经过三年的评价实践，1999 年的第 370 号法令继续修改与完善了评价体系，规定建立新的质量保障体系，重新确定国家一级评价组织和院校内部评价组织的功能和作用。同年颁布的 509/1999 号部长法令——《大学教学自治规定》及其 2004 年的修正案成为进入 21 世纪以来意大利高等教育改革的主要法律依据。法令规定所有的大学重组自评体系，并用全国大学体系评价委员会（CNVSU）取代以前的大学评估监察机构，负责建立评估标准和发布评估报告。良好的质量保障意识和规范的法律措施是确保意大利高等教育质量保障体系与博洛尼亚进程质量保障框架接轨的前提。

二、外部质量保障机构——全国大学评价委员会

1999 年，意大利成立了实施大学评价的国家级机构——全国大学体系评价委员会（CNVSU），委员会与大学和教育部联系却独立于二者，但要向教育部长和相关议会部门负责。委员会由 9 名成员组成，都是大学质量评价专家，包括外国专家，由部长任命[166]。委员会的职责主要包括：草拟高等教育评价体系年度报告，实施与推广评价方法和实践；确定信息与数据特性以便大学内部评价小组交流；根据大学内部评价小组报告和其

他信息，为高等教育机构和教学组织草拟和执行年度外部评价计划；在实施学习权利和进入大学学习时，准备大学教育情况的研究报告与文件；准备研究报告与文件，确定大学常规资助的再平衡分配准则；应教育、大学和研究部要求，实施有关质量保障的活动；为意大利所有大学和高等艺术与音乐机构制定评价的一般标准。作为国家的一级高等教育质量保障机构，全国大学评价委员会不仅是高等教育评价机构，还是政府的咨询机构，其使命更倾向于通过研究质量评价提高教育质量。

三、内部质量保障机构——大学内部评价小组

负责意大利大学内部评价的机构是大学内部评价小组（IEU），其使命是运用成本效益比较分析法评价公共资源的完善管理、研究成果、教学方法及管理的公平与质量等问题。根据管理部门提供的指南确定评价参数、提交年度报告。小组一般由5～9人组成，包括2名学生代表，小组享有自治权，可以出版自己的研究成果。小组的任务主要包括：草拟《大学年度汇报》的部分内容；开展学生调查，根据收集的数据拟定教学方法评价报告；评估开设博士学位课程的必要条件，提交博士学位课程年度评估报告；评估"三年规划"中目标、内容和方法在计划与实施方面是否一致；每年在固定时间按照全国大学评价委员会的要求提交年度报告；评价教学课程改革效果。

四、高等教育质量保障认证体系

博洛尼亚进程要求各国建立的教育质量保障体系必须包括可比的认证系统。在意大利，认证包括高等教育机构认证和专业认证两种类型。高等教育机构认证由全国大学评价委员会执行，认证对象主要是私立高等教育机构，认证内容包括：教学、研究与校舍；教学与管理中的人力资源；必要的财政资源和预算划分。认证结果达到"良"，私立大学的开办才具有合法性并具备颁发学位的权利。除了前期评估外，全国大学评价委员会还会定期检查评估后情况，确保大学实际发展与计划相一致。专业认证始于2001年，高等教育改革以后大学在专业的开设上具有自主权，但是需要申请政府对新开设专业的资助，为保证拨款的有效性，意大利教育、大学

与研究部要求全国大学评价委员会对申请资助的专业进行认证。专业认证分为两个阶段：第一阶段考察专业在教师数量、教学质量、班级数量和大小、图书馆和实验室等方面的情况；第二阶段考察教育过程质量和毕业生情况。

五、信息化措施——意大利大学教育信息数据库

为保证评价和认证结果的公开透明，欧洲各成员国在高等教育质量保障体系中还采取了信息化手段。为使评价和认证能够发挥帮助学生选择学校和专业的作用，意大利教育、大学与研究部建立了大学教育信息数据库（BOFF），向学生提供意大利所有大学各专业及时、准确、可比的信息。数据库不仅公布了开设的专业教育计划、课程设计与组织等信息，还提供了国家教育、大学与研究部在全国大学评价委员会的建议下制定的各个专业教育计划的最低标准。此外，全国大学评价委员会还在自己的网站上公布年度评价结果、各大学的教职工人数、学生数、学校设施等方面信息和专题评价研究报告。

六、促进和保障高等教育质量的其他机构

除上述国家层面和院校内部的评价组织外，意大利还有从事评价研究的指导委员会（CIVR），委员会是政府任命的机构，由来自意大利和国外的七位专家组成，任务是研究开发评价指导方针、周期性活动报告和评价研究年度报告，呈交教育、大学和研究部及其他部门以促进欧洲和意大利的评价研究。此外，大学各系之间或不同大学的系之间还联合组成大学内部系际研究中心以促进各层次的教育和研究。由21所大学的系际中心推动的意大利大学教育与教学研究中心联合会（CONCURED）近年来在教师培训方面发挥了重要作用。

七、大学生参与评价过程

意大利在评价活动中还十分重视学生的意见，例如，由全国大学评价委员会资助的"优秀实践案例"项目（"good practice" project）在对不同大学行政管理活动效率和效益进行评价分析时就收集了学生的意见，由意

大利大学校长基金会实施的"学生财政"项目（"Euro student"project）以问卷的形式对意大利大学生的学习和生活条件进行调查，分析不同教学模式、与专业能力相关的大学教师表现、专业知识、教学倾向与方法、引起学生兴趣的能力等。

八、积极参与欧洲的高等教育质量框架认证体系

为增强欧洲高等教育的竞争力和吸引力，欧洲 29 个国家的教育部长于 1999 年聚集在意大利的博洛尼亚，共同签署了《博洛尼亚宣言》，明确了建立"欧洲高等教育区（EHEA）"的发展目标，正式开启博洛尼亚进程。以此为起点，签约国教育部长每两年召开一次会议，以公报的形式推进欧洲高等教育质量保障体系改革，如 2001 年的《布拉格宣言》呼吁各国建立高等教育质量保障机构并设计可以互相接受的评估机制；2003 年的《柏林公报》建议在两年内建立高等教育质量保障体系并对学校和专业进行评估；2005 年的《卑尔根公报》通过签署欧洲高等教育质量保障协会（ENQA）起草的《欧洲高等教育质量保障标准与指标》，力图在欧洲范围内实行通用的质量评估标准，并要求各国在 5 年内完成第一轮质量评估工作[167]；2007 年的《伦敦公报》进一步强调卑尔根达成的欧洲高等教育区质量保障整体框架是全球范围内促进欧洲高等教育的核心要素，并要求在 2010 年完全实施国家质量框架和欧洲高等教育区整体质量框架认证体系[168]。

第六节　日本的高等教育质量保障体系

20 世纪 50 年代日本的"大学纷争"逐渐暴露出过快扩张引起的社会问题，日本政府与社会开始关注高等教育质量问题。目前，日本已形成一个政府、大学、第三方评价、社会监督等构成的多元的高等教育质量保障体系。

一、政府提供法律规范和财政支持

第二次世界大战之前，日本高等教育评估实行中央集权制，国家以立法的形式规定统一的评估标准，由职能部门组织实施。"二战"后，受美

国高等教育模式的影响，日本实行中央指导下的大学自治制，高等教育评估制度也发生重大变化。高等院校的设置和认可仍由国家掌握，高等教育质量评估则委托民间组织进行。

1991 年的《关于改善大学教育的咨询报告》中提出："大学在努力促进教育、研究的效率和提高质量水平的同时，还必须实现自己应尽的社会责任，为此有必要不断地进行自我检查，不断完善。关于大学评估，各大学进行的自我评估是基础。考虑到当前现状，首先应该建立自我评估体系，并使之制度化"。大学审议会还就大学自我评估的实施方法、评估标准等提出了具体建议。同年，在修订《大学设置标准》时，明确规定了大学应履行自我检查和评估的义务。1998 年，大学审议会的咨询报告中建议：为让社会更加清楚地了解作为社会机构的大学的活动状态，有必要设置专门的评价机构，实施高度透明的大学评价。2003 年在修订后的《学校教育法》中第三方评价制度以法律的形式得以确认，此后第三方评价制度正式启动，所有国立、公立、私立大学在实施自我检查评估的基础上，都必须接受文部科学大臣认可、授权的专业评价机构实施第三方评价。

为了将国家的宏观调控渗透到大学的日常管理中，日本政府还采取了财政引导的方式。政府主要从三方面加大资金投入，提高教育质量：①对各大学实施补助金措施，设立特别补助金项目，充实大学的研究生教育，对社会性质较强的教育活动进行重点分配；②文部省逐年加大拨款金额，增加奖学金金额，放宽奖学金免除归还制度，使经济上有困难的学生有机会接受高等教育；③国家投入专项资金设立了"TOP30""COE 计划""GP"等项目，引入第三方评价制度并以此为依据有重点地分配资金。大学为获得资金，纷纷提高自我科研能力。

二、大学内部自控

从 1991 年开始，文部省对《大学设置基准》《大学院设置基准》等一系列有关高等教育的法规进行修改，将大学实施自我检查评定纳入法律条例当中。大学内部实施自我评价是在尊重大学的自我性的基础上，由大学自己来提高教育和研究质量的一项改革，现如今的大学自我评价主要是作为第三方评价的基础而存在。

大学内部保障教育质量，除上述的大学自我检查评价外，还可通过学位授予的手段。日本对学位授予比较严格，尤其是在博士学位授予上，只有极少数人才能得到博士学位。学位是调节教育质量与数量的杠杆，严格控制学位授予有助于保障教育的质量，促进学术研究水平的发展。

三、第三方评价

目前，取得日本文部省批准授权的第三方评价机构主要有三所：

（1）公益财团法人大学基准协会（JUAA）。以美式认证评价制度为模型，该协会于1947年成立，目前是以私立大学为主要服务对象的重要民间团体机构。协会成员分为正式会员与赞助会员两种，在满足《大学基准设置》的各项系列的基础上，只要大学提出申请，然后进行简单审查后在协会进行登记，即可成为赞助会员。从赞助会员成为正式会员必须通过协会的认证，在学校提出的自我评价的基础上进行严格审查达标后方能成为正式会员[169]。

（2）独立行政法人大学改革支援与学位授予机构（NIAD-QEHE）。通过大学评估、学位授予、质量保障合作、相关的调查研究及国立大学等设施费用的借贷与支付业务等，促进国家高等教育的发展。其使命为：①实施国际通用的评估；②根据多样的学习成果提供取得学位的机会；③与大学和质量保障机构合作；④推动质量保障调查研究；⑤国立大学设施费用的借贷与支付。

（3）公益财团法人日本高等教育评价机构（JIHEE）。JIHEE 是2004年在日本私立大学协会的基础上成立的。JIHEE 分别于2009年、2010年获得短期大学及培训机构、商务的评价许可权。其特点为：①重视同行评议。为了对复杂的大学活动进行恰当的评价，JIHEE 重视以大学教职工为主题的同行评议。②评价过程注意避嫌原则，在评价的实施体制中指出，评委委员不得超过18人。但是，与参评大学直接相关的评估人员和评委委员不得参与评估工作[170]。

四、社会排名

在学生、家长和用人企业无法掌握大学内部教育质量信息时，媒体无形中就成为监督高校办学质量的重要形式。媒体大学排名的指标和结果具有简明性，这为社会上急于了解各大学教学质量但对专业评价知识不足的民众提供了便利。此外，大学招生需要借助媒体进行自我宣传，除本校的办学特色，考生和家长更希望知道学校的教学质量、毕业生的就业情况。在无形之中，社会媒体排名也起到监督、保障高等教育质量的作用，今后的教育发展中，社会媒体的排名也将越来越受到重视。

日本高等教育质量保障体系逐步由过去的单一形式转变为政府、大学、第三方评价机构、社会监督组成的多元化模式，由过去的事前评估转变为事后检查。日本通过一系列的教育改革逐渐形成了独具特色的高等教育保障体系。

第七节　德国的高等教育质量保障体系

德国高等教育系统本质上是一个公共系统，公立高校是公法法人，教授是公职人员，文凭是国家文凭。传统上，德国高等教育管理权力主要集中于州政府和教授两级，州政府通过财政拨款、教授聘任、课程审批等权力对高校进行直接调控，教授则通过各系内部、教授委员会等直接决定学校内部的科研和教学事务。20世纪末以来，德国开始以市场为导向的高等教育管理体制改革，加强了高校权力，州政府和高校之间形成了契约管理的关系，政府不再直接干预高校内部事务，但仍然对高校进行资助，德国高等教育系统的质量保障就是通过外部评价和学校内部的自我监控来实施的。

目前，德国的高等教育质量保障主要是遵守欧洲高等教育质量保障协会（ENQA）发布的《欧洲高等教育质量保障标准与指南》（ESG）。自20世纪90年代末引入高等教育认证制度以来，在ESG的指导下，德国开展了专业认证和院校体系认证，由经德国认证委员会（GAC）认可的质量保障机构实施。德国认证委员会（GAC）本身则由欧洲高等教育质量保障协会（ENQA）予以认证。

如今，德国已建立起一个非政府性的、分权式的高等教育认证体系，德国政府实现了由"干预式政府"向"支持性政府"的角色转型。德国的高等教育认证体系也从依靠认证代理机构进行专业认证的单一模式，丰富为三主体、两层次、两种形式的混合认证体系。其中，三主体为认证委员会、认证代理机构和高等学校；两层次为认证委员会认证认可代理机构，认证代理机构直接认证高等学校；两种形式即专业认证和体系认证，每一种认证形式都有规范化的程序和完备细致的标准。

一、专业认证

为保证高校课程的最低质量标准，德国于 1998 年引入了专业认证制度，专业认证的主体有认证委员会和认证机构。认证委员会是全德认证协作组织，共有 17 名成员，包括联邦和州政府机构、认证机构、高校、行业及学生的代表和国际专家，其职责为对认证机构进行认可和监督、制定认证的原则和要求。认证委员会由德国教育部提供经费，是政府与认证机构间的联络者和协调者。

新专业审批则是以政府为基础。州政府要审核新专业的资源基础，审核新专业与本州高等教育规划是否一致，审核新专业是否符合本州法律规定等。但这种管理是宏观性的，州政府并不干涉认证机构的具体认证事务和高校的微观管理事务。

专业认证过程如下：

（1）高校向认证机构提出申请，认证机构对申请进行审查并就费用和日程达成一致。

（2）认证机构组建一个审议专家小组，小组成员包括学科专业领域专家、一名政府部门代表和一名认证机构代表。专家小组到校进行现场考察、座谈，并根据考察情况拟定考察报告初稿，提出认证建议。高校在收到初稿及建议后，在规定时间内提出反馈意见。

（3）专家小组确定认证报告和认证建议，并提交给认证机构的决策委员会，后者作出最终决定。决定可以是通过、不通过或有条件通过，并在再认证期间对条件是否满足进行检查。

不过，专业认证通常是针对单个或多个专业，对高校整体的内部质量保障的激励作用有限，为此，德国开始探索具有整合性的整体认证。2007 年，德国教育部决定实施体系认证，并以此促进专业认证[171]。

二、体系认证

体系认证以教学质量为核心，评估高校是否有健全的质量保障系统。要求高校通过建立有效的内部教学管理保障体系，保证各个专业达到高等教育质量的最低要求。其基本假设是：如果高校内部的教学质量保障体系已经获得认证，那么，高校就能够自己保证各个专业教育的质量。

认证代理机构通常遵循四个环节展开工作。

（1）质量规划：高校内部教学质量保障体系的目标是保证该校高质量的专业教育；

（2）质量监控：保障体系应该能够覆盖该校所有专业，包括专业开发、实施和改进的各个环节；

（3）质量提升：保障体系的参与者都能致力于实现质量提升；

（4）质量结果：保障体系应当能够保证该校各个专业目标明确，并为达成专业目标制定了一系列保障措施，建立了完善的组织和充足的物质保障。

同时，保障体系还要采取权威的评估方法定期评估专业质量，通过体系认证就意味着高校的内部教学质量保障体系能够很好地发挥作用，确保该校专业质量达到标准。

系统认证的一般程序包括三个基本环节：

（1）高校向具有认证资格的认证代理机构提交体系认证申请和自我评估报告，双方进行沟通；

（2）认证代理机构组织专家团对高校进行 2 次实地考察，同时认证代理机构还会随机抽取该校专业进行专业评估，以便与专家团的考察结果进行比对；

（3）专家团根据学校的自我评估报告和实地考察结果撰写认证报告，认证代理机构据此做出结论并提交认证委员会。

体系认证的有效期一般为 6～8 年，体系认证中期，高校需要提交中期自我评估报告。认证专家团成员应当至少包括 3 名有高校管理经验和高校内部质量保障经验的专家；一名学生，该生应当是某高校学生会成员或以前参加过高校体系认证；一名来自职业领域的实践者，如企业管理者。并且，这 5 人中应当有一名专家有高校管理、专业课程设计、高校内部教学质量保障方面的综合经验，以保证专家团的专业性，还应当有一名专家来自国外。认证代理机构应当保证专家团的公正性，考察高校时不存在偏见，高校有权对专家团成员提出异议，但没有建议或否决权。

实地考察和专业评估之后，专家团根据学校的自我评估报告和实地考察结果形成专家报告，并得出高校是否通过认证的初步结论。高校可对此报告做出回应。认证代理机构根据专家报告、专家初步结论及高校的回应，作出高校通过认证、有条件通过认证、没有通过认证的决定。完成认证之后，认证代理机构公开认证结果、专家报告和专家名单，将通过体系认证的高校的所有专业，录入已认证专业数据库[172]。

由以上认证模式可以看出，德国高校的认证体系凸显了德国高校质量管理的重要特质及基本形式，是让课程及科研方面的不足体现出来的一种非常有效的手段，能提高各高校自我反思的能力，加强解决问题的能力，能持续地激发高校教师去改进教学与科研方法，提高教学与科研质量。

此外，认证也起到了弱化政府对高校专业发展影响的作用，政府把质量保障任务委托给高校及认证委员会，自己则通过政策和立法来引导认证机制的完善，引导制定评价指标体系，最后通过资金、市场、规划等宏观调控手段对质量认证进行间接控制，使得认证具有非官方性，同时因为认证得到了政府的支持与认可，又让认证具有权威性。学校可以依据评估结果向政府提出自己的要求，社会可以利用评估结果选择学校、专业和毕业生。

借助高校质量认证体系，德国高校各个学科的多样性及可比性得以呈现，增加了各学科的透明度，有利于各学科在国内及国际上获得认可，也促进了一个共同的欧洲高等教育进程的建设[173]。

第八节　澳大利亚的高等教育质量保障体系

澳大利亚在 20 世纪 80 年代后期就已开始建立高等教育质量保障机制，经过不断实践和完善，其高等教育质量保障政策已经从管理手段发展成为一种市场化的策略。

2000 年，澳大利亚联邦就业、教育、培训与青年事务部发布《全国高等教育审批程序议定书》，并成立了澳大利亚大学质量委员会（AUQA），学历资格评定框架（AQF）、大学、联邦、州政府和 AUQA 共同组成了澳大利亚高等教育质量保障框架。其中，联邦政府主要负责提供资金，公开质量调查报告，以此促进大学加强质量控制；大学负责自身的内部管理和教学标准、教学质量保障；州和地方政府根据有关规定负责所属大学的资格认定；AUQA 将大学各自提交的计划作为对大学进行外部评估的标准，并提供最终检查报告[174]。

2011 年底，澳大利亚颁布了《2011 年高等教育质量和标准署法案》，并成立了高等教育质量标准署（TEQSA），负责在全国统一行使高等教育质量监管职责。另外，澳大利亚技能标准署（ASQA）是职业教育和技术培训的质量保障机构，负责确保职业培训课程和培训提供者的教育质量。自此，TEQSA 和 ASQA 两个政府机构取代了 AUQA 和州一级的质量监管机构（GAA），澳大利亚建立了一个全新的高等教育质量保障体系，联邦政府对高等教育的质量保障和管理日益强化。依据相关法案，TEQSA 和 ASQA 都提出了新的质量标准框架，大学和其他高等教育机构在新的质量标准框架下开展注册和审核工作。

TEQSA 制定的澳大利亚高等教育标准框架包括两部分：第一部分为高等教育标准，是根据《2011 年高等教育质量和标准署法案》注册的高等教育提供者在澳大利亚提供高等教育的最低可接受要求制定的；第二部分为高等教育提供者的标准，不同类型的高等教育提供者可以根据某些特征进行分类[175]。根据新的评估标准和框架，从 2012 年 1 月起，TEQSA 开始登记和评估高等教育提供者，高等教育提供者的资格标准必须符合其规定才能进入和留在澳大利亚高等教育体系中。2012 年 2 月，TEQSA 公布了《高等教育质量风险评估框架》，风险评估内容包括高等教育机构发展状况、学生学业成就情况、高等教育机构学生数等 46 项指标，TEQSA 每年对大学的风险进行评估，并将评估结果向社会公布，通过监管高等教育提供者的运行情况为学生利益和高等教育声誉提供保护。

ASQA 在 2011 年确立了一个以立法为基础的职业教育质量保障框架，包括风险管理和审核两类标准。ASQA 会定期向政府及行业收集相关信息，以保证注册机构遵循法案，若违反，ASQA 可以根据法律起诉这些职业教育学院和培训机构。

澳大利亚大学享有高度自治权，大学对自身的教学标准和课程质量负责。在大学内部，学术委员会下设的课程准入委员会负责对各专业的课程设置情况进行审核、批准；人才培养方案每五年调整一次，调整时要征求校外专家意见、社会意见、学生及教师意见、毕业生反馈意见等；大学教学委员会每两年对课程进行一次评估，包括对上课学生的问卷调查、教案抽查等，多次教学不好的教师要被劝退。不同类型的大学还建立了不同的大学联盟，联盟大学之间经常进行相互检查，以保证联盟内大学的教育质量[176]。

TEQSA 和 ASQA 的建立和质量标准框架的强化，体现出澳大利亚政府对于质量标准的重视，通过提供更加全面的大学信息帮助学生做出更加明智的入学选择，并促进大学为此竞争，也体现出以学生为中心和需求驱动的特征。澳大利亚的高等教育质量保障体系具有标准化、统一化和市场导向的趋势。

第九节　新加坡的高等教育质量保障体系

新加坡自 1965 年独立以来，就将人力资源视为长期可持续发展的首要资源，并将发展高等教育作为提升人力资源质量、促进国家建设和实现经济腾飞的战略性政策措施。在新加坡的年度政府支出中，教育投入仅次于对国防的投入。虽然新加坡一向奉行"精英教育"原则，但是在经历了20 世纪 80 年代中期第一次经济衰退后，政府开始扩大高等教育规模以促进经济结构的调整，大学、理工学院及研发机构的数量也获得增长。目前，新加坡的高等教育系统由新加坡国立大学、南洋理工大学、新加坡管理大学、新加坡科技与设计大学、新加坡理工大学、新加坡新跃社科大学六所公立大学和新加坡理工学院、义安理工学院、淡马锡理工学院、南洋理工学院、共和理工学院五所理工学院组成。

早在 1997 年 7 月，新加坡时任总理吴作栋就提出要建设"思考型学校，学习型国家"（teaching schools，learning nation，TLSN）的方针。在这一理念的指导下，新加坡政府逐渐放宽对高等教育的控制权，给予高等教育机构更多的自主权，以市场化机制增强高校系统活力，如将高校变为非营利公司，将学生和家长视为学校的客户，设立优质课程奖、卓越学校模式奖等奖项，以及鼓励学校设立"专长项目"以吸引学生及教育投资等。

20 世纪 90 年代中期以来，全球化对高等教育战略产生深远影响，为了将公立高等教育机构，特别是大学的学术水平、研究质量和管理效率发展成为世界一流大学的水平，留住本地人才的同时吸引外国人才，新加坡政府制定了高等教育国际化战略和将新加坡发展成为世界级"教育网络中心"、东南亚"教育枢纽"的政策，引进海外顶尖大学，使当地高校与之建立起合作关系，以此提高新加坡大学的国际排名和声望。1998 年和 2002 年，新加坡经济发展局先后发起并实施"世界一流大学计划"（The world class universities program）和"环球校园计划"（global school house），吸引了包括欧洲工商管理学院、麻省理工学院等在内的国际知名大学在新加坡设立分校，并与北京大学、清华大学、复旦大学、康奈尔大学酒店管理学院、伦敦帝国理工学院等开展不同形式的合作关系[177]。

在高等教育大幅度扩张和打造国际化大学体系的同时，新加坡形成了以绩效为导向的治理特色。一方面，新加坡本地大学与海外大学合作办学的过程中，采用自主合作的治理模式，围绕"关键绩效指标"进行管理自治，成立短期学位项目，本地学校承诺达到海外大学的办学标准，接受其绩效考核。为提高人才培养的实用性，大学还与企业等合作签订绩效协议，企业为大学提供实践环境。在绩效协议的约束下，新加坡的大学获得更大的自治权，从而更能适应国际化环境和教育市场开发。另一方面，政府作为高等教育最重要的资金提供人，也要求高等教育机构遵守公共事务和财政问责的原则，实现质量保证和审计系统的制度化，对机构的业绩进行外部审查。政府主要是通过"与大学协商战略指标，签订绩效协议"的模式参与大学治理。一般五年为一周期进行考核，大学承诺在人才培养、科研产出、政策执行、学校排名等达到预定指标，而政府考核通过后会给予经费补助[178]。

从实践行动上来看，新加坡高等教育质量保障体系遵循"以毕业生质量为核心，'教学、研究、教工'三重质量保证"的基本原则。以新加坡国立大学为例，其教学目标是使学生养成终身学习的习惯，引导他们善于发现和创造的能力，以便为自己毕业后的创业做好充分的准备。在这一质量理念的引导下，大学采取了一系列质量保证措施：①保证教与学的质量。通过建立教育过程的反馈通道来收集学生、同行部门、录像讲演记录的相关反馈或雇主、大学生、协商委会员的信息。反馈结果用于对核心教育和学习过程的有效性进行改进。另外，通过设立考评委员会来确定考试分数、毕业生及年级的成绩等级，审改奖学金及其他奖励，组织专业团体进行评审。②保证研究的质量。设立国际学术咨询小组，成员由专业的学术权威组成，工作内容主要是审查及公布成绩，为改进提供意见。对于评价研究的出版物，在院级及系的基础上，研究并确定出版物的质量保障标准。③保证教职员工的服务质量。在招聘和聘用期确定方面，保证严格的内部核查程序，同时邀请外部人员进行审核，确保公平公正。为保证高质量的教育、科研及行政管理，对院系教职员工进行年度评估。

在教育评价模式上，新加坡自 2000 年起就对高等学校的评价方式进行了重大调整，要求应用新的优秀学校模型 SEM（school excellent mood）来进行评价。SEM 是一个学校自我评价模型，囊括了新加坡质量奖励模型、欧洲质量管理基金会和美国马尔科姆国家质量奖励模型对教育实施的意见。其核心强调了以学生为中心，将教师作为素质教育的重要因素。SEM 整体框架包括两个部分：方法和结果，形成了评价的 9 个质量标准，分别为：领导层、战略计划、职员管理、资源、以学生为重点的流程、管理和运作的结果、职工结果、合作关系和社会结果、主要的表现结果。在用 SEM 进行评价的时候，需要运用以下要素作为依据：合理的并能对模型定义的所有质量标准进行系统改善的技术及方法；系统的处理方法以及执行度；建立在结果及正在进行的活动的分析和操作基础上的，规则的评价方法及相应的配置；确认的、可执行的完整的改善活动；恰当且有挑战性的目标；3～5 年内持续进步的良好记录；与同类学校相比的基准特性；对各种情况出现结果的原因分析及预测。在新加坡的高等教育评价中，SEM 将目标、计划、学校文化、活动流程和所拥有的资源整合在一个系统中，并倾向于以一个整体来管理及面对社会。

在调整政府和大学之间关系的过程中，新加坡还建立了私立高等教育认证制度，在很大程度上保障了新加坡私立高等教育的办学质量。新加坡教育信托认证计划"EduTrust"是 2009 年新加坡政府在新的质量保障方案下对新加坡私立教育实施的相关措施，是由新加坡教育部（MOE）之下的私立教育理事会（CPE）制定和管理的。这项新的保障计划的相关措施将对所有全日制和业余制课程的学生实施。"EduTrust"认证计划是由新加坡私立教育协会管理的私人教育机构自愿认证计划，私立教育协会是新加坡教育部之下的法定协会。

"EduTrust"认证计划取代了之前分别由新加坡消费者协会（CASE）和新加坡生产力与创新局（SPRING Singapore）管理的消协保证标志教育认证计划和新加坡私立教育组织优良品质等级认证计划（SQC for PEOs），旨在对私立教育机构在管理层承诺与责任、内部管理架构、代理网络甄选、学生保护与服务、学术流程与生源评估、质量监督与改善六个方面进行详细审核，对学校的管理、教学和招生提出更严格的要求[179]。目前，"EduTrust"认证分为4年有效期认证和1年有效期认证（暂时性认证）两种类型，已有111所私立大学通过了这项认证。私立教育机构在获得"EduTrust"认证之后如果出现违规的情况，则会被中止甚至终止授予EduTrust认证。未通过"EduTrust"认证的私立院校将失去招收国际学生的资格。

第十节　韩国的高等教育质量保障体系

韩国高等教育毛入学率居世界首位，从20世纪80年代末起，韩国高等教育规模迅速扩大，并逐步进入高等教育的普及阶段。20世纪90年代，面对经济结构改革的需求、知识经济时代的到来，为提高高等教育质量，韩国政府开始实施高等教育卓越计划，出台了一系列政策和改革措施提高其高等教育国际竞争力。进入21世纪以来，韩国政府提出高等教育要从"注重规模"转向"注重质量"，其高等教育质量保障体系也逐渐构建起来，本节从以下几个方面进行简要概述。

一、政策保障

1. 建设世界一流大学政策

为培养高质量的人才以满足经济社会发展需要，韩国政府先后推出了"BK21（Brain Korea 21）工程"及"WCU（world class university）计划"，以建设世界一流高水平大学，增强韩国高等教育的国际竞争力，引导并促进韩国高等教育高质量地提高。具体可参考第十三章第三节的"韩国的世界一流大学建设简介"。

2. 教育能力提升计划

2008 年，韩国开始实施教育能力提升计划。政府设置优秀大学评估标准，包括就业率、录取率、专任教师比例、外教比例、国际学生比例、生均教育经费、奖学金覆盖率等，对优秀大学进行财政补助，以提高大学自我管理能力，并提高大学经费使用效率。

3. "两 C 政策"（cooperation & competitiveness）

建立包含合作和竞争的两大要素系统，推进大学改革。采取基于市场竞争原则的差别待遇政策，改革政府的投入机制，对高等教育进行结构性改革，以适应市场变革，提倡各大学的基础设施和教师力量共享，以增强韩国大学竞争力[180]。

二、健全教育法律法规

韩国在高等教育法律法规方面的建设成就对于引领高等教育健康发展具有深远的意义。韩国自第二次世界大战结束后相继颁布了《汉城大学设置令》（1946 年）、《教育区设置令》（1948 年）和《教育法》（1949 年），非常重视教育法律法规建设，且针对私立教育、职业教育、高等教育均有分类健全的法律法规，其中与高等教育有关的专项法规主要有《大学延期服兵役法》（1950 年）、《高等学校设置法》（1956 年）、《大学生定员令》（1965 年）、《汉城大学综合化法案》（1969 年）、《学术振兴法》（1979 年）、《大学教育自主化法案》（1995 年）、《虚拟大学法》（1997 年）和《高等教育法》（1998 年）等。其中，韩国政府 1970 年公布的《长期综合教育计划案》提出了高等教育改革目标：兴办实验大学，改革大学现有管理模式，发展适合大学生个性化发展的道路；政府推行问责制改革，加强信息透明度和程序规范化，选择性干预，扩大高校自主权，提升高等教育质量。

三、政府管控与私立机构自主管理相结合

韩国政府高度重视教育发展，每一次经济发展规划的制定都强调教育与经济协调发展。韩国教育部负责制定教育政策，同时还对学校运营（招

生、考试、学费、教育目标、教育评价等）等进行严格、直接的督导与调控，地方教育行政管理机构（如市、道教育厅）等接受教育部指导并监督管理地方教育机构。国家不断根据经济发展方向调整高等教育目标，同时也大力鼓励兴办私立高校，一方面，政府通过立法、加大政府投入等方式刺激私立高等教育发展；另一方面，政府积极鼓励企业财团捐资办学，现代、三星等著名的大企业财团都投资兴办大学，培养企业所需人才。兴办私校更好地解决了高等教育发展的经费需求，促进了教育本身的健康发展。

四、实行严格的评估认证制度，不断完善质量保障体系

经过多年的评估和认证实践，韩国高等教育质量评估形成了以自我评估、发展战略规划为主的内部质量保障机制和以院校认证、专业认证和特殊项目评估机构为主的外部质量保障机制[181]，逐步建立起完善的高等教育质量评估制度。其中院校认证机构包括韩国大学认证所（KUIA）、韩国职业教育认证协会（KAVE），专业认证机构则是各类专业认证委员会，特殊项目评估机构由韩国教育部负责。

2008 年，韩国教育科学技术部出台了《高等教育机构评估认证规则》，明确规定大学每年要对其教育、研究现状进行自评，并在大学网站上公示其结果；同时还规定了具体的自评方式，大学自评既可由学校自行组织实施，也可以委托中介机构来实施[180]。

韩国政府通过建立中介评估机构，注重学科评估认证体现学科属性和特点，制定差异化的各学科评估认证指标体系，建立大学自主评估制度，并坚持分类评估理念，将质量评估与财政支持和经费分配紧密挂钩。

韩国政府于 2008 年 12 月 1 日建立了高等教育信息系统，要求所有高校公开高等教育评价信息并定期更新，每年向社会公开有关高校投入、运行过程、产出等方面的核心指标，如录取率、毕业率、就业率、师生比、学费水平、奖学金覆盖率、教师科研成就、经费支出等信息，供学生、家长和社会人员参考，并接受社会监督。

参 考 文 献

[1] 李欣.加拿大高校招生考试制度研究[D].厦门：厦门大学,2013.

[2] 李琼.老牌名校门槛更高社区学院选择更多[N].广州日报,2013-10-24.

[3] 王庆东.中国学位授权体系的委托代理问题研究[D].沈阳：东北大学,2008.

[4] 李静.英国高等教育教学质量评估研究[D].沈阳：东北大学,2015.

[5] 关慧.中、英、法高等教育之比较[C].第三届沈阳科学学术年会,2006.

[6] 田辉."全入时代"的日本高考改革[N].光明日报,2018-07-11.

[7] 段雪莲.印度私立高等教育发展现状及对我国独立学院的启示[D].昆明：云南大学,2013.

[8] 张鹏.拉丁美洲高等教育发展综述[C].全球化背景下拉丁美洲教育发展研究国际研讨会,2013.

[9] 田小红.从非洲大学国际化趋势看"一带一路"倡议[N].光明日报,2018-08-21.

[10] 吴艳红.浅议"九校联盟"的背景和价值[C].中国教育学会比较教育分会第 15 届学术年会暨庆祝王承绪教授百岁华诞国际学术研讨会,2010.

[11] 白晋延.澳大利亚研究型大学学术治理体系研究[D].大连：大连理工大学,2018.

[12] 邹放鸣.澳大利亚高等教育特点及其透析[J].煤炭高等教育,2008,26(4)：53-59.

[13] 何谐.我国高等职业教育学位制度的构建研究[D].重庆：西南大学,2017.

[14] 胡龙娟.法国现行学位与文凭制度研究[J].黑龙江教育(高教研究与评估版),2013,8：15-16.

[15] 王茜.互补二人组[J].特区教育：中学生,2013(9)：9.

[16] 万小娟,薛彦华.日本学位制度的沿革及其特点[J].高教探索,2006(4)：49-52.

[17] 何爱芬,赵世奎.美国学位授权审核第三方参与机制：历程、路径与实施[J].研究生教育研究,2018(4)：77-83.

[18] 张静,杨宏.俄罗斯学位制度及其对我国的启示[J].理论导刊,2007(9)：84-85.

[19] 王立.中俄研究生教育之比较[J].河南职业技术师范学院学报(职业教育版),2008(3)：63-65.

[20] 段芳.中俄研究生教育发展之比较研究[D].开封：河南大学,2009.

[21] 潘福林,曲雅静.全球化背景下的俄罗斯高等教育体系的建构[J].长春工业大学学报(高教研究版),2008(3)：91-94.

[22] 蒋培红,张朝然.德国高校的学位制度改革述评[J].学位与研究生教育,2007(5)：69-72.

[23] 宋健飞,孙瑜.德国高校学制改革综述[J].高等教育研究,2007(2):103-109.

[24] 燕京晶.中国研究生创造力考察与培养研究——以现代创造力理论为视角[D].合肥:中国科学技术大学,2010.

[25] 刘亚敏,胡甲刚.博洛尼亚进程中的欧洲硕士生教育改革[J].中国高教研究,2011(4):33-36.

[26] 刘芳.德国学制改革及其对中国学生赴德留学的影响[J].广西师范大学学报(哲学社会科学版),2008,44(6):81-84.

[27] 宋西峰,马勋.计算机网络服务质量优化方法研究[J].电子技术与软件工程,2013(11):22.

[28] 胡建华.变革的逻辑:大学自治与政府统制的角力——20世纪90年代以来的日本大学改革[J].高等教育研究,2014,35(3):93-97.

[29] 叶芬梅.当代中国高校教师职称制度改革研究[D].南京:南京大学,2008.

[30] 范巍,赵宁.国外如何评职称[N].光明日报,2017-01-05.

[31] 范巍.国外评职称也非易事[J].劳动保障世界,2017(7):66.

[32] 詹德斌,任彦,马剑,等.外国怎么评职称[J].政府法制,2007(02X):48-50.

[33] 姚巍.程序正义理论下高校职称评审系统的设计与开发——以浙江师范大学职称评审系统为例[D].杭州:浙江师范大学,2011.

[34] 卢义杰,王俊秀.在俄罗斯职称不与工资挂钩[N].中国青年报,2013-05-08.

[35] 郭明维,何新征,朱晓娟.国外高校职称评聘管理的基本模式[J].发展,2011(2):132-133.

[36] 张玲,陈哲,徐友浩等.国外高校及研究机构职称体系的主要特点[J].中国人才,2011(9):58-59.

[37] 王晓辉.法国大学治理与大学章程[J].现代大学教育,2015(4):19-25,112.

[38] 王晓辉.法国大学治理模式探析[J].比较教育研究,2014,36(7):6-11.

[39] 徐继宁.英国传统大学与工业关系发展研究[D].苏州:苏州大学,2011.

[40] 陈艳.中国大学校长选拔任用制度改革研究[D].扬州:扬州大学,2011.

[41] 索凯峰.我国大学校长选拔任用制度创新研究[D].武汉:华中科技大学,2016.

[42] 郑文莹.论日本国立大学独立行政法人化改革[D].北京:对外经济贸易大学,2011.

[43] 李萍.美、日公立研究型大学校长遴选制度差异性分析[D].吉林:吉林大学,2011.

[44] 田爱丽.日本国立大学法人制度研究及启示[D].上海:华东师范大学,2006.

[45] 李筱媛,姚腊远.大学校长的去与留[J].教师博览,2012(10):18-19.

[46] 彭说龙.美国大学的行政管理[J].华南理工大学学报(社会科学版),2007(2):

64-67.

[47] 胡莉芳.公共性视域下的现代大学治理[J].北京师范大学学报(社会科学版),
2012(4):29-36.

[48] 钟秉林,周海涛.世界一流大学的校长权力制衡机制探析——世界一流大学校长
管理比较研究[J].国家教育行政学院学报,2012(2):8-12.

[49] 李姝姝.国际大学联盟对中国高校国际化的启示——以 U21 国际大学联盟为例
[J].高教学刊,2016(20):15-16.

[50] 孙平.大众化背景下我国高校战略联盟研究[D].厦门:厦门大学,2012.

[51] 曹菲.大学战略联盟的共生机制研究[D].武汉:武汉理工大学,2017.

[52] 王平祥.研究型大学本科教育人才培养目标研究[D].武汉:华中科技大学,2018.

[53] 胡政明.国际大学联盟与高等教育的发展研究[J].中国电力教育,2014(30):
4-5,9.

[54] 祁蕊."国际研究型大学联盟"简介[J].煤炭高等教育,2015,33(3):3.

[55] 韩旭.国家重大教育工程知多少[J].高考金刊,2013(6):20-22.

[56] 郑明霞.印尼独立以来高等教育发展与变革研究[D].厦门:厦门大学,2013.

[57] 刘清伶,袁源.东亚研究型大学协会与环太平洋大学联盟的比较:组织结构与活
动内容的视角[J].世界教育信息,2011(3):55-58,64.

[58] 李志民.推动世界一流大学建设的美国大学协会[J].世界教育信息,2017,
30(19):6-10.

[59] 樊亚明.英国华威大学走向卓越的内因分析[D].沈阳:沈阳师范大学,2014.

[60] 黄岚.大学评价的理念转变与趋势研究——基于国内外大学评价的分析[C].第
十五届全国大学教育思想研讨会,2014-11-01.

[61] 王蕊.四大世界大学排行的比较研究[D].长沙:湖南大学,2018.

[62] 熊丙奇.理性看待大学排行榜[N].光明日报,2018-06-12.

[63] 夏茵.我国大学排名机构的功能研究[D].福州:福建农林大学,2013.

[64] 董少校.51 所内地高校跻身世界研究型大学五百强[N].中国教育报,2018-08-16.

[65] 白春礼.国家科研机构是国家的战略科技力量[N].光明日报,2012-12-09.

[66] 王雪,宋瑶瑶,刘慧晖,等.法国科技计划及其我国的启示[J].世界科技研究与发
展,2018(3):261-269.

[67] 孙丽艳.法国科研创新三大特点与未来挑战[J].中国教育网络,2015(4):44-45.

[68] 李志民.法国科研机构概览[J].世界教育信息,2018,31(7):13-16.

[69] 张义明.印度推动科技进步的立法形式和政策机制[J].全球科技经济瞭望,

2004(10)：25-27

[70] 常李艳.国际南极科研机构和国家分析[D].南京：南京大学,2010.

[71] 李志民.英加意科研机构概览[J].世界教育信息,2018,31(8)：8-11.

[72] 李志民.俄日韩科研机构概览[J].世界教育信息,2018,31(10)：13-16.

[73] 李志民.美国科研机构概览[J].世界教育信息,2018,31(5)：6-10.

[74] 訾明杰.中风痉挛性偏瘫患者自觉症状的评价及方法学探讨[D].北京：中国中医科学院,2006.

[75] 杨微.美国三大国家公共卫生机构的创建与发展[D].哈尔滨：哈尔滨医科大学,2012.

[76] 苏连芳,宋玉琴,申阿东,等.美国国立卫生研究院概况[J].生命科学,2004(2)：117-126.

[77] 李志民.德国科研机构概览[J].世界教育信息,2018,31(6)：9-10.

[78] 张瑞山.印度的科研机构布局及对中国的启示[J].南亚研究季刊,2006(3)：53-57.

[79] 赵然.程抱一——东西方文化间的"摆渡人"[J].21世纪,2003.

[80] 徐亚运.欧洲国家科学院的历史演进与启示[D].杭州：浙江工业大学,2017.

[81] 赵明,徐飞.日本经验对我国院士制度的启示[J].科技管理研究,2010,30(11)：39-41.

[82] 黄军英.美国的院士制度及特点分析[J].全球科技经济瞭望,2015,30(5)：10-15.

[83] 刘月.俄科院西伯利亚冻土所寒区地下水研究综述[C].第六届寒区水资源及可持续利用学术研讨会,2013.

[84] 陈余.俄罗斯科学院改革：缘起、进程与反响[J].俄罗斯东欧中亚研究,2017(4)：143-155.

[85] 崔海媛,聂华,吴越,等.公共资助机构开放获取政策研究与实施——以国家自然科学基金委员会基础研究知识库开放获取政策为例[J].大学图书馆学报,2017,35(3)：79-86.

[86] 于江平.科学活动中越轨行为的社会学研究[D].苏州：苏州大学,2003.

[87] 林媛媛.研究生学术规范意识的培养理念与机制创新研究[D].沈阳：东北大学,2015.

[88] 史万兵,林媛媛,董应虎.基于质量文化的研究生学术规范培养的管理维度[J].研究生教育研究,2014(6)：11-15.

[89] 叶青,杨树启,张月红.科研诚信是全球永远的课题——中国科研管理与学术出版的诚信环境[J].中国科技期刊研究,2015,26(10)：1040-1045.

[90] 张雨棋,王慧.英国皇家学会发展模式初探[J].农村经济与科技,2017,28(16)：155-156.

[91] 吴香雷.日本科技奖励体系简析[J].全球科技经济瞭望,2015,30(8):60-67.

[92] 张玉来,张杰军.引智之桥:日本学术振兴会的做法与经验[J].国际人才交流,2007(12):29-30.

[93] 龚旭.绩效评估与组织变革——日本学术振兴会的国际评估与年度评估[J].中国科学基金,2009,23(1):60-64.

[94] 敖青.日本国际科技合作的政策与组织模式探讨——以日本学术振兴会为例[J].科技创新发展战略研究,2018,2(3):50-57.

[95] 林豆豆,田大山.MPG科研管理模式对创新我国基础研究机构的启示[J].自然辩证法通讯,2006(4):53-60.

[96] 朱崇开.德国基础科学研究的中坚力量——马普学会[J].学会,2010(3):56-62.

[97] 张立,崔政,许为民.开放获取——科学公有主义的当代形塑[J].自然辩证法研究,2014,30(1):37-42.

[98] 李洪洲.弗洛里安·卡约里:美国首位数学史教授[D].石家庄:河北师范大学,2016.

[99] 胡睿."诺奖"得主:世界最强大脑的创新主张[N].医药经济报,2014-04-02.

[100] 茹勇夫.2004年度诺贝尔科学奖[J].科学大观园,2004(11):4-6.

[101] 徐万超,袁勤俭.诺贝尔物理学奖获奖者的统计分析[J].科学学研究,2004(1):32-36.

[102] 宋晶晶,陈波.挽救生命的奇迹:DNA修复机制的发现及研究历程[J].化学教学,2016(7):90-96.

[103] 龚祖文.经济学家资源与国家经济发展之间关系的研究[D].大连:大连理工大学,2018.

[104] 潘舒沁.初中科学STSE校本课程开发研究[D].杭州:杭州师范大学,2017.

[105] 曹霆,徐国祥.电厂全绝缘浇注励磁母线选型分析[J].电气技术,2018,19(8):210-213.

[106] 郭晓强.克拉福德与克拉福德奖[J].科学,2004,56(5):53-55.

[107] 郑俊涛.基于声誉调查和奖项图谱的国际科学技术奖项评价研究[D].上海:上海交通大学,2016.

[108] 欧阳钟灿.近三年"工程诺贝尔奖"漫谈:液晶显示、手机、与锂离子电池[J].科学中国人,2014(11):20-31.

[109] 山泉.科普利奖章[J].中国科技奖励,2006(5):73.

[110] 赵明.杰出科学家的国家认可机制研究[D].合肥:中国科学技术大学,2012.

[111]　欣源.图灵与图灵奖——计算机界的"诺贝尔"奖[J].中国科技奖励,2005(7):
　　　　72-73.

[112]　李晓.世界知识产权组织的专利文献信息发展现状调研及未来趋势分析[J].中
　　　　国发明与专利,2017,14(5):20-22.

[113]　昇星.低碳技术国际转移的知识产权障碍分析及解决[D].长沙:湖南师范大
　　　　学,2017.

[114]　宋春丽.WTO背景下中国知识产权保护的经贸探析[C].第十届WTO与中国
　　　　国际学术年会,2011.

[115]　许楚旭.论TRIPS协定的解释权问题[J].世界贸易组织动态与研究,2007(8):
　　　　19-24.

[116]　朱雪忠,李闯豪.AUTM的新发展及其对我国构建高校技术转移信息平台的启
　　　　示[J].科技管理研究,2016,36(16):166-171.

[117]　黄亚生,张世伟,余典范,等.《贝多法案》与美国科研成果转化制度[J].中国经济
　　　　周刊,2015(12):84-85.

[118]　蒋云贵.适应产教融合的大学生专利孵化服务体系实证研究——以长沙学院为
　　　　例[J].长沙大学学报,2018,32(4):31-35.

[119]　李乐.美国科技领域法律政策框架概览[J].全球科技经济瞭望,2004(11):8-17.

[120]　范旭,张端端,林燕.美国劳伦斯伯克利国家实验室协同创新及其对我国大学的
　　　　启示[J].实验室研究与探索,2015,34(10):146-151.

[121]　李海燕.爱思唯尔出版集团数字化发展历程探究[J].内蒙古师范大学学报(教育
　　　　科学版),2018,31(7):112-114.

[122]　聂东波.从JCR和ESI统计分析我国科技期刊的国际地位[C].湖北省科技期刊
　　　　编辑学会第16届学术年会,2009.

[123]　邹琦.在线出版的典型盈利模式研究[D].保定:河北大学,2014.

[124]　肖甦.俄罗斯的一流大学建设[J].华东师范大学学报(教育科学版),2016,
　　　　34(3):12-15.

[125]　张惠,刘宝存.法国创建世界一流大学的政策及其特征[J].高等教育研究,2015,
　　　　36(4):89-96.

[126]　张惠,刘宝存.法国建设世界一流大学的战略及实践——以巴黎-萨克雷大学为
　　　　例[J].清华大学教育研究,2015,36(6):23-31.

[127]　马丽君.法国"双轨制"下的世界一流大学建设——以巴黎高等师范学校为例
　　　　[J].现代教育管理,2016(8):20-26.

[128] 张丹."双一流"建设机制研究——以法国高师集团"高校共同体"改革为例[J].
教育发展研究,2016,36(17):65-73.

[129] 张雷生.韩国高水平大学建设策略解析[J].中国高等教育,2009(24):54-55.

[130] 张雷生,文春.韩国的世界高水平大学建设研究[J].江苏高教,2013(2):146-149.

[131] 阮蓁蓁,孟祥臣.新加坡世界一流大学学科建设的特征[J].中国高校科技,
2018(1):49-52.

[132] 孙百才,徐宁.香港建设"世界一流大学"的质量保障措施与政策经验[J].清华大
学教育研究,2018,39(1):75-83.

[133] 胡建华.日本世界一流大学建设新动向[J].华东师范大学学报(教育科学版),
2016,34(3):7-9.

[134] 陈瑞英.日本创建世界一流大学的政策措施:"全球顶级大学计划"[J].比较教
育研究,2018,40(3):54-61,69.

[135] 翟天园.日本世界一流大学建设战略对我国的启示[J].新乡学院学报,2016,
33(11):61-63.

[136] 马青,黄志成.沙特阿拉伯王国建设世界一流大学体系:动力、战略及实践[J].
比较教育研究,2017,39(2):14-21.

[137] 许青云.加拿大高等教育的特色及其对我国的启示[J].国家教育行政学院学报,
2008(4):83-87.

[138] 胡凯.德国世界一流大学"卓越计划"探析[J].吉林工程技术师范学院学报,
2013,29(3):1-3.

[139] 朱佳妮.追求大学科研卓越——德国"卓越计划"的实施效果与未来发展[J].比
较教育研究,2017,39(2):46-53.

[140] 夏婷,宗佳.法国科技评估制度简析及对我国的启示[J].学会,2018(5):46-50.

[141] 吴杨."双一流"大学科研创新评价体系建设的国际视野——基于英国、澳大利
亚、日本、韩国的经验与启示[J].科技进步与对策,2018,35(15):126-131.

[142] 顾海兵,李讯.日本科技成果评价制度及借鉴[J].上饶师范学院学报,2005(1):4-7.

[143] 聂虹,魏翔,佟方.英国、美国、日本科技成果评价比较及启示[J].中国矿业,
2017,26(S2):45-48.

[144] 郭华,孙虹,阚为,等.美国科技评估体系的研究和借鉴[J].中国现代医学杂志,
2014,24(27):109-112.

[145] 何金祥.美国内政部战略规划[J].国土资源情报,2008(5):31-35.

[146] 郑敏,王剑辉,苏振新.国外相关国家公益性项目管理模式及特点研究[J].中国

矿业,2014,23(4):25-29.

[147] 陈乐生.德国科学评估经验及其对中国科技评估实践的启示[J].科研管理, 2008(4):185-189.

[148] 吴春玉,郑彦宁.韩国科学技术评价系统简析[J].科技管理研究,2011(22):40-43.

[149] 刘可,郭胜伟.加拿大高校科研评估沿革分析及其借鉴[J].当代经济,2016(31): 107-109.

[150] 夏梅,高德海,单秋荣,等.北美部分国家科技计划评估体系及对我国的借鉴作用[J].中国医药导报,2008(4):100,111.

[151] 王蓉芳.完善的加拿大科技评估体系[J].全球科技经济瞭望,2006(12):20-22.

[152] 王涛,夏秀芹,洪真裁.澳大利亚科研管理和监督的体系、特点及启示[J].国家行政教育学报,2014(11):85-90.

[153] 赵勇,张灵阁,韩明杰等.澳大利亚科研评价体系的演变、特点与启示[J].中国科技论坛,2015(12):149-155.

[154] 刘蓉洁,赵彩霞.荷兰高校科研评估的特点及启示[J].世界教育信息,2009(11): 67-70.

[155] 王楠,罗珺文,王红燕.荷兰科研评估的模式与特点——以《标准化评估指南(2015—2021)》为分析对象[J].高教探索,2018(10):50-55.

[156] 柳文佳.以色列科技创新特性分析[J].技术经济与管理研究,2018(10):40-44.

[157] 胡海鹏,袁永,邱丹逸,等.以色列主要科技创新政策及对广东的启示建议[J].科技管理研究,2018(9):32-37.

[158] 盛立强.首席科学家办公室在以色列农业科技管理体系中的地位与作用研究[J].世界农业,2013(4):115-118.

[159] 万恋.英国高等教育质量保障体系及其对我国的启示[D].北京:华北电力大学,2012.

[160] 董竹娟,葛学彬,陈桂营.浅议美国高等教育质量保障体系[J].北京教育:高教版,2018(1):85-88.

[161] 韩筠.美国高等教育管理体制及院校设置[J].中国高等教育,2003(12):45-46.

[162] 黄莉.论美国大学排行的价值取向及其启示[J].浙江社会科学,2012(6):101-103,148,159.

[163] 李海燕.美国高等教育质量之社会保障监督体系的审视[J].高教探索,2011(3):78-83.

[164] 李素敏,陈利达.加拿大高等教育质量保障:动因、体系、特征与趋势[J].高校教

育管理,2017(6):115-122.

[165] 李中国,皮国萃.加拿大高等教育质量保障体系及其改革走向[J].黑龙江高教研究,2013,31(2):41-44.

[166] 初旭新,乔俊飞,宋淼.国外研究生教育评估机构对我国的借鉴[J].中国校外教育,2010(24):39-40.

[167] 佛朝晖.博洛尼亚进程中意大利高等教育质量保障体系改革[J].黑龙江高教研究,2008(3):52-55.

[168] 高静."博洛尼亚进程"新进展研究[D].重庆:西南大学,2009.

[169] 韩小娇.探究日本高等教育质量保障体系[J].中国电力教育,2011(25):3-4,10.

[170] 齐小鸥,郝香贺,唐志勇.日本高等教育三大认证评价机构的借鉴与启示[J].煤炭高等教育,2018,36(2):54-60.

[171] 彭江.德国高等教育质量的混合管理模式[J].重庆高教研究(6):87-92.

[172] 矫怡程.德国高等教育体系认证:缘起、进展与成效[J].外国教育研究,2016(2):3-16.

[173] 沈国琴.德国高等学校的质量管理[J].高等工程教育研究,2016,1:132-137.

[174] 金帷,杨娟,杨小燕.澳大利亚高等教育质量保障机制的变迁[J].评价与管理,2015(3):45-52.

[175] 梁毕明,齐聪俐.澳大利亚高等教育质量评价标准解析[J].天津中德应用技术大学学报,2018,26(5):48-51.

[176] 刘文锴.澳大利亚大学治理及教育质量保障机制之启示[J].河南工程学院学报(社会科学版),2016,31(1):79-83.

[177] 乔桂娟,杨丽.新加坡高等教育发展趋势、经验与问——基于近三十年研究主题变化的探测[J].黑龙江高教研究,2018,36(10):96-99.

[178] 侯玉雪,时广军.高等教育治理:四国的经验与启示[J].黑龙江高教研究,2019,37(3):1-5.

[179] 杜以德,孙龙存.成人高等教育国际化:新加坡 PSB 学院的启示[J].河北师范大学学报(教育科学版),2012,14(1):61-66.

[180] 唐小平,尹玉玲.韩国高等教育质量保障制度探析[J].世界教育信息,2013(21):38-43.

[181] 别敦荣,易梦春,李志义,等.国际高等教育质量保障与评估发展趋势及其启示——基于 11 个国家(地区)高等教育质量保障体系的考察[J].中国高教研究,2018(11):35-44.

致 谢

这本书主要是从我日常编写的短文中精选而来,曾以微博、微信的方式发布过。自 2012 年 3 月起,我每个工作日都坚持结合日常工作和社会关注的相关问题写点工作感悟,内容涉及教育(特别是高等教育管理)、科技(特别是科技管理和科技发展,其中又特别关注科研环境建设和科技评价改革)、互联网(特别是信息技术发展与教育信息化带来的教育变革)等。

科技是人类文明发展的主要推动力。为了借鉴发达国家的高等教育和科技管理经验,2015 年起,我就调研和思考国外高水平大学的内部组织机构、学位授予、职称体系和大学校长是如何产生的。任何国家大学的发展都与其国家的其他学术机构密不可分,研究就延伸到了主要国家的科研机构和学术组织及学衔制度,这进一步涉及世界主要国际学术组织、世界级科学奖和世界知名学术出版机构等,逐步形成了《世界主要国家科研与学术体系概览》这本书,供高等教育界,特别是科技管理同行分享和参考。特别感谢陈滨跃女士和王世新先生对此书稿的归类、编序和校改,感谢陈志文先生提出很多很好的建议,感谢为公众号"子民好好说"和"中国科技论文在线——主编讲堂"栏目担任责任编辑的王世新、陈志文、马征、杨硕、罗文斌、赵艳玲、景然、刘楠、邵鹤楠、段桃、傅宇凡、游丹和薛娇等同事,感谢他们设计精美的图片、提供相关文字资料等智慧贡献,还要感谢吴报华先生和约翰威立国际出版公司(John Wiley & Sons Inc)、施普林格·自然(Springer Nature)集团、爱思唯尔(Elsevier)、科睿唯安(Clarivate Analytics)提供的相关资料等。

本书得以出版,十分感谢清华大学出版社石磊副总编、编辑王倩老师和孙亚楠老师,感谢美编常雪影老师。从书目立项,到书稿校勘、设计、版式等都做到精益求精。

李志民

2020 年 5 月